计算机一级考证实训教程
(Windows 7+MS Office 2010)

李　嫦　丘金平　主　编

刘国平　张艳平　副主编

電子工業出版社

Publishing House of Electronics Industry

北京・BEIJING

内 容 简 介

本教程由长年辅导学生考证的一线教师编写，针对考证要求，知识点以案例和项目教学为主。课程内容按项目划分，每节知识点以项目训练完成学习，以课时为单位设计教学内容，项目训练后又配备拓展训练加以巩固。本书内容包括计算机基础知识、Windows 7 操作系统、Word 2010 字处理、Excel 2010 电子表格、PowerPoint 2010 演示文稿和 Internet 及应用。本书完全结合全国计算机等级考证的考试大纲要求，一切源自考证，紧扣考证，为了考证！

本书深度难易得当，资源丰富，既可作为计算机应用基本操作技能的培训教程，也可作为各职业学校学生参加全国计算机等级考证的必备教材。

图书在版编目（CIP）数据

计算机一级考证实训教程（Windows 7+MS Office 2010）/ 李嫦，丘金平主编. —北京：电子工业出版社，2014.8
ISBN 978-7-121-23570-2

Ⅰ. ①计… Ⅱ. ①李… ②丘… Ⅲ. ①电子计算机－水平考试－教材 Ⅳ. ①TP3

中国版本图书馆 CIP 数据核字（2014）第 132153 号

策划编辑：施玉新
责任编辑：施玉新　　特约编辑：张燕虹
印　　刷：三河市鑫金马印装有限公司
装　　订：三河市鑫金马印装有限公司
出版发行：电子工业出版社
　　　　　北京市海淀区万寿路 173 信箱　邮编 100036
开　　本：787×1 092　1/16　印张：14.25　字数：364 千字
版　　次：2014 年 8 月第 1 版
印　　次：2019 年 8 月第11次印刷
定　　价：29.00 元

凡所购买电子工业出版社图书有缺损问题，请向购买书店调换。若书店售缺，请与本社发行部联系，联系及邮购电话：（010）88254888，88258888。

质量投诉请发邮件至 zlts@phei.com.cn，盗版侵权举报请发邮件至 dbqq@phei.com.cn。

本书咨询联系方式：（010）88254598。

前　言

本书是针对目前职业学校参加全国计算机等级考试一级 MS Office 的计算机初学者，它采用“项目教学法”的编写方式，将知识点贯穿于项目教学中，把知识与技能整合于一体，实操性很强。本书将知识内容设计成一个或多个项目，让学生通过完成具体的项目，掌握知识，力争达到职业学校学生课堂学习和考取 MS Office 等级证书无缝对接。

本书坚持以服务为宗旨，以就业为导向，以适应新的教学模式、教学制度需求为根本，以满足学生需求和社会需求为目标的编写指导思想。本书共 6 章，内容包括计算机基础知识、Windows 7 操作系统、Word 2010 字处理、Excel 2010 电子表格、PowerPoint 2010 演示文稿、Internet 及应用等内容，同时书中配有大量贴近实际生活的实例，配有项目练习和拓展练习，对每个项目配有操作步骤，使学生学习时更加得心应手，简单明了，做到学以致用。

本书在编写中，力求突出以下特色。

（1）紧扣大纲。本书紧扣全国计算机等级考试一级 MS Office 大纲和教育部计算机基础教学大纲的要求，实现了职业学校课堂教学内容和等级考试内容的有机衔接。

（2）内容先进。本书紧密结合计算机行业发展与应用现状，介绍最新的 Windows 7、Office 2010、网络应用技能，实现课程内容和社会应用的有机衔接。

（3）项目教学。本书教学目的明确，紧密结合计算机实操性强的特点，采用项目教学法的编写方式，项目的设计紧扣考证知识点，使学生更易掌握。

（4）应用性强。本书体现了以应用为核心，以培养学生实际动手能力为重点，力求做到学与教并重，项目紧密联系生活，将讲授理论知识与培养操作技能有机地结合起来。

（5）创新意识。本书在内容编排上采用项目引领的设计方式，趣味性强，在操作上还能举一反三、灵活变化，能够提高学生的学习兴趣，培养学生的独立思考能力、创新和再学习能力。

本书适用于职业学校各专业“计算机应用基础”课程的教学，也可供一般读者参考。本书由李嫦、丘金平担任主编，由刘国平、张艳平担任副主编，参编人员有卢伟艺、乔艳、张华利。其中，丘金平编写第一章，张艳平编写第二章和第六章，李嫦和刘国平编写第三章，卢伟艺和乔艳编写第四章，张华利编写第五章。

本书配套的相关资料的电子版可登录华信教育资源网（www.hxedu.com.cn）免费注册

后再进行下载，有问题时，请在网站留言板留言或与电子工业出版社联系（E-mail：hxedu.phei.com.cn）。

由于作者水平所限，书中难免存在不足之处，我们衷心地希望得到广大读者批评指正，以使本书在教学实践中不断完善。

编 者

2014 年 5 月

目　录

第一章　计算机基础知识

● 学习目标

（1）了解计算机的发展、分类和应用。

（2）了解计算机中数据的表示、存储与处理。

（3）了解计算机的软、硬件组成及主要技术指标。

（4）了解计算机的数制及信息表示。

第一节　计算机的发展、分类及应用

项目一　计算机的发展历程与发展趋势

了解计算机的发展历程，可以帮助人们认识计算机技术的演变；了解计算机的发展趋势，有助于更好地利用计算机技术造福人类社会。

1. 计算机的发展历程

1943 年，美国工程师约翰·莫奇利提出制造一台用于计算炮弹运行轨道的机器，他的设想得到了美国军方的支持。美国国防部拨款支持研发工作，并建立一个专门的研究小组，由莫奇利负责，总工程师由埃克特担任。三年后的 1946 年 2 月 15 日，世界上第一台电子数字计算机 ENIAC（埃尼阿克）在美国宾夕法尼亚大学宣告研制成功，如图 1.1 所示。ENIAC 全称为“电子数字积分计算机”，主要电子元器件是电子管，它使用了 18 000 多个电子管，占地约 170m^2，重达 30t，耗电 150kW，造价 48 万美元，每秒可进行约 5 000 次运算，它强大的计算能力在当时首屈一指。

尽管 ENIAC 在技术上称不上完美，比如它对各种不同的计算问题都需要技术人员重新连接外部线路（如图 1.2 所示），功耗也很大，但它的设计理念具有跨时代的意义，其基本原则一直沿用至今，它的诞生标志着电子计算机时代的到来。计算机从诞生到现在，经历了半个多世纪的发展，如今已经发展到一个很高的水平。以计算机所采用的电子器件为划分标志，可以将计算机的发展历程分为 5 个阶段，如表 1.1 所示。

图 1.1　ENIAC 计算机

图 1.2　技术人员重新接线

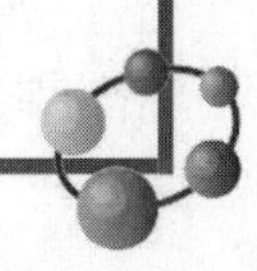

表 1.1　计算机发展的 5 个阶段

阶　段	时　间	基 本 元 件	速　度	主 要 硬 件
第 1 阶段	1946—1954 年	电子管	几千次～几万次/秒	磁盘、磁带机、穿孔卡片机等
第 2 阶段	1954—1964 年	晶体管	几万次～几十万次/秒	键盘、打印机、CRT 显示器等
第 3 阶段	1964—1974 年	中小规模集成电路	几百万次/秒	高密度的磁盘
第 4 阶段	1974—1991 年	大规模集成电路	几百万次～几亿次/秒	高密度的硬盘等
第 5 阶段	1991 年至今	超大规模集成电路	数十亿次以上/秒	速度和密度更高

2. 计算机的发展趋势

计算机技术是发展最快的科学技术之一，为了适应社会对计算机应用的基本需求，未来计算机将向着以下几个方面发展。

（1）巨型化。社会高度信息化导致数据量剧增，必然要求有与之适应的高速度、高精度和大存储量的超级计算机。巨型计算机是国家实力的象征，也是军事、航天等尖端科技领域开展研究的重要基础。

（2）微型化。计算机只有向着体积更小、功能更强、价格更低的方向发展，才能适应更多的应用环境，满足更多领域对计算机的应用需求。

（3）网络化。计算机网络化是信息社会的基本特征，也是实现资源共享的基础，计算机的网络化功能会随着时间推移越来越强。

（4）智能化。让计算机更好地模拟人的各种行为是利用计算机的不断追求，人们正在深入探索各种人工智能技术，期望计算机在不久的将来具有更多为人类服务的智能化本领。

项目二　计算机的分类

了解计算机的分类情况，明确不同计算机间的差别，有助于学习者更好地理解计算机的性能和适用环境的关系。

计算机按照其用途分为通用计算机和专用计算机。按照 1989 年由 IEEE 科学巨型机委员会提出的运算速度分类法，可分为大型通用机、巨型机、小型机、微型机和工作站。

按照所处理的数据类型可分为模拟计算机、数字计算机和混合型计算机等。

1. 大型通用机

这类计算机具有极强的综合处理能力和极大的性能覆盖面。在一台大型通用机中可以使用几十台微机或微机芯片，用以完成特定的操作。可同时支持上万个用户，可支持几十个大型数据库。主要应用在政府部门、银行、大公司、大企业等。

2. 巨型机

巨型机有极高的速度、极大的容量，用于国防尖端技术、空间技术、大范围长期性天气预报、石油勘探等方面。目前，这类机器的运算速度可达百亿次每秒。这类计算机在技术上朝两个方向发展：一是开发高性能器件，特别是缩短时钟周期，提高单机性能；二是采用多处理器结构，构成超并行计算机，通常由 100 台以上的处理器组成超并行巨型计算机系统，它们同时解算一个课题，来达到高速运算的目的。

3. 小型机

小型机的机器规模小、结构简单、设计试制周期短，便于及时采用先进工艺技术，软件开发成本低，易于操作维护。它们已广泛应用于工业自动控制、大型分析仪器、测量设备、企业管理、大学和科研机构等，也可以作为大型与巨型计算机系统的辅助计算机。近年来，小型机的发展也引人注目。

4. 微型机

微型机简称微机，是当今使用最普遍、产量最大的一类计算机。自美国IBM公司于1981年推出第一代微型计算机IBM-PC以来，微型机以其执行结果精确、处理速度快捷、性价比高、轻便小巧等特点迅速进入社会各个领域，并且技术不断更新、产品快速换代，从单纯的计算工具发展成为能够处理数字、符号、文字、语言、图形、图像、音频、视频等多种信息的强大多媒体工具。如今的微型机产品无论是运算速度、多媒体功能、软硬件支持还是易用性等都比早期产品有了很大飞跃。便携机更是以使用便捷、无线联网等优势越来越多地受到移动办公人士的喜爱，一直保持着高速发展的态势。

5. 工作站

工作站是一种性能介于微型机和小型机之间的高档微型计算机。它主要面向专业应用领域，具备强大的数据运算与图形、图像处理能力，是为满足工程设计、动画制作、科学研究、软件开发、金融管理、信息服务、模拟仿真等专业领域而设计开发的。

项目三　计算机的社会应用

计算机在不同的应用领域具有不同的作用。了解计算机的各种应用可以更好地发挥计算机的作用，提高工作效率、提升生活质量。

1. 计算机的社会应用

如今，计算机应用极其广泛，已经渗透到国民经济的各个部门以及社会生活的各个角落，具体应用大致可以归纳为以下几个方面。

（1）科学计算。科学计算是计算机最为原始的应用，在科学研究和工程设计过程中，常常会碰到大量高精度和高复杂度的运算，只有高速计算机才能帮助人们完成这些运算工作。所以军事、航天、气象、物理和医学等领域中的现代科学计算都离不开计算机。

（2）数据处理。数据处理又称为信息处理，常指运用计算机强大的数据存储能力和运算能力对大量数据进行分类、排序、合并、统计等处理。随着网络和信息高速公路的迅速发展，计算机在数据处理领域的应用将进入一个新的发展阶段。

（3）实时控制。实时控制又称为过程控制，是指利用计算机实时采集数据、分析数据，按最优值迅速对控制对象进行自动调节或自动控制。采用计算机进行过程控制，不仅可以大大提高控制的自动化水平，而且可以提高控制的时效性和准确性，从而改善劳动条件、提高产量及合格率。因此，计算机过程控制已在机械、冶金、石油、化工、电力等部门得到广泛的应用。

（4）辅助功能。计算机辅助功能包括计算机辅助设计（Computer Aided Design，CAD），

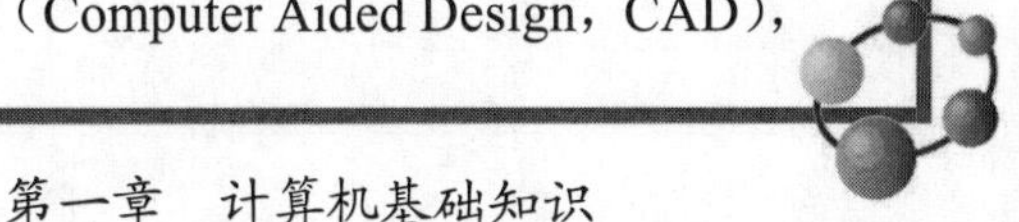

指利用计算机系统辅助设计人员进行工程或产品设计，以实现最佳设计效果的一种技术；计算机辅助制造（Computer Aided Manufacturing，CAM），指利用计算机系统进行产品的加工控制过程，输入的信息是零件的工艺路线和工程内容，输出的信息是刀具的运动轨迹，将CAD和CAM技术集成，可以实现设计、生产产品的自动化，这种技术被称为计算机集成制造系统；计算机辅助教学（Computer Aided Instruction，CAI），指利用计算机系统进行课堂教学，不仅能减轻教师的负担，还能使教学内容生动、形象逼真，能够动态演示实验原理或操作过程以激发学生的学习兴趣，提高教学质量，为培养现代化高质量人才提供有效方法。

（5）人工智能。人工智能简称AI，指用计算机模仿人的智能，使计算机具有感知、推理、学习、理解、联想、探索和模式识别等功能。人工智能自诞生以来，理论和技术日益成熟，应用领域也不断扩大，将是未来计算机技术发展的一个重要方向。

（6）数字娱乐。数字娱乐涉及移动内容、互联网、游戏、动画、影音、数字出版和数字化教育培训等多个领域，数字娱乐产业对计算机技术的依存度高，不断发展的高性能计算机满足了人们对这方面的需求。

课后习题

1．下列关于世界上第一台电子计算机ENIAC的叙述中，____是不正确的。
A．ENIAC是于1946年在美国诞生的
B．它主要采用电子管和继电器
C．它首次采用存储程序和程序控制使计算机自动工作
D．它主要用于弹道计算

2．目前，微机中广泛采用的电子元器件是____。
A．电子管　　B．晶体管
C．小规模集成电路　　D．大规模和超大规模集成电路

3．下列的英文缩写和中文名字的对照中，错误的是____。
A．CAD——计算机辅助设计　　B．CAM——计算机辅助制造
C．CIMS——计算机集成管理系统　　D．CAI——计算机辅助教育

4．人们把以____为硬件基本电子器件的计算机系统称为第三代计算机。
A．电子管　　B．小规模集成电路
C．大规模集成电路　　D．晶体管

5．办公室自动化（OA）是计算机的一项应用，按计算机应用的分类，它属于____。
A．科学计算　　B．辅助设计
C．实时控制　　D．信息处理

第二节　计算机系统组成及主要技术指标

计算机的应用领域不同，其配置也各不相同，但其基本组成和工作原理都一样。了解计算机系统组成和功能，弄清主要的技术指标是全面理解计算机的基础。

1. 计算机的工作原理

1946 年，美籍匈牙利数学家冯·诺依曼提出了电子计算机设计的基本思想，奠定了现代计算机的基本结构，开创了计算机的程序设计时代。

冯·诺依曼思想的基本内容是：数字计算机的数制采用二进制；计算机系统由 5 大部件组成，分别是运算器、存储器、控制器、输入设备和输出设备；程序和数据同时存放在存储器中，并按地址寻访。

按照冯·诺依曼的设计思想，计算机硬件系统由运算器、存储器、控制器、输入设备和输出设备组成，如图 1.3 所示。各部件在控制器的控制下协调一致地工作，工作过程为：数据和指令序列在控制器输入命令的控制下，通过输入设备送到计算机的存储器存储。当计算开始时，在取指令作用下把程序指令逐条送入控制器。控制器对指令进行译码，并根据指令的操作要求向存储器和运算器发出读/写和运算命令，经过运算器计算并把结果存放在存储器内。最后，在控制器的输出命令下，通过输出设备输出运算结果。

以“存储程序控制”原理为基础的计算机被称为冯·诺依曼型计算机，这样的计算机至今仍占市场主流。

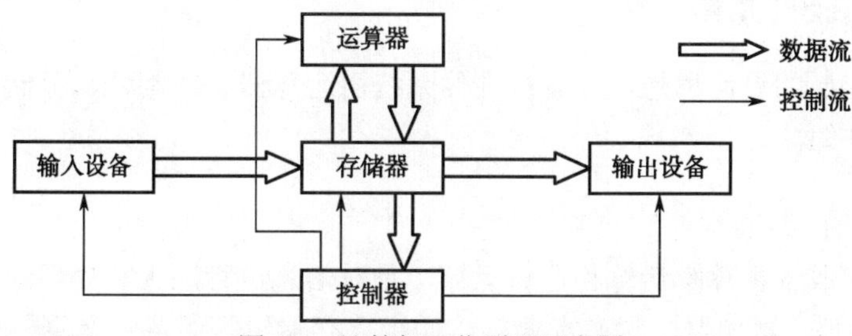

图 1.3　计算机工作原理示意图

2. 计算机硬件和软件

计算机硬件是指构成计算机的物理设备，是由各种机械部件和电子元器件构成的实现各种具体功能的实体部件的总称。计算机软件由程序、数据和有关文档等组成，用于管理控制计算机的软、硬件，协调各部分有序工作。没有安装任何软件的计算机被称为“裸机”，“裸机”不能完成任何工作。一个完整的计算机系统由硬件和软件两大部分组成，如图 1.4 所示。

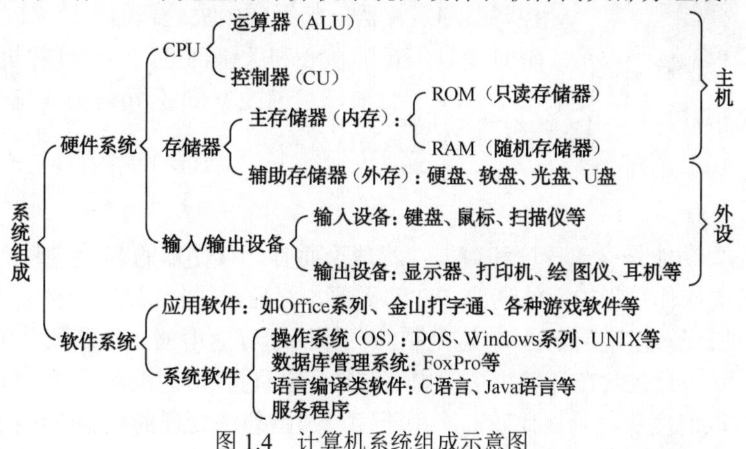

图 1.4　计算机系统组成示意图

3. 计算机的主要技术指标

不同用途的计算机具有不同的衡量指标。通常，衡量计算机性能的好坏主要使用以下几项技术指标。

（1）字长。字长指计算机一次能并行处理的二进制位数，字长总是 8 的整数倍，通常 PC 的字长为 16 位（早期）、32 位、64 位。一般来说，字长越长，运算精度就越高。

（2）内存容量。内存容量指计算机内存储器所能容纳信息的字节数。内存容量越大，它所能存储的数据和运行的程序就越多，程序运行的速度就越快。

（3）存取周期。存取周期指存储器进行一次完整读/写操作所需要的时间，也就是存储器进行连续读/写操作所允许的最短时间间隔。存取周期越短，则意味着读/写的速度越快。

（4）主频。主频指计算机 CPU 的时钟频率，单位是 MHz（兆赫兹）。主频越高，计算机的运算能力就越高。

（5）运算速度。运算速度指计算机在单位时间内能执行指令的条数，单位为 MIPS（百万条指令/秒）。

项目一　计算机硬件系统

按照冯·诺依曼的设计思想，计算机硬件系统由运算器、控制器、存储器、输入设备和输出设备 5 大部件组成。

1. 运算器

运算器主要完成各种算术运算和逻辑运算，是对信息进行加工和处理的部件，通常由算术逻辑单元（ALU）、累加器、状态寄存器、通用寄存器组等组成。运算器的性能高低直接影响计算机的性能。

2. 控制器

控制器协调和指挥整个计算机系统，相当于人类的大脑，它读取各种指令并对其进行翻译和分析，然后对各部件做出相应的控制，使各部件协调一致地工作。

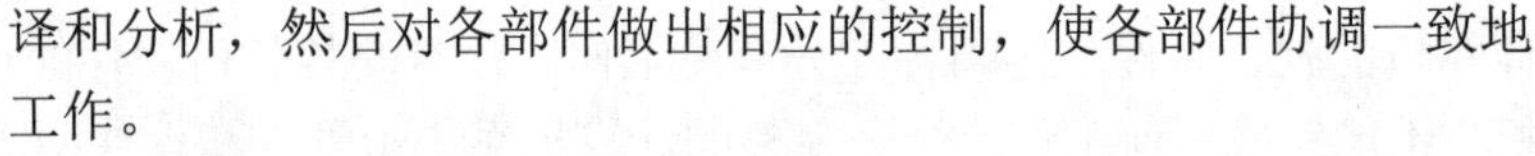

图 1.5　CPU 示意图

控制器和运算器一起组成中央处理器，即 CPU，如图 1.5 所示。CPU 是计算机的核心和关键部件，一台计算机性能的优劣主要取决于 CPU。目前，美国的 Intel 公司是最具竞争力的 CPU 生产厂商，其次是 AMD 公司。

3. 存储器

存储器的主要功能是存放程序和数据。就理论而言，存储器的容量越大、存取速度越快越好。在计算机的操作过程中，外设、CPU 都需要与存储器进行信息交换，存储器的读/写速度相对于 CPU 的运算速度要低很多，这是制约计算机运行速度的一个瓶颈。目前的计算机通常有两级存储器：一是包含在计算机中的内存储器，它直接和运算器、控制器进行数据交换，其容量小，但存取速度快，价格比较高，用于存放那些急需处理的数据或正在运行的程序；

二是外存储器，它间接和运算器、控制器进行数据交换，其容量大，但存取速度慢，价格低廉，用来存放暂时不需要的数据。

内存储器简称内存，也称为主存储器。有人认为内存储器包括寄存器、高速缓冲存储器（Cache）和主存储器。寄存器在 CPU 芯片的内部，高速缓冲存储器目前也制作在 CPU 芯片内，而主存储器由插在主板内存插槽中的若干内存条组成。内存的质量好坏与容量大小会影响计算机的运行速度。

（1）随机存储器（Random Access Memory）。随机存储器是一种可以随机读/写数据的存储器，可以读出也可以写入数据。读出数据时并不损坏原来存储的内容，只有写入数据时才修改原来所存储的内容。RAM 只能用于暂时存放信息，一旦断电，存储内容立即消失，即具有易失性。

（2）只读存储器（Read Only Memory）。ROM 是只读存储器，它的特点是只能读出原有的内容，不能由用户再写入新内容。它一般用来存放专用的固定的程序和数据，由厂家一次性写入，是一种非易失性存储器，不会因断电而丢失数据。

（3）CMOS 存储器（Complementary Metal Oxide Semiconductor Memory，互补金属氧化物半导体存储器）。CMOS 存储器是一种只需要极少电量就能存放数据的芯片。由于耗能极低，CMOS 存储器可以由集成到主板上的一个小电池供电，这种电池在计算机通电时还能自动充电。因为 CMOS 芯片可以持续获得电量，所以即使在关机后，它也能保存有关计算机系统配置的重要数据。

外储存器是指除计算机内存及 CPU 缓存以外的储存器，此类储存器一般在断电后仍然能保存数据，常见的外储存器有硬盘、软盘、光盘、U 盘等。

4. 输入设备

输入设备用于将数据和程序输入计算机，并转变为计算机可以识别的形式（二进制）存放到存储器中。常用的输入设备有键盘、鼠标、扫描仪、光笔和话筒等。

5. 输出设备

输出设备用于将计算机处理的结果（二进制）转变为人们所能理解的形式，并采用特殊方式输出，如显示、打印等。常用的输出设备有显示器、打印机、绘图仪和音箱等。

项目二 计算机软件系统

没有安装任何软件的计算机被称为“裸机”，不能完成任何工作。若要实现利用计算机帮助工作的目的，则必须安装软件。按用途分类，软件可分为系统软件和应用软件。

1. 系统软件

系统软件是指控制和协调计算机及外部设备，支持应用软件开发和运行的系统，是不需要用户干预的各种程序的集合，其主要功能是调度、监控和维护计算机系统；负责管理计算机系统中各种独立的硬件，使得它们可以协调工作。系统软件使得计算机使用者和其他软件将计算机当成一个整体而不需要顾及每个硬件是如何工作的。

在计算机软件中最重要且最基本的就是操作系统（OS）。它是最底层的软件，它控制所有计算机运行的程序并管理整个计算机的资源，是计算机裸机与应用程序及用户之间的桥梁。没有它，用户也就无法使用某种软件或程序。系统软件主要分为操作系统、语言处理系统和数据库管理系统3类。

（1）操作系统。系统软件的核心是操作系统。操作系统是由指挥与管理计算机系统运行的程序模板和数据结构组成的一种大型软件系统，其功能是管理计算机的软、硬件资源和数据资源，为用户提供高效、全面的服务。正是由于操作系统的飞速发展，才使计算机的使用变得简单、普及。

操作系统是管理计算机软、硬件资源和数据资源的一个平台，没有它，任何计算机都无法正常运行。它一般分为单用户单任务、单用户多任务和多用户多任务操作系统。在个人计算机发展史上曾出现过许多不同的操作系统，如DOS、Windows、Linux、UNIX和OS/2。现在的个人计算机一般都使用Windows操作系统，网络服务器常用Linux和UNIX操作系统。

（2）语言处理系统。语言处理系统包括机器语言、汇编语言和高级语言。这些语言处理程序除个别常驻在ROM中可以独立运行外，大多必须在操作系统的支持下运行。

① 机器语言。机器语言是指机器能直接识别的语言，它是由“1”和“0”组成的一组代码指令。例如，01001001，作为机器语言指令，可能表示将某两个数相加。由于机器语言比较难记，因此基本上不能用来编写程序。

② 汇编语言。汇编语言由一组与机器语言指令一一对应的符号指令和简单语法组成。例如，“ADD A，B”可能表示将A与B相加后存入B中，它可能与上例机器语言指令01001001直接对应。汇编语言程序要由一种“翻译”程序将它翻译为机器语言程序，这种翻译程序称为汇编程序。任何一种计算机都配有只适用于自己的汇编程序。汇编语言适用于编写直接控制机器操作的低层程序，它与机器密切相关，一般人也很难使用。

③ 高级语言。高级语言比较接近日常用语，对机器的依赖性低，是适用于各种机器的计算机语言。目前，高级语言已发明出数十种，如VB、C、C++、C#和Java等。有两种翻译程序可以将用高级语言写的程序翻译为机器语言程序：一种称为“编译程序”，另一种称为“解释程序”。

（3）数据库管理系统。数据库是以一定的组织方式存储的、具有相关性的数据的集合。数据库管理系统就是在具体计算机上实现数据库技术的系统软件，由它实现用户对数据库的建立、管理、维护和使用等功能。目前，在计算机上流行的数据库管理系统软件有Oracle和SQL Server等。

2．应用软件

为解决计算机的各类问题而编写的程序称为应用软件。它又可分为用户程序与应用软件包。应用软件随着计算机应用领域的不断扩展而与日俱增。

（1）用户程序。用户程序是用户为了解决特定的具体问题而开发的软件，如火车站或汽车站的票务管理系统、各类酒店中应用的酒店管理系统和财务部门的财务管理系统等。

（2）应用软件包。应用软件包是为实现某种特殊功能而经过精心设计的、结构严密的独立系统，是一套满足同类应用的许多用户所需要的软件，如Microsoft公司发布的MS Office 2010应用软件包和迅雷网络科技有限公司开发的下载工具迅雷7等。

课后习题

1．下列各组设备中，全部属于输入设备的一组是____。

A．键盘、磁盘和打印机

B．键盘、鼠标器和显示器

C．键盘、扫描仪和鼠标器

D．硬盘、打印机和键盘

2．国际上对计算机进行分类的依据是____。

A．计算机的型号　　B．计算机的速度

C．计算机的性能　　D．计算机生产厂家

3．用 GHz 衡量计算机的性能，指的是计算机的____。

A．CPU 时钟主频　　B．存储器容量　　C．字长　　D．CPU 运算速度

4．常用的 3.5 英寸软盘角上有一带黑滑块的小方口，当小方口被打开时，其作用是____。

A．只能读不能写　　B．能读又能写

C．禁止读也禁止写　　D．能写但不能读

5．操作系统的主要功能是____。

A．对用户的数据文件进行管理，为用户管理文件提供方便

B．对计算机的所有资源进行控制和管理，为用户使用计算机提供方便

C．对源程序进行编译和运行

D．对汇编语言程序进行翻译

6．为解决某一特定问题而设计的指令序列称为____。

A．文档　　B．语言　　C．程序　　D．系统

7．Von Neumann（冯·诺依曼）型体系结构的计算机包含的五大部件是____。

A．输入设备、运算器、控制器、存储器、输出设备

B．输入/输出设备、运算器、控制器、内/外存储器、电源设备

C．输入设备、中央处理器、只读存储器、随机存储器、输出设备

D．键盘、主机、显示器、磁盘机、打印机

8．下列四项中不属于微型计算机主要性能指标的是____。

A．字长　　B．内存容量　　C．重量　　D．时钟脉冲

9．一个完整的计算机系统应该包含____。

A．主机、键盘和显示器　　B．系统软件和应用软件

C．主机、外设和办公软件　　D．硬件系统和软件系统

10．微机上广泛使用的 Windows 2000 是____。

A．单用户多任务操作系统　　B．多用户多任务操作系统

C．实时操作系统　　D．多用户分时操作系统

11．把用高级语言编写的源程序转换为可执行程序（.exe），要经过的过程称为____。

A．汇编和解释　　B．编辑和连接

C．编译和连接　　D．解释和编译

第三节　计算机的数制与信息表示

计算机在运行时，要对输入的数据进行不同于人类的识别和处理，因此了解计算机中的数据和信息的特殊性有着极其重要的意义。

1．计算机中的数制

计算机采用二进制处理数据，是因为计算机中所有的电子元器件，都是具有两个稳定状态的二值电路，因此用“0”和“1”两个数来表示非常合适。在计算机中一般用“0”表示低电位，用“1”表示高电位，而使用二进制码表示数据进行信息处理控制的优点是：二进制码在物理上最容易实现，即容易找到具有两个稳定状态且能方便控制状态转换的物理器件，可用两个基本符号“0”和“1”分别表示两个基本状态；用二进制码表示的二进制数的编码、计数和算术运算规则简单，容易用开关电路实现，为提高计算机运算速度和降低成本奠定了基础；二进制码能方便地与逻辑命题的“是”和“否”、“真”和“假”相对应，为计算机的逻辑运算和逻辑判断提供了条件。

有时为了方便书写，用户也会用八进制和十六进制表示数据，但计算机本身只能存储、处理和传送二进制编码。

2．进位计数制的表示

进位计数制是利用固定的数字符号和统一的规则计数的方法。人们惯用的十进制是用0～9 共 10 个数字符号和逢十进一的规则计数，二进制是用“0”、“1”两个数字符号和逢二进一的规则计数。可能有人怀疑：两个符号能表示现实情况中的无限大的量吗？实际上，十进制能表示的任何数都能用二进制表示。

一个完整的数制由基数、数位和位权三个要素构成。基数指数制中使用的基本数字符号；数位指数字符号在一个数中所处的位置；而位权指的是对应数位的基值。一个数据对应的量是该数的每一数位按进制权位展开的数量的和。例如：

$$(41.625)_{10}=4\times10^1+1\times10^0+6\times10^{-1}+2\times10^{-2}+5\times10^{-3}$$

$$(101001.101)_2=1\times2^5+0\times2^4+1\times2^3+0\times2^2+0\times2^1+1\times2^0+1\times2^{-1}+0\times2^{-2}+1\times2^{-3}$$

计算可得$(41.625)_{10}=(101001.101)_2$

一般而言，任意一个十进制数都可以表示为等价的二进制数或者其他进制的数，如八进制数、十六进制数等。

3．计算机数据存储的单位

一般来说，计算机常用的数据存储单位有以下几种。

（1）位（bit）。位是计算机表示数据信息的最小单位，它表示一个二进制的数位，每个 0 或 1 就是一个位。

（2）字节（Byte）。字节是表示信息存储容量最基本的单位，一个字节由 8 位二进制数组成，简记为 B，1Byte=8bit。

除了位和字节以外，常用的数据单位还有千字节（KB）、兆字节（MB）、吉字节（GB）和太字节（TB）等，它们之间的换算关系如下：

1KB=1024B　　　1MB=1024KB　　　1GB=1024MB　　　1TB=1024GB

（3）字（Word）。字即字长，在计算机中作为一个独立的信息单位处理。不同的机器类型，其字长不同，常用的字长有 8 位、16 位、32 位和 64 位等。

项目一　计算机中常用数制间的转换

在日常生活中，人们一般都习惯用十进制来处理数据，但在计算机内部一律采用二进制存储和处理数据。

1．十进制数转换为二进制数

（1）十进制整数转换为二进制整数。转换方法为“除 2 取余”，余即余数。

例如（41）$_{10}$=（?）$_{2}$，转换过程如下：

除数	被除数	余数	
2	41	1	低位 ↑
2	20	0	
2	10	0	
2	5	1	
2	2	0	
2	1	1	高位
	0		

所以（41）$_{10}$=（101001）$_{2}$。

（2）十进制小数转换为二进制小数。转换方法为“乘 2 取整”，整即整数。

例如（0.625）$_{10}$=（?）$_{2}$，转换过程如下：

运算	结果	说明	取整	
× 2	1.250	得小数点后第1位	1	高位
× 2	0.500	得小数点后第2位	0	↓
× 2	1.000	得小数点后第3位	1	低位

所以（0.625）$_{10}$=（0.101）$_{2}$。

既有整数又有小数，则整数和小数分别进行转换，如（41.625）$_{10}$=（101001.101）$_{2}$。

提示：在十进制小数转换过程中若出现循环，视精度要求转换到小数点后若干位即可。

2．十进制数转换为八进制数或十六进制数

十进制数转换为八进制数或十六进制数的方法，与十进制数转换为二进制数的方法类似。值得注意的是，八进制可用十进制中的 0～7 共 8 个符号表示，而十六进制则需用 16 个符号表示，0～9 不够用，因此用英文字母中“A”、“B”、“C”、“D”、“E”、“F”这 6 个符号表示 10～15。

转换方法依然是：整数部分转换分别为除 8 取余和除 16 取余；小数部分转换分别为乘 8 取整和乘 16 取整。例如：

（179）$_{10}$=（263）$_{8}$，（59）$_{10}$=（3B）$_{16}$

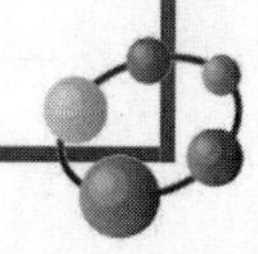

3．二进制、八进制、十六进制数转换为十进制数

若要将二进制数、八进制数或十六进制数转换为十进制数，只要将它们按进制权位展开、相加即可。例如：

$$(1001100)_2=1\times2^6+1\times2^3+1\times2^2=(76)_{10}$$
$$(114)_8=1\times8^2+1\times8^1+4\times8^0=(76)_{10}$$
$$(4C)_{16}=4\times16^1+12\times16^0=(76)_{10}$$

项目二　计算机中常见的信息编码

在计算机中，对非数值的文字和其他符号进行处理时，要对文字和符号进行数字化处理，即用二进制编码来表示。信息编码就是规定如何用二进制编码来表示文字和符号。本学习活动将帮助读者了解计算机如何用二进制编码表示西文、中文和其他符号。

1．西文字符的编码

字符编码就是规定所有字符的二进制代码的表示形式。目前在计算机使用最多的西文编码是 ASCII 码，它是用 7 位二进制编码，共有 128 种编码组合，可表示 128 个字符，其中数字 10 个、大小写英文字母 52 个、其他字符 32 个和控制字符 34 个，具体编码内容如表 1.2 所示。ASCII 码表的全称是“美国信息交换标准代码”。

表 1.2　ASCII 码表

ASCII 值	控制字符	ASCII 值	控制字符	ASCII 值	控制字符	ASCII 值	控制字符
0	NUT	32	(space)	64	@	96	、
1	SOH	33	!	65	A	97	a
2	STX	34	”	66	B	98	b
3	ETX	35	#	67	C	99	c
4	EOT	36	$	68	D	100	d
5	ENQ	37	%	69	E	101	e
6	ACK	38	&	70	F	102	f
7	BEL	39	,	71	G	103	g
8	BS	40	(	72	H	104	h
9	HT	41	)	73	I	105	i
10	LF	42	*	74	J	106	j
11	VT	43	+	75	K	107	k
12	FF	44	,	76	L	108	l
13	CR	45	-	77	M	109	m
14	SO	46	.	78	N	110	n
15	SI	47	/	79	O	111	o
16	DLE	48	0	80	P	112	p

续表

ASCII 值	控制字符	ASCII 值	控制字符	ASCII 值	控制字符	ASCII 值	控制字符
17	DCI	49	1	81	Q	113	q
18	DC2	50	2	82	R	114	r
19	DC3	51	3	83	X	115	s
20	DC4	52	4	84	T	116	t
21	NAK	53	5	85	U	117	u
22	SYN	54	6	86	V	118	v
23	TB	55	7	87	W	119	w
24	CAN	56	8	88	X	120	x
25	EM	57	9	89	Y	121	y
26	SUB	58	:	90	Z	122	z
27	ESC	59	;	91	[	123	{
28	FS	60	<	92	/	124	|
29	GS	61	=	93	]	125	}
30	RS	62	>	94	^	126	~
31	US	63	?	95	—	127	DEL

2．汉字编码

根据汉字处理过程中的不同要求，有多种编码，主要分为4类，分别是汉字输入编码、汉字国标码、汉字机内码和汉字字形码。几种编码间的关系如图1.6所示。

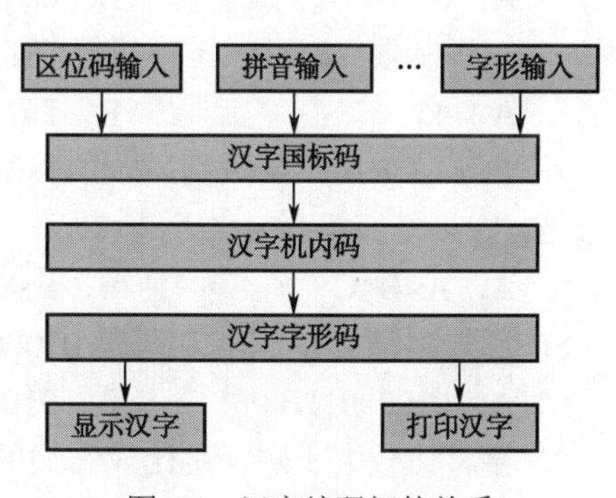

图1.6　汉字编码间的关系

（1）国标码。根据GB 2312—1980标准，汉字和图形符号共7445个，其中汉字6763个，按使用频度分为一级汉字3755个，二级汉字3008个，图形符号682个。GB 2312—1980标准将全部国标汉字及符号组成一个 94×94 的矩阵，每行称为一个“区”，每列称为一个“位”，将区号和位号组合就形成了“区位码”。

国标码采用2个7位二进制数编码。

国标码前2位=区码+20H；国标码后2位=位码+20H。

（2）汉字输入码。指输入汉字的编码方法，分为拼音输入法、字形输入法、音形结合的输入法等。

（3）汉字机内码。汉字机内码是表示汉字的存储位置的编码，机内码是把国标码的两个字节的最高位置1而得到的。

① 机内码=国标码+8080H。

② 机内码的第一字节=区码+A0H。

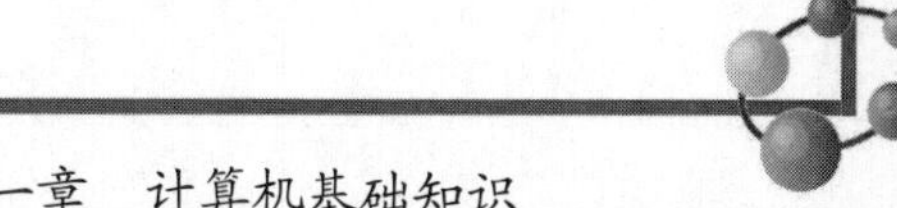

③ 机内码的第二字节=位码+A0H。

（4）汉字字形码。汉字字形码表示汉字的字形编码，也称字模。点阵字模标准有 16×16、24×24、32×32、48×48 等，点阵越大，字符的笔画越光滑，但是字模的存储容量也就越大。存放字模的数据文件称为汉字字库，简称字库。

课后习题

一、选择题

1．假设给定一个十进制整数 D，转换成对应的二进制整数 B，那么就这两个数字的位数而言，B 与 D 相比，____。

A．B 的位数大于 D　　B．D 的位数大于 B
C．B 的位数大于或等于 D　　D．D 的位数大于或等于 B

2．在不同进制的四个数中，最小的一个数是____。

A．11011001（二进制数）　　B．75（十进制数）
C．37（八进制数）　　D．2A（十六进制数）

3．对下列两个二进制数进行算术加运算，10100+111=____。

A．10211　　B．110011　　C．11011　　D．10011

4．十进制数 73 转换成二进制数是____。

A．1101001　　B．1000110　　C．1011001　　D．1001001

5．二进制数 011111 转换为十进制整数是____。

A．64　　B．63　　C．32　　D．31

6．二进制数 101110 转换成等值的八进制数是____。

A．45　　B．56　　C．67　　D．78

7．已知三个用不同数制表示的整数 A=00111101B，B=3CH，C=64D，则能成立的比较关系是____。

A．A<B<C　　B．B<C<A　　C．B<A<C　　D．C<B<A

8．已知字符 A 的 ASCII 码是 01000001B，字符 D 的 ASCII 码是____。

A．01000011B　　B．01000100B　　C．01000010B　　D. 01000111B

9．字符比较大小实际是比较它们的 ASCII 码值，下列正确的是____。

A．“A”比“B”大　　B．“H”比“h”小
C．“F”比“D”小　　D．“9”比“D”大

10．一个字符的标准 ASCII 码用____位二进制数表示。

A．8　　B．7　　C．6　　D．4

11．已知“装”字的拼音输入码是“zhuang”，而“大”字的拼音输入码是“da”，则存储它们内码分别需要的字节个数是____。

A．6，2　　B．3，1　　C．2，2　　D．3，2

12．在下列字符中，其 ASCII 码值最大的一个是____。

A．8　　B．9　　C．a　　D．b

二、单位换算

8GB=____________________KB　　　　512MB=____________________KB

第四节　多媒体技术及应用

1．多媒体的概念

关于多媒体的定义，现在有各种说法，不尽一致。从字面理解，多媒体应是“多种媒体的综合”，事实上它还应包含处理这些信息的程序和过程，即包含“多媒体技术”。“多种媒体的综合”从狭义角度来看，多媒体是指用计算机和相关设备交互处理多种媒体信息的方法和手段；从广义角度来看，则指一个领域，即涉及信息处理的所有技术和方法，包括广播、电视、电话、电子出版物、家用电器等。

2．多媒体信息的信息种类

（1）文本（Text）：包括数字、字母、符号和汉字。

（2）声音（Audio）：包括语音、歌曲、音乐和各种发声。

（3）图形（Graphics）：由点、线、面、体组合而成的几何图形。

（4）图像（Image）：主要指静态图像，如照片、画片等。

（5）视频（Video）：指录像、电视、视频光盘（VCD）播放的连续动态图像。

（6）动画（Animation）：由多幅静态画片组合而成，它们在形体动作方面有连续性，从而产生动态效果。包括二维动画（2D、平面效果）、三维动画（3D、立体效果）。

3．多媒体特性

多媒体除了具有信息媒体多样化的特征之外，还具有以下三个特性。

（1）数字化：多媒体技术是一种“全数字”技术。其中的每种媒体信息，无论是文字、声音、图形、图像还是视频，都以数字技术为基础进行生成、存储、处理和传送。

（2）交互性：指人机交互，使人能够参与对信息的控制、使用活动。例如播放多媒体节目时，可以人工干预，随时进行调整和改变，以提高获取信息的效率。

（3）集成性：是将多种媒体信息有机地组合到一起，共同表现一个事物或过程，实现“图、文、声”一体化。

4．多媒体的关键技术

多媒体技术实际是面向三维图形、立体声和彩色全屏幕画面的“实时处理”技术。实现实时处理的技术关键，是如何解决好视频、音频信号的采集、传输和存储问题。其核心则是“视频、音频的数字化”和“数据的压缩与解压缩”。此外，在应用多媒体信息时，其表达方法也不同于单一的文本信息，而是采用超文本和超媒体技术。

（1）视频、音频的数字化：是将原始的视频、音频“模拟信号”转换为便于计算机进行处理的“数字信号”，然后再与文字等其他媒体信息进行叠加，构成多种媒体信息的组合。

（2）数据的压缩与解压缩：数字化后的视频、音频信号的数据量非常大，不进行合理压缩根本无法传输和存储。因此，视频、音频信息数字化后，必须再进行压缩才有可能存储和

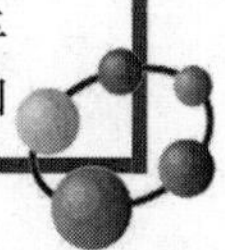

传送。播放时则需解压缩以实现还原。

（3）超文本和超媒体：超文本是一种用于文本、图形或计算机的信息组织形式，它由节点和超链组成，由于超链的作用，文本的阅读可以跳转，使得单一的信息元素之间相互交叉引用。利用超文本形式组织起来的文件不仅可以是文本，也可以是图、文、声、像、视频等多媒体形式的文件，这种多媒体信息就构成了超媒体。

课后习题

1．多媒体系统由主机硬件系统、多媒体数字化外部设备和____三个部分组成。

A．多媒体控制系统　　B．多媒体管理系统

C．多媒体软件　　D．多媒体硬件

2．下列设备中，多媒体计算机所特有的设备是____。

A．打印机　　B．鼠标　　C．键盘　　D．视频卡

3．多媒体计算机中除了包括普通计算机配备硬件外，还必须包括____四个部件。

A．CD-ROM、音频卡、MODEM、音箱　　B．CD-ROM、音频卡、视频卡、音箱

C．MODEM、音频卡、视频卡、音箱　　D．CD-ROM、MODEM、视频卡、音箱

第五节　计算机病毒及其防治

1．计算机病毒的概念

《中华人民共和国计算机信息系统安全保护条例》对计算机病毒的概念定义为：是指编制或者在计算机程序中插入的破坏计算机功能或者毁坏数据，影响计算机使用，并能自我复制的一组计算机指令或者程序代码。此定义具有法律性、权威性。其特征有传染性、隐蔽性、潜伏性、破坏性、针对性、衍生性（变种）、寄生性、不可预见性。

2．计算机病毒的分类

1）按破坏性分

（1）良性病毒。

（2）恶性病毒。

（3）极恶性病毒。

（4）灾难性病毒。

2）按传染方式分

（1）引导型病毒。引导型病毒主要通过软盘在操作系统中传播，感染引导区，蔓延到硬盘，并能感染硬盘中的“主引导记录”。

（2）文件型病毒。文件型病毒是文件感染者，也称为寄生病毒。它运行在计算机存储器中，通常感染扩展名为 COM、EXE、SYS 等类型的文件。

（3）混合型病毒。混合型病毒具有引导型病毒和文件型病毒两者的特点。

（4）宏病毒。宏病毒是指用 BASIC 语言编写的病毒程序寄存在 Office 文档上的宏代码。宏病毒影响对文档的各种操作。

3）按连接方式分

（1）源码型病毒。它攻击用高级语言编写的源程序，在源程序编译之前插入其中，并随源程序一起编译、连接成可执行文件。源码型病毒较为少见，也难以编写。

（2）入侵型病毒。入侵型病毒可用自身代替正常程序中的部分模块或堆栈区。因此，这类病毒只攻击某些特定程序，针对性强。一般情况下也难以被发现，清除起来也较困难。

（3）操作系统型病毒。操作系统型病毒可用其自身部分加入或替代操作系统的部分功能。因其直接感染操作系统，这类病毒的危害性也较大。

（4）外壳型病毒。外壳型病毒通常将自身附在正常程序的开头或结尾，相当于给正常程序加了个外壳。大部分的文件型病毒都属于这一类。

3．计算机病毒的传播途径

计算机病毒之所以称为病毒是因为它具有传染性的本质。传统渠道通常有以下几种。

（1）通过软盘：通过使用外界被感染的软盘，例如，不同渠道的系统盘、来历不明的软件、游戏盘等是最普遍的传染途径。

（2）通过硬盘：通过硬盘传染也是重要的渠道，由于带有病毒机器移到其他地方使用、维修等，将干净的软盘传染并再扩散。

（3）通过光盘：因为光盘容量大，存储了海量的可执行文件，大量的病毒就有可能藏身于光盘，对只读式光盘，不能进行写操作，因此光盘上的病毒不能清除。以谋利为目的的非法盗版软件，不可能为病毒防护担负专门责任，也绝不会有真正可靠可行的技术保障避免病毒的传入、传染、流行和扩散。当前，盗版光盘的泛滥给病毒的传播带来了极大的便利。

（4）通过网络：这种传染扩散极快，能在很短时间内传遍网络上的机器。

随着 Internet 的风靡，给病毒的传播又增加了新的途径，它的发展使病毒可能成为灾难，病毒的传播更迅速，反病毒的任务更加艰巨。Internet 带来两种不同的安全威胁。第一种威胁来自文件下载，这些被浏览的或被下载的文件可能存在病毒。第二种威胁来自电子邮件。大多数 Internet 邮件系统提供了在网络间传送附带格式化文档邮件的功能，因此，遭受病毒的文档或文件就可能通过网关和邮件服务器涌入企业网络。网络使用的简易性和开放性使得这种威胁越来越严重。

4．计算机病毒的防治

计算机病毒的防治要从防毒、查毒、解毒三个方面来进行；系统对于计算机病毒的实际防治能力和效果也要从防毒能力、查毒能力和解毒能力三个方面来评判。

（1）防毒。是指根据系统特性，采取相应的系统安全措施预防病毒侵入计算机。防毒能力是指通过采取防毒措施，可以准确、实时监测预警经由光盘、软盘、硬盘不同目录之间、局域网、互联网（包括 FTP 方式、E-mail、HTTP 方式）或其他形式的文件下载等多种方式的病毒感染；能够在病毒侵入系统时发出警报，记录携带病毒的文件，即时清除其中的病毒；对网络而言，能够向网络管理员发送关于病毒入侵的信息，记录病毒入侵的工作站，必要时还要能够注销工作站，隔离病毒源。

（2）查毒。是指对于确定的环境，能够准确地报出病毒名称，该环境包括内存、文件、

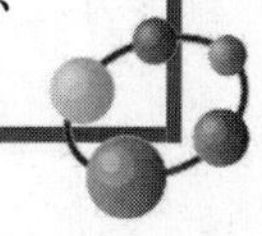

引导区（含主导区）、网络等。查毒能力是指发现和追踪病毒来源的能力，通过查毒能准确地发现信息网络是否感染了病毒，准确查找出病毒的来源，给出统计报告；查毒能力应由查毒率和误报率来评判。

（3）解毒。是指根据不同类型病毒对感染对象的修改，并按照病毒的感染特性所进行的恢复。该恢复过程不能破坏未被病毒修改的内容。感染对象包括内存、引导区（含主引导区）、可执行文件、文档文件、网络等。解毒能力是指从感染对象中清除病毒，恢复被病毒感染前的原始信息的能力。

5．常见的杀毒软件

常见的国内外优秀杀毒软件有瑞星、江民、金山毒霸、诺顿（Norton）、麦咖啡（Macfee）、卡巴斯基（Kaspersky）等。卡巴斯基、诺顿、麦咖啡是世界排名前几位的杀毒软件。瑞星、金山毒霸、江民是国内几个比较不错的杀毒软件。

课后习题

1．计算机病毒最重要的特点是____。

A．可执行　　B．可传染　　C．可保存　　D．可复制

2．计算机感染病毒的可能途径之一是____。

A．从键盘上输入数据

B．随意运行外来的、未经杀毒软件严格审查的软盘上的软件

C．所使用的软盘表面不清洁

D．电源不稳定

3．防止软盘感染病毒的有效方法是____。

A．不要把软盘与有毒软盘放在一起　　B．使软盘具有写保护

C．保持机房清洁　　D．定期对软盘进行格式化

4．计算机病毒除通过有病毒的软盘传染外，另一条可能途径是通过____进行传染。

A．网络　　B．电源电缆

C．键盘　　D．输入不正确的程序

5．下列关于计算机病毒的叙述中，正确的是____。

A．所有计算机病毒只在可执行文件中传染

B．计算机病毒可通过读/写移动硬盘或 Internet 进行传播

C．只要把带毒 U 盘设置成只读状态，那么该盘上的病毒就不会因读盘而传染给另一台计算机

D．清除病毒的最简单的方法是删除已感染病毒的文件

第二章　Windows 7 操作系统

Windows 7 是由美国微软（Microsoft）公司开发的，可供家庭及商业工作环境台式机、笔记本电脑、平板电脑、多媒体中心等使用的操作系统。

Windows 7 操作系统常见版本如下：

（1）Windows 7 Home Basic（家庭普通版）：提供更快、更简单地找到和打开经常使用的应用程序和文档的方法，为用户带来更便捷的计算机使用体验，其内置的 Internet Explorer 8 提高了上网的安全性。

（2）Windows 7 Home Premium（家庭高级版）：可帮助用户轻松创建家庭网络和共享用户收藏的所有照片、视频及音乐，还可以观看、暂停、倒回和录制电视节目，实现最佳娱乐体验。

（3）Windows 7 Professional（专业版）：可以使用自动备份功能将数据轻松还原到用户的家庭网格或企业网络中。通过加入域，还可以轻松连接到公司网络，而且更加安全。

（4）Windows 7 Ultimate（旗舰版）：是最灵活、强大的版本。它在家庭高级版的娱乐功能和专业版的业务功能基础上结合了显著的易用特性，用户还可以使用 BitLocker 和 BitLocker To Go 对数据加密。

第一节　Windows 7 操作系统

● 学习目标

（1）了解 Windows 7 操作系统，会根据需要设置桌面、任务栏、开始菜单等属性。

（2）认识资源管理器，掌握资源管理器的相关操作。

项目一　Windows 7 操作界面

● 桌面

桌面是打开计算机并登录到 Windows 7 之后看到的主屏幕区域。桌面由背景、图标、“开始”菜单按钮、任务栏组成。

（1）认识桌面。Windows 7 桌面如图 2.1 所示。

（2）自定义桌面：可在桌面空白处单击鼠标右键，选择菜单中的“个性化”命令，打开系统“个性化”设置窗口，完成自定义桌面背景、主题、窗口边框颜色等各类设置。

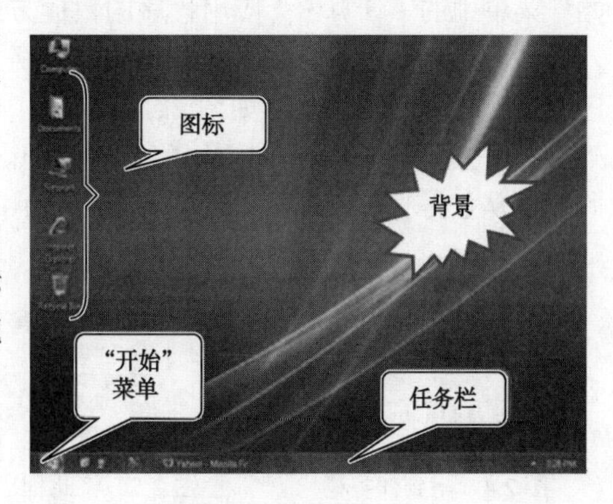

图 2.1　Windows 7 桌面

● “开始”菜单

（1）“开始”菜单（如图 2.2 所示）是计算机

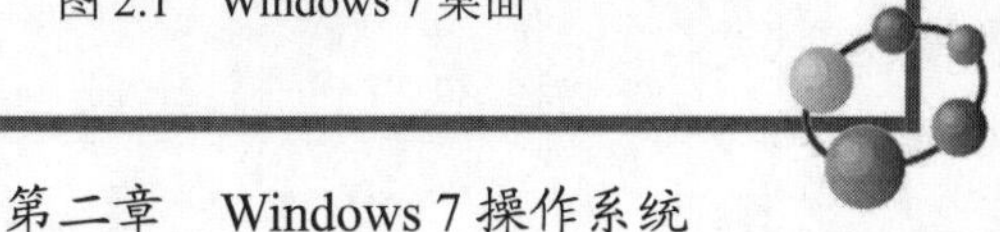

程序、文件夹和设置的操作主要入口。Windows 7 中的“开始”菜单与传统的“开始”菜单相比，优势在于自身的并列结构能够显示大图标外观，同时显示常用程序列表和 Windows 内置功能区域。

（2）设置“开始”菜单属性。右键单击“开始”菜单中的“Windows”按钮，选择“属性”选项，打开“任务栏和「开始」菜单属性”对话框，打开“「开始」菜单”选项卡（如图 2.3 所示），根据需要进行设置。

图 2.2 “开始”菜单

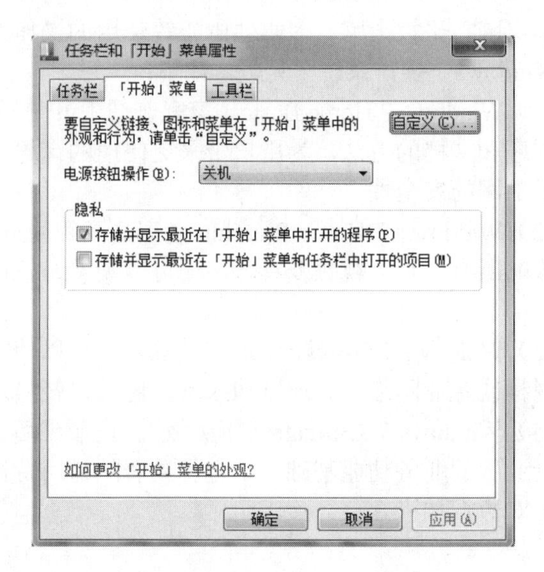

图 2.3 “「开始」菜单”选项卡

● 任务栏

在 Windows 系列操作系统中，任务栏是指位于桌面最下方的小长条，主要由“开始”菜单，“快速启动栏”、“应用程序区”、“语言选项区”和“通知区域”组成。

1. 图标锁定和解锁

（1）对于未运行的程序，将程序图标的快捷方式直接拖放到任务栏即可。例如，将“开始”菜单中的“计算器”应用程序的快捷方式拖动到（也称附到）任务栏上，如图 2.4 所示。

（2）对于正在运行的程序，则单击任务栏右键，在打开的“跳转列表”中单击“将此程序锁定到任务栏”选项，如图 2.5 所示。

（3）要将一个程序图标从任务栏中移除，右键单击图标，再单击“跳转列表”中的“将此程序从任务栏解锁”即可，如图 2.6 所示。

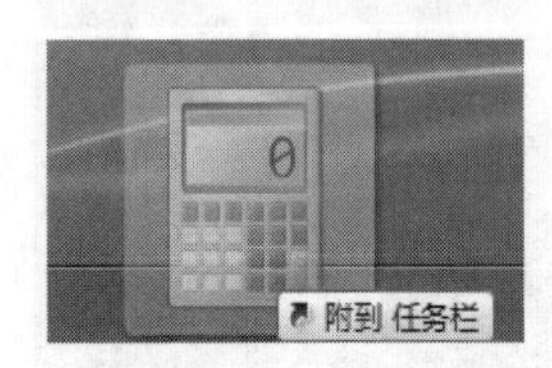

图 2.4 附到任务栏

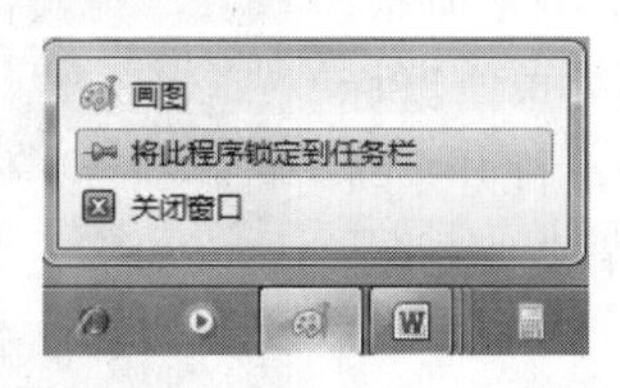

图 2.5 将此程序锁定到任务栏

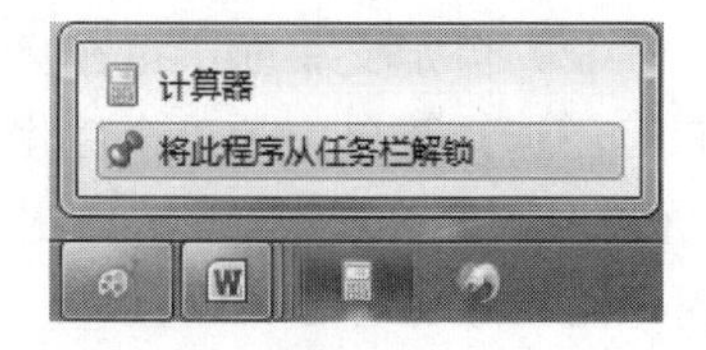

图 2.6 将此程序从任务栏解锁

2. 设置任务栏属性

（1）在任务栏空白区域单击鼠标右键，并选择菜单中的“属性”命令，打开“任务栏和「开始」菜单属性”对话框，如图 2.7 所示。

在“任务栏和「开始」菜单属性”对话框中，可以设置任务栏位置，也可以设置当任务栏被占满时，图标是否合并等内容，最后单击“确定”按钮。

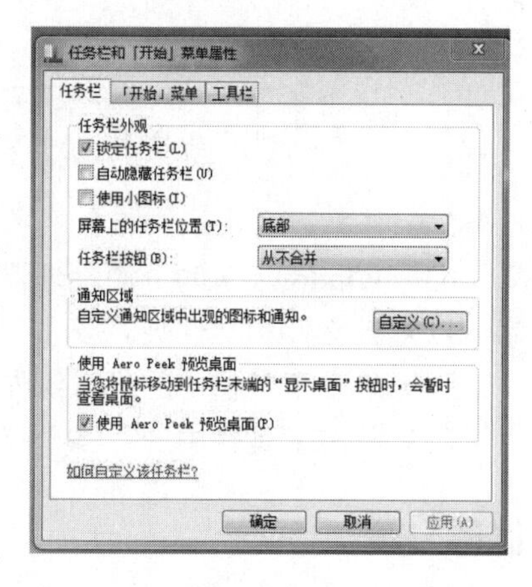

图 2.7 “任务栏和「开始」菜单属性”对话框

项目二 资源管理器

资源管理器是 Windows 操作系统提供的资源管理工具，是 Windows 的精华功能之一。用户可以通过资源管理器查看计算机上的所有资源，能够清晰、直观地对计算机上形形色色的文件和文件夹进行管理。Windows 7 的资源管理器界面功能的设计更为周到，页面功能布局也较合理，设有菜单栏、细节窗格、预览窗格、导航窗格等；内容也更丰富，有收藏夹、库、家庭组等。

1. 认识资源管理器

双击桌面中的“我的电脑”图标，打开“资源管理器”窗口，如图 2.8 所示。

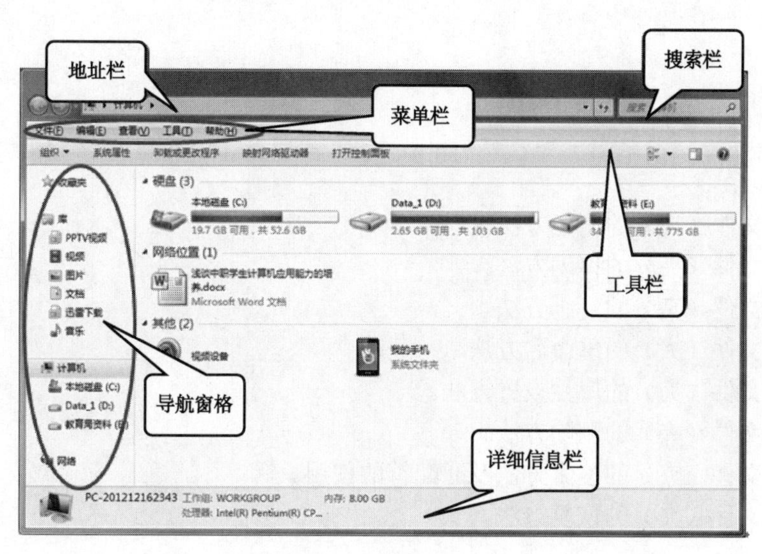

图 2.8 “资源管理器”窗口

2. 资源管理器操作

（1）Windows 7 默认的地址栏用“按钮”取代了传统的纯文本方式，文件夹按钮前后各有一个“小箭头”，可以帮助用户轻松跳转到所需要的文件夹。

（2）如果需要显示文件或文件夹的路径，只需要单击地址栏空白区域即可，如图 2.9 与图 2.10 所示。

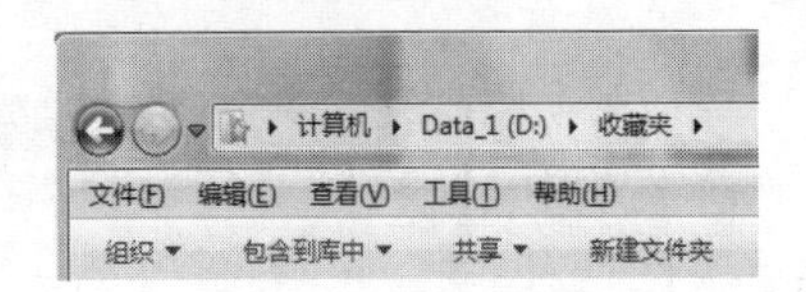

图 2.9 单击前

图 2.10 单击后

（3）Windows 7 的资源管理器将搜索框“搬”到了地址栏后面，在“搜索框”输入关键字可以查找文件和文件夹。

（4）单击工具栏中的“组织”按钮，可以对页面进行布局。

（5）单击工具栏中的“ ▾”按钮，可以对内容进行显示设置。

课后习题

按要求完成以下操作：

（1）更改桌面外观，选用 Aero 主题中的“中国”主题外观，更改图片时间间隔设置为 10 秒。

（2）桌面图标显示为“大图标”，且显示桌面一个小工具（时钟）。

（3）将“画图”工具锁定到任务栏。

（4）将“计算器”工具快捷方式附到“开始”菜单。

（5）打开“画图”、“计算器”，分别用“Win+Tab”和“Alt+Tab”两种不同的方式预览窗口。

第二节 Windows 7 基本操作

● 学习目标

（1）掌握文件（夹）的创建方法。

（2）掌握文件（夹）的移动方法。

（3）掌握文件（夹）的复制方法。

（4）掌握文件（夹）的重命名方法。

（5）掌握文件（夹）的属性设置方法。

（6）掌握文件（夹）的删除方法。

（7）掌握文件（夹）的搜索方法及通配符的使用。

（8）掌握文件（夹）的恢复方法。

项目一 Windows 7 文件管理（一）

● 操作要求（所有的操作在 exam1 文件夹中进行）

（1）在 exam1 文件夹中新建三个文件夹，文件名分别是动物、人物、植物。

（2）在桌面新建一个文本文档，名为 JIANJIE.txt。

（3）将各个图片进行分类移动到相应的文件夹中。

（4）将桌面上的 JIANJIE.txt 移动到 exam1 文件夹中。

（5）将植物文件夹中的图片重命名为花的名字。
（6）将 jieshao.doc 复制到 SEE 文件夹中。
（7）从动物文件夹中选择一张你最喜欢的图片复制到 SEE 文件夹中。
（8）将 SEE 文件夹属性改为只读和存档。

● **原图**

原图如图 2.11 所示。

图 2.11　原图

● **效果图**

效果图如图 2.12 所示。

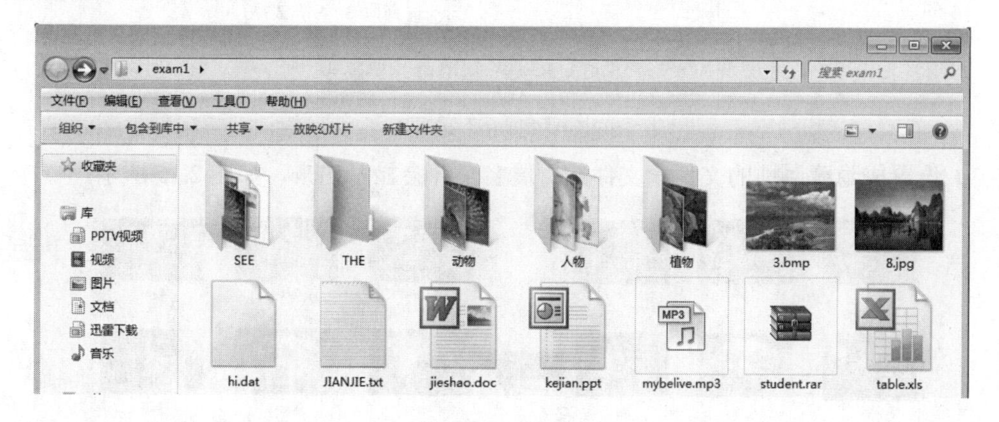

图 2.12　效果图

● **操作步骤**

1．设置文件夹选项

（1）打开 exam1 文件夹，选中“组织”菜单，选择“文件夹和搜索选项”，如图 2.13 所示。

（2）从打开的对话框中选择“查看”选项卡，进行相关设置，如图 2.14 所示。

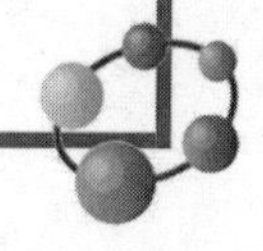

图 2.13 单击文件夹和搜索选项命令

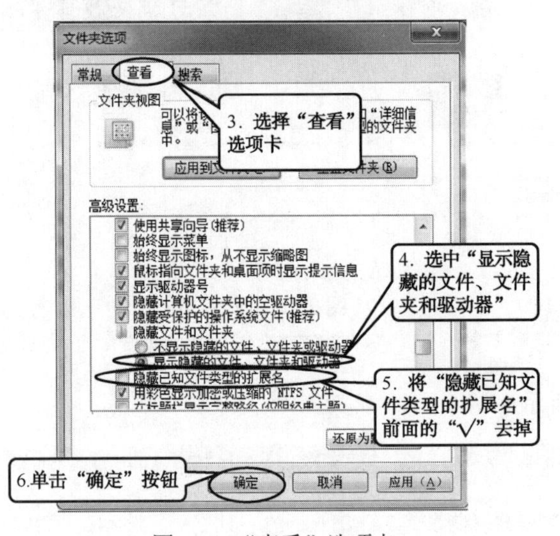

图 2.14 “查看”选项卡

（3）设置成隐藏属性的文件和文件的扩展名全部会显示出来，如图 2.15 所示。

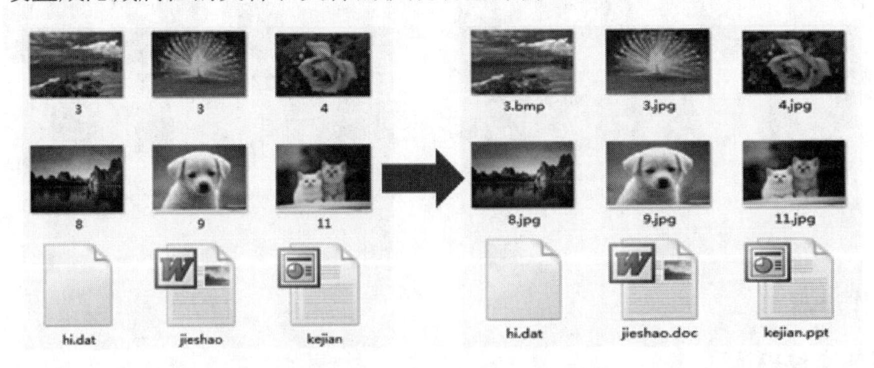

图 2.15 文件的扩展名显示出来

小知识 在做这类题目之前先设置好文件夹选项，将隐藏属性的文件（夹）和文件的扩展名显示出来，方便做后面文件改名之类的题。

2．新建文件（夹）

（1）在打开的 examl 文件夹窗口空白处右击鼠标，从快捷菜单中选择“新建”命令，选择“文件夹”命令，即可建立新文件夹，如图 2.16 所示。

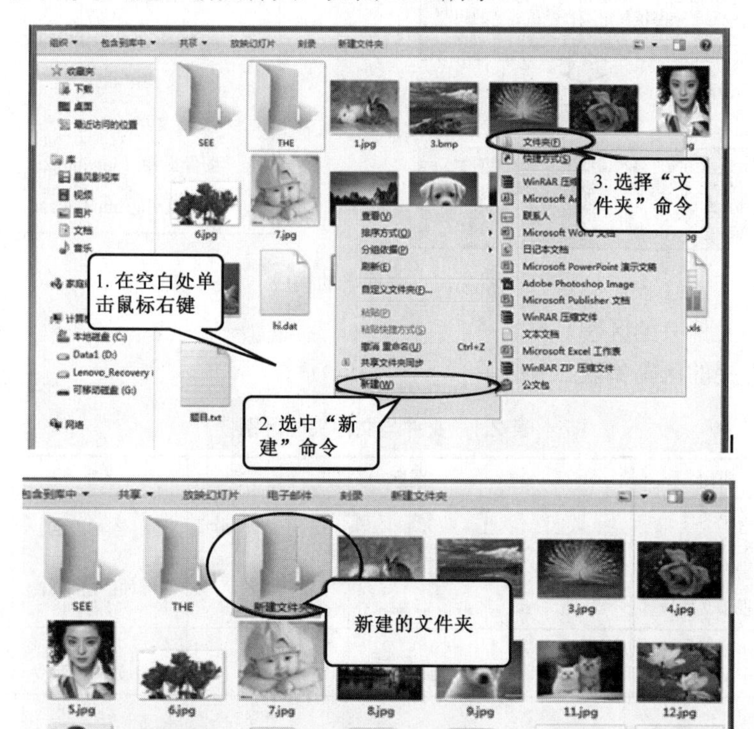

图 2.16　新建文件夹

（2）根据上面的步骤依次建立三个新文件夹。

小知识

（1）文件。

文件是存储在辅助存储器中的一组相关信息的集合。可以是一篇文字、一幅图、一段声音。每个文件必须有一个文件名。计算机系统通过文件名对文件进行管理。

（2）文件名的规定。

① 最多有 255 个字符，扩展名一般有 3 个。

② 文件扩展名可使用多个间隔符，如 AAA.DOC.TXT。

③ 不可用的字符有\ / : ? “<> | *。

④ 不可用的设备名：CON AUX 或 COM1 NUL LPT1 LPT2。

（3）文件夹（也称目录）。

文件夹是用于组织管理文件的文件控制块。文件夹中可包含各种文件、快捷方式以及下级文件夹等。

（4）文件名的构成。

文件名由主文件名.扩展名构成。具体如图 2.17 所示。

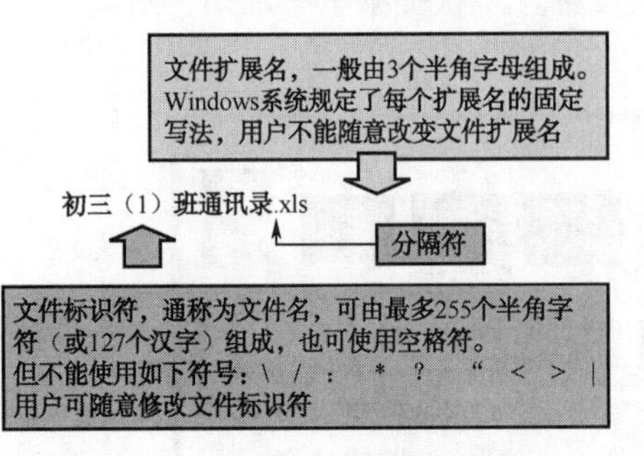

常见的扩展名所代表的文件：

文本文档：.txt

Word 文档：.doc

图像文件：.jpg/.bmp

声音文件：.mp3/.wma

图 2.17　文件名的构成

（5）文件与文件夹的区别。

文件与文件夹的区别如表 2.1 所示。

表 2.1　文件与文件夹的区别

名称	类型	图标	名字	作用
文件	文本文件 图像文件 声音文件 视频文件	city.txt　hello.wma　men.xls name.doc　picture.bmp　school.txt　women.rar	主名.扩展名 例如：City.txt	装载图、文、声音、视频等内容
文件夹	主文件夹 子文件夹	公司	主名 例如：公司	存放文件 存放子文件夹

3．文件（夹）重命名

（1）选择“新建文件夹”，单击鼠标右键，从快捷菜单中选择“重命名”命令，输入该文件夹的名字即可，如图 2.18 所示。

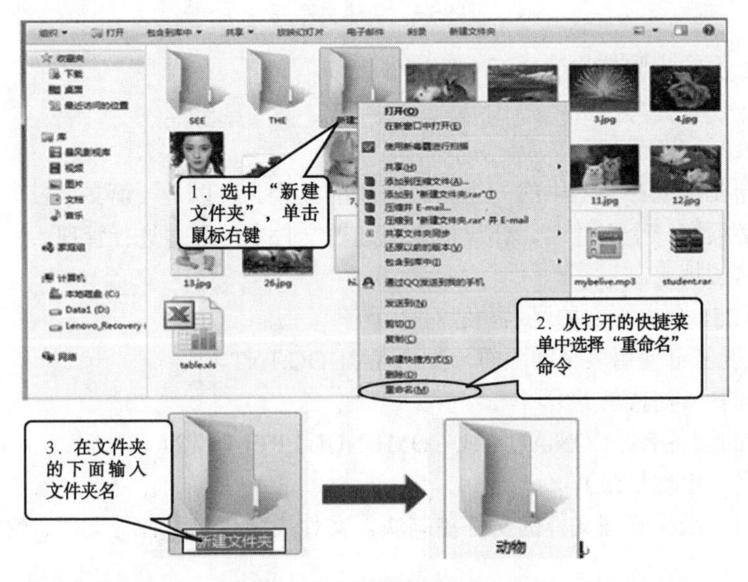

图 2.18　文件夹重命名

（2）依次将三个新建文件夹改名为“动物”、“人物”、“植物”，如图 2.19 所示。

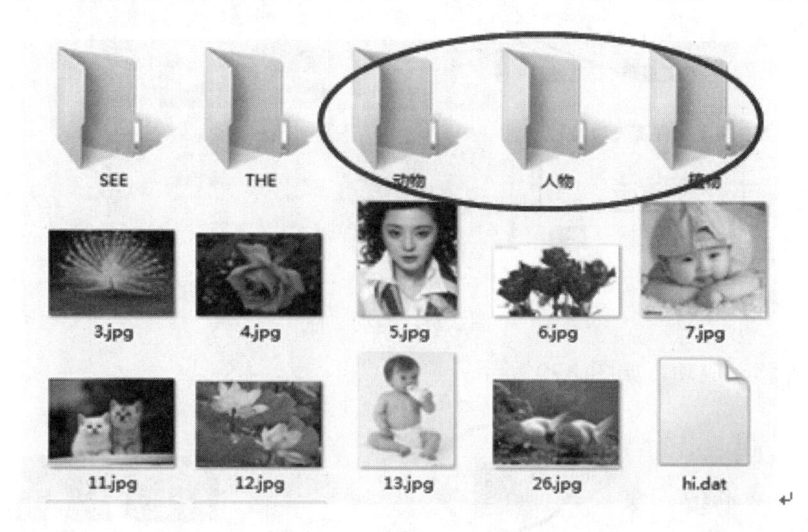

图 2.19　文件夹重命名

4．文件（夹）的移动

（1）按住 Ctrl 键，依次选取动物的图片，如图 2.20 所示。

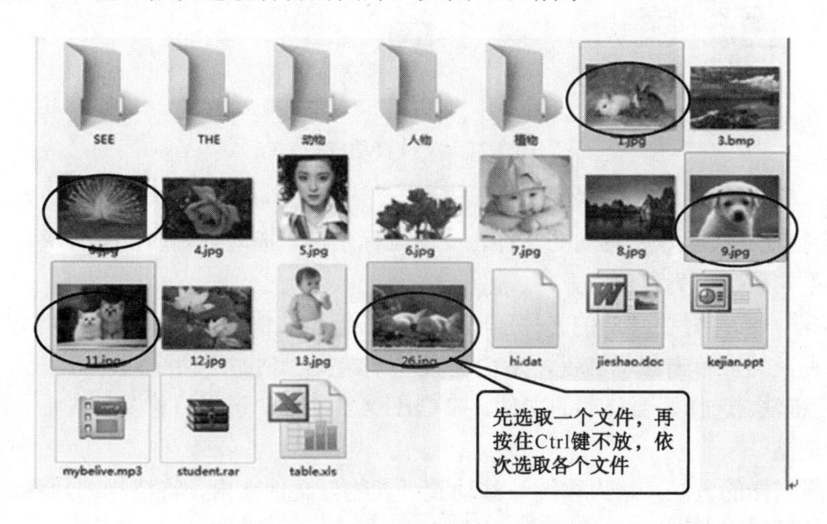

图 2.20　选择不连续的多个文件

小知识

① 同时选取连续（相邻）的一组文件（夹）。可以先单击第一个要选取的文件（夹），然后按住 Shift 键不放，再单击要选择的最后一个文件（夹）。

② 同时选择不相邻的文件（夹）。可以先单击一个要选取的文件（夹），然后按住 Ctrl 键不放，再分别单击其余要选择的文件（夹）。

③ 同时选择全部文件，按住 Ctrl 键不放，再按 A 键即可选定。

（2）按住鼠标左键不放，拖动文件到“动物”文件夹中，如图 2.21 所示。

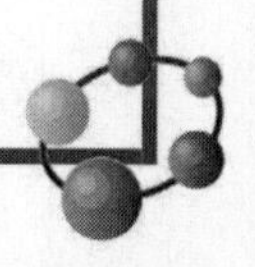

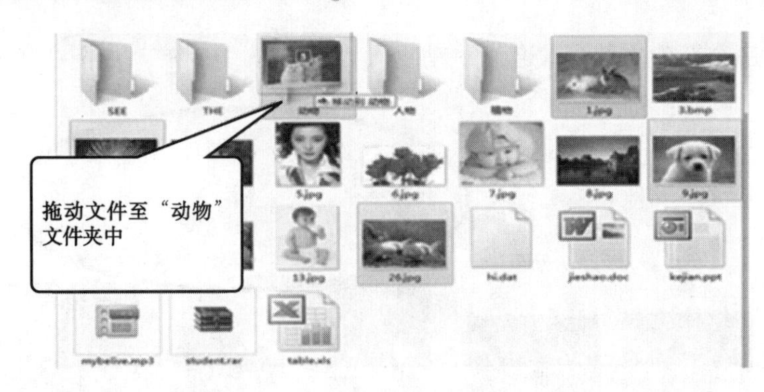

图 2.21 拖动文件

(3)文件移动成功，如图 2.22 所示。

图 2.22 文件移动成功

小知识 文件（夹）的移动有以下三种方法。

① 直接拖动。选取好要移动的文件，按住鼠标左键，拖动到相应的文件夹内（同一磁盘内为移动，不同磁盘内为复制）。

② 菜单法。选择好要移动的文件，单击鼠标右键，从快捷菜单中选择“剪切”命令，选择目标文件夹，然后单击鼠标右键，从快捷菜单中选择“粘贴”命令即可。

③ 快捷键法。选择好要移动的文件，按 Ctrl+X 组合键，选择目标文件夹后，再按 Ctrl+V 组合键进行粘贴。

(4)按照同样的方法，将人物图片移动到“人物”文件夹内，将植物图片移动到“植物”文件夹内，如图 2.23 所示。

图 2.23 动物、人物、植物图片移动到相应文件夹内

5．文件（夹）复制

（1）选中“jieshao.doc”文件，右击鼠标，从快捷菜单中选择“复制”命令，然后选择目标文件夹，单击鼠标右键，选择“粘贴”命令即可，如图 2.24 所示。

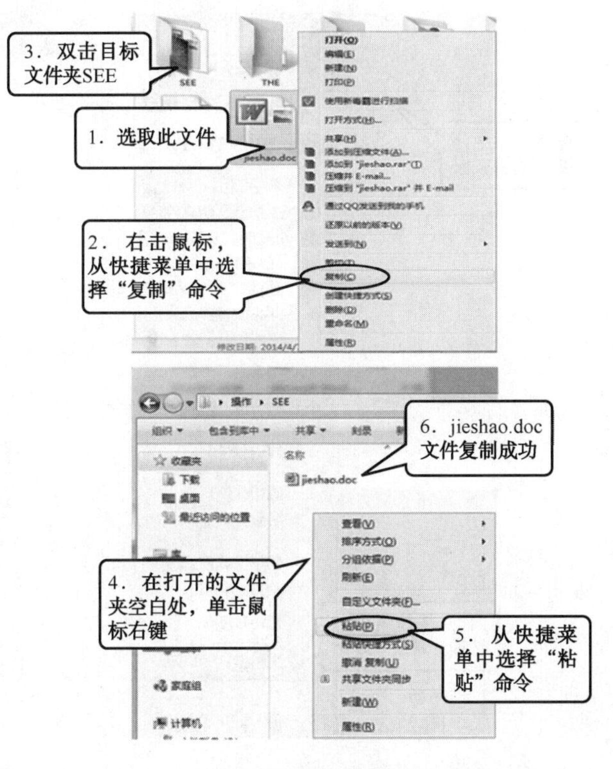

图 2.24　复制文件

（2）按照同样的方法，从动物文件夹中选择一张你最喜欢的图片复制到 SEE 文件夹中。

小知识　文件（夹）的复制与移动的区别如表 2.2 所示。

表 2.2　文件（夹）的复制与移动的区别

<table>
<tr><th>步骤
操作</th><th>第 1 步</th><th>第 2 步</th><th>第 3 步</th><th>第 4 步</th></tr>
<tr><td>复制</td><td rowspan="2">选择要操作的对象，右击鼠标，打开快捷菜单</td><td>选择“复制”命令</td><td rowspan="2">打开目标文件夹</td><td rowspan="2">右击鼠标，从快捷菜单中选择“粘贴”命令</td></tr>
<tr><td>移动</td><td>选择“剪切”命令</td></tr>
</table>

在同一驱动器：左拖（移动）Ctrl+左拖（复制）。
在不同驱动器：左拖（复制）Shift+左拖（移动）。

6．设置文件（夹）属性

（1）选择“SEE”文件夹，单击鼠标右键，从快捷菜单中选择“属性”命令，如图 2.25

所示。

（2）打开“SEE 属性”对话框，设置其属性，如图 2.26 所示。

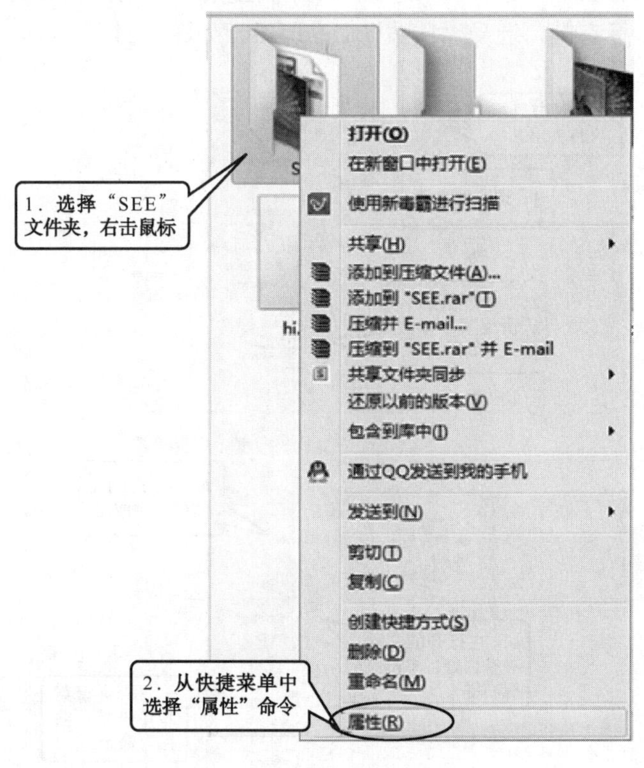

图 2.25　选择“属性”命令

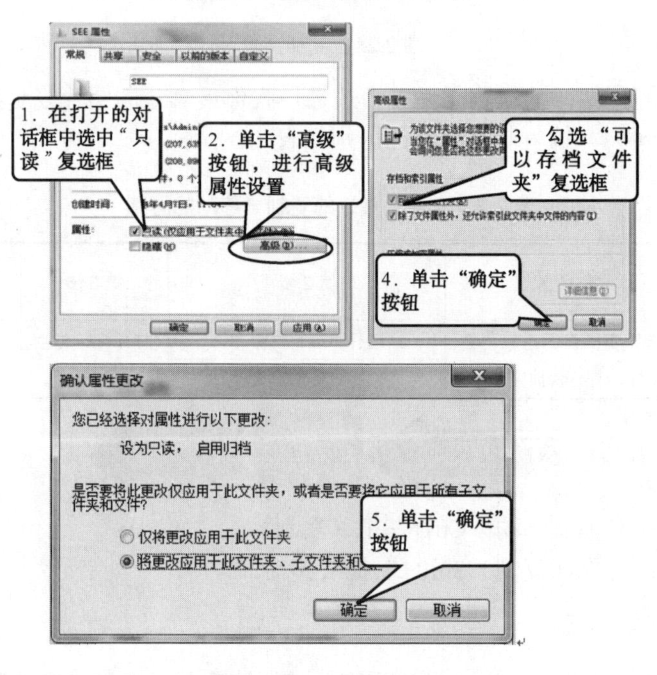

图 2.26　设置属性

小知识 文件（夹）的属性一般有以下四种。

（1）只读：只可以读出，但不能改写。

（2）隐藏：具有只读属性，但常规显示中看不到。

（3）系统：具有只读、隐藏属性，表示为系统用文件，不允许用户设置。

（4）存档：表示修改或备份过。

拓展练习一 Windows 7 文件管理（一）

1. 按下列要求完成操作（所有操作在练习文件夹中完成）

（1）在练习文件夹中新建一个文件夹，名为 photo。

（2）在练习文件夹中新建一个文件，名为 jieshao.txt。

（3）将练习文件夹中所有的图片移动到 photo 文件夹中。

（4）将资料.doc 文件复制到 table 文件夹中。

（5）将风.mp3 文件复制到 music 文件夹中。

（6）将班级.txt 重命名为 ban.exe。

（7）将 table 文件夹的只读属性取消，设置为存档。

2. 按下列要求完成操作（所有的操作均在文件夹 BOOK2 进行）

（1）将 BOOK2 文件夹下 JIM\SON 文件夹中的文件 AUTO.BPM 更名为 QUER.MAP。

（2）将 BOOK2 文件夹下 TIM 文件夹中的文件 LEN 复制到文件夹下 WEEN 文件夹中。

（3）将 BOOK2 文件夹下 DEER 文件夹中的文件 ZIIP.FER 设置为只读和存档属性。

（4）在 BOOK2 文件夹下 VOLUE 文件夹中建立一个名为 BEER 的新文件夹。

（5）将 BOOK2 文件夹下 YEAR\USER 文件夹中的文件 PAPER.BAS 移动到 BOOK2 文件夹下 XON 文件夹中，并改名为 TITLE.FOR。

项目二 Windows 7 文件管理（二）

- **操作要求（所有的操作在 book 文件夹中进行）**

（1）搜索“book”文件夹中的“seek.dat”文件，并将其删除。

（2）搜索“book”文件夹中以 a 开头的文本文档，将其删除。

（3）在同一文件夹中创建 kejian.ppt 快捷方式，名为 kejian。

（4）将回收站中的 seek.dat 文件恢复。

- **操作步骤**

1. 已知全部文件（夹）名的搜索

（1）打开 book 文件夹，在窗口的搜索框中输入 seek.dat，如图 2.27 所示。

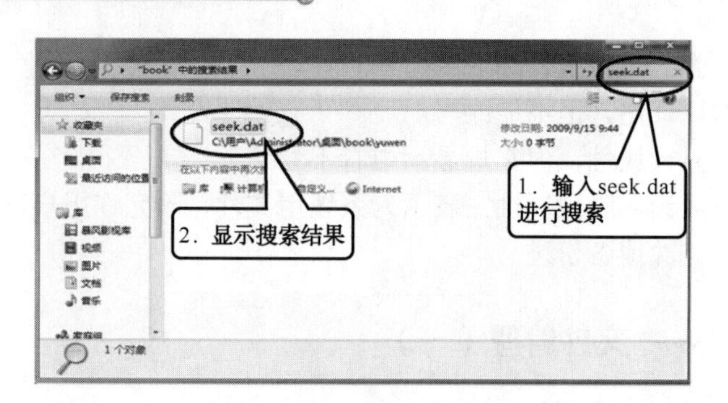

图 2.27　搜索文件

2．删除文件（夹）文件

（1）选中 seek.dat 文件。
（2）右击鼠标，从快捷菜单中选择“删除”命令，将文件删除，如图 2.28 所示。

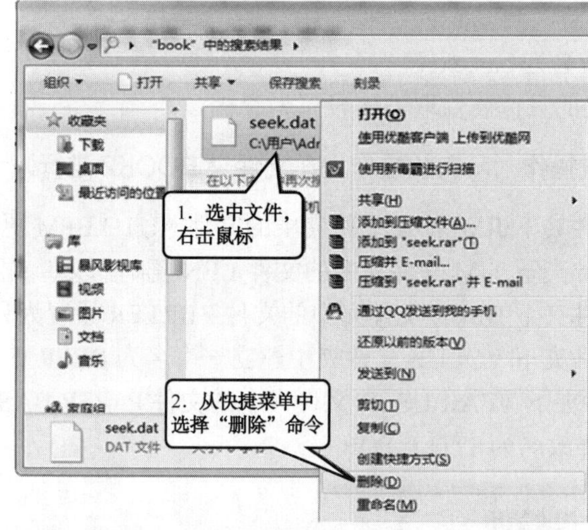

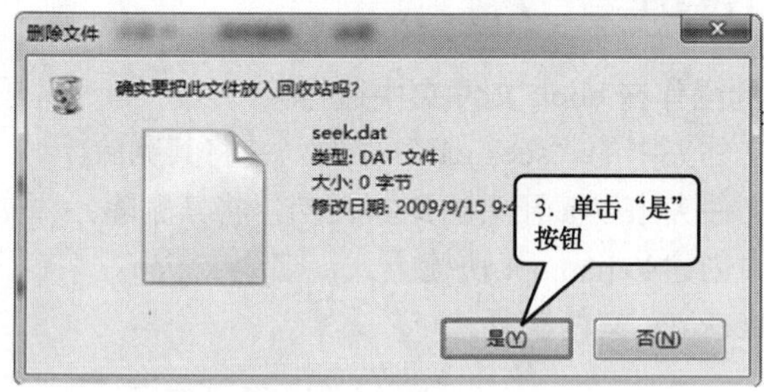

图 2.28　删除文件

小知识　删除文件还可以使用 Delete 键。
一般的删除只是将文件（夹）删除在回收站中。彻底删除文件按 Shift+Delete 组合键。

3．已知部分文件（夹）名的搜索（如第 2 题）

（1）打开 book 文件夹，在窗口的搜索框中输入搜索文件名，如图 2.29 所示。

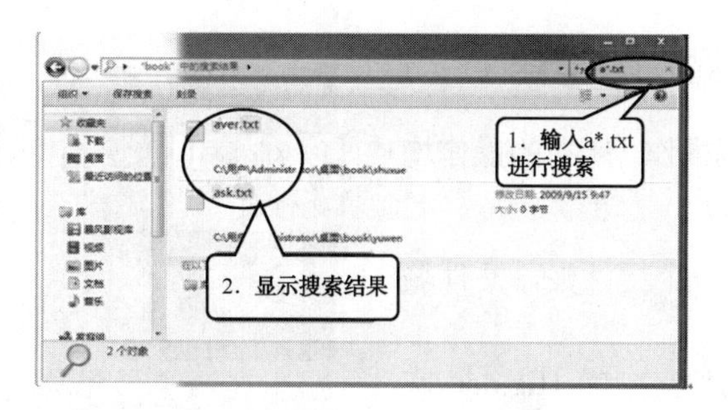

图 2.29　查找以 a 开头的文档文件

（2）选中 2 个文件一起删除。

小知识　通配符的应用如表 2.3 所示。

表 2.3　通配符的应用

通配符	功能	举例	
?	代表一个字符	??c.ppt	表示第三个字符为 c 且文件名只有三个字符的 ppt 文件
		??c*.ppt	表示第三个字符为 c 的 PPT 文件
*	代表一个或多个字符	B*.doc	表示以 B 开头的所有 Word 文件
		*a.txt	表示以 a 结尾的文档文件

4．创建文件（夹）快捷方式

（1）选中 kejian.ppt，右击鼠标，从快捷菜单中选择创建快捷方式，然后改名，如图 2.30 所示。

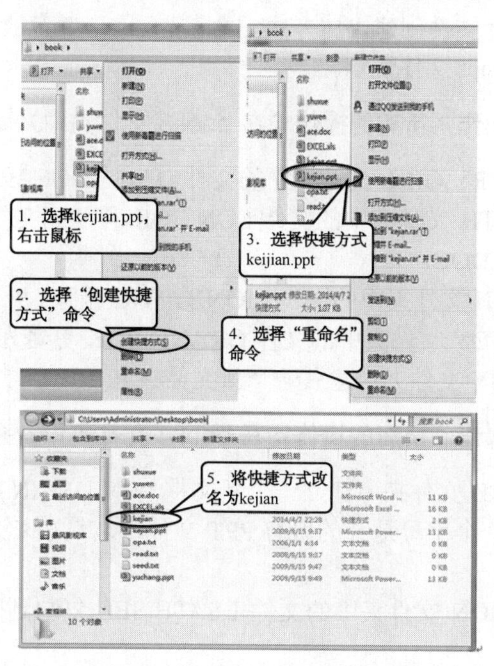

图 2.30　创建快捷方式并改名

5．文件（夹）的恢复

（1）双击“回收站”，打开其窗口，选择 seek.dat 将其恢复，如图 2.31 所示。

拓展练习二　Windows 7 文件管理（二）

1. 按下列要求完成操作（所有的操作均在 book1 文件夹下进行）

（1）在桌面上新建一个文件夹，文件名为自己的姓名。

（2）搜索 book1 文件夹中的 Hig.doc 文件，并移动到自己姓名的文件夹中。

（3）搜索 book1 文件夹中的第一个字母为 y 的 PPT 文件，移到自己姓名的文件夹中，并将第一个字母 y 改为 b。

（4）搜索 book1 文件夹中的第二个字母为 s 的所有文件，移到自己姓名的文件夹中。

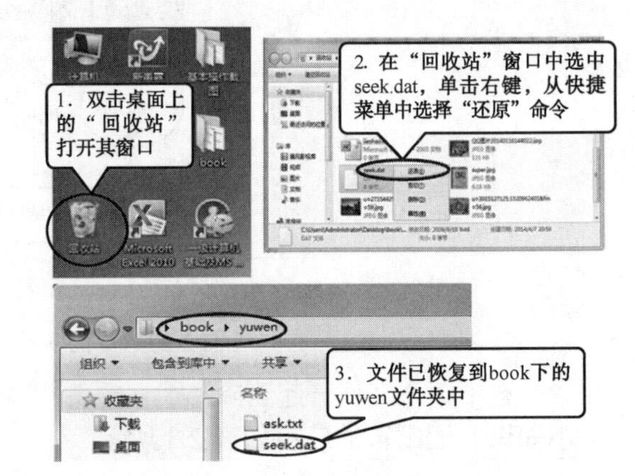

图 2.31　恢复文件

（5）搜索 book1 文件夹中的所有 Word 文档，移到自己姓名的文件夹中。

（6）上交自己姓名的文件夹到教师机。

2. 按下列要求完成操作（所有的操作均在 book2 文件夹下进行）

（1）搜索“book2”文件夹中第三个字母为 C 的 PPT 文件，将其删除。

（2）搜索“book2”文件夹中第二个字母为 C 的 Word 文件，将其删除。

（3）搜索“book2”文件夹中以 a 结尾的文档文件，将其删除。

（4）为 yuwen\seek.dat 文件创建快捷方式，命名为 abc，并存放在 book2 文件夹中。

（5）将回收站的 sacy.ppt 文件恢复。

3. 按下列要求完成操作（所有的操作均在 book3 文件夹中）

（1）将文件夹下 HANRY\GIRL 文件夹中的文件 DAILY.DOC 设置为只读和存档属性。

（2）将文件夹下 SMITH 文件夹中的文件 SON.BOK 移动到文件夹下 JOHN 文件夹中，并将该文件改名为 MATH.DOC。

（3）将文件夹下 CASH 文件夹中的文件 MONEY.WRI 删除。

（4）将文件夹下 LANDY 文件夹中的文件 GRAND.BAK 更名为 FATH.WPS。

（5）在文件夹下 BABY 文件夹中建立一个新文件夹 PRICE。

4. 按下列要求完成操作（所有的操作均在 book4 文件夹中）

（1）在文件夹下 CARD 文件夹中建立一个新文件 WOLDMAN.DOC。

（2）搜索文件夹下第一个字母是 S 的所有 PPT 文件，将其文件名的第一个字母更名为 B，原文件的类型不变。

（3）将文件夹下 VISION 文件夹中的文件 LEATH.SEL 复制到同一文件夹中，并将该文件命名为 BEUT.SEL。

（4）删除文件夹下 JKQ 文件夹中的 HOU.DBF 文件。

（5）将文件夹下 ZHA 文件夹设置成隐藏属性。

第三章　Word 2010字处理

Office是目前最常用的一类办公软件，利用它可以解决日常工作环境中遇到的许多问题，熟练掌握 Office 的操作技巧是对计算机用户的基本要求。Word 是 Office 的重要组件之一，是目前世界上最流行的文字编辑软件。使用它可以编排出多种精美的文档，不仅能够制作常用的文本、信函、备忘录，还能利用定制的应用模板，如公文模板、书稿模板和档案模板等，快速制作专业、标准的文档。正因为如此，Word 也成为必须掌握的重要办公工具之一。

第一节　Word 2010 概述

使用字处理软件 Word 2010 能制作包含图、文、表的精美文档，而正确进入 Word 2010 操作环境是工作的开始，熟练使用 Word 2010 窗口界面中的组件是编制文档的前提。

1．启动 Word 2010

制作满足需要的办公文档，首先需要创建新的工作文档，创建新文档操作只能在启动 Word 后开始。启动 Word 的方法很多，常用的启动 Word 2010 的方法有以下几种。

（1）单击“开始”按钮，在“开始”菜单中选择“所有程序”→“Microsoft Office”→“Microsoft Word 2010”命令，操作如图 3.1 所示。

（2）双击桌面的快捷图标，也可以启动 Word 2010。

提示： 启动 Word 2010 时，将出现一个空白文档窗口，默认名称为“文档 1”，如图 3.2 所示。用户可以直接在该文档中进行编辑操作，也可以另外新建其他空白文档或根据 Word 提供的模板新建带有格式和内容的文档。在编制文档时，为防止电源故障等突发因素造成的文档内容丢失，提高工作效率，还要及时保存建好的文档。

图 3.1　从“开始”菜单启动 Word

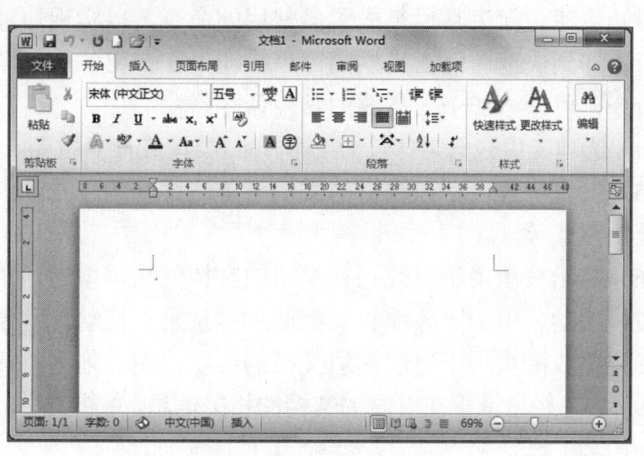

图 3.2　“文档 1”窗口

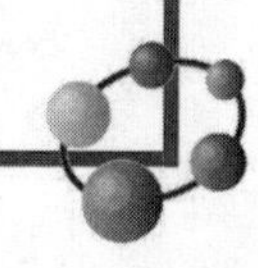

2．认识 Word 2010 操作窗口

Word 2010 操作窗口是制作办公文档的工作环境，熟练掌握其功能和应用技巧，才可能制作出满足需要的精美文档。Word 2010 操作窗口如图 3.3 所示。

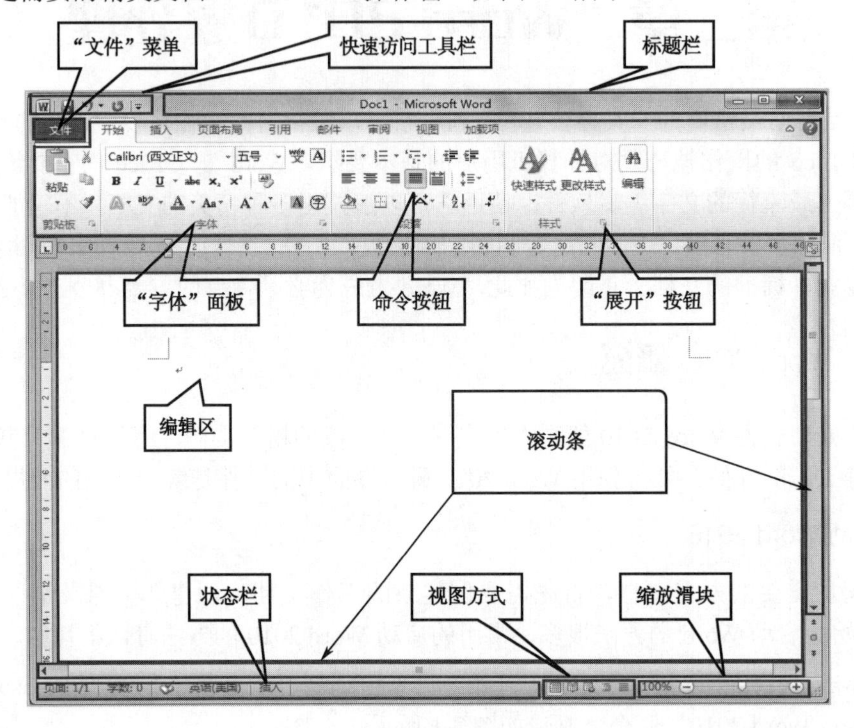

图 3.3　Word 2010 操作窗口

（1）标题栏用于显示正在编辑文档的文件名以及所使用的软件名，也提供了"控制菜单"、"最小化"、"还原/最大化"和"关闭"按钮，单击不同按钮，可以控制窗口的大小和关闭。

（2）选项卡集成了与之工作关联的常用命令按钮，单击选项卡可显示该选项卡集成的命令按钮。

（3）快速访问工具栏集成了最常用的命令，以实现快速操作的目的。在任意功能区右键单击想添加到快速访问工具栏的命令按钮，在弹出的快捷菜单中选择"添加到快速访问工具栏"命令，可以添加个人需要的常用命令。

（4）选项卡中包含若干个功能区，归类集成命令按钮，单击命令按钮，可完成相应操作。

（5）编辑区显示正在编辑的文档，单击"视图"选项卡中的命令按钮，可以改变显示比例、显示模式等。

（6）显示按钮用于更改正在编辑的文档的显示模式，单击命令按钮，可切换显示模式。

（7）滚动条用于更改编辑文档的显示位置，拖动滚动条可以找到需要显示的内容。

（8）缩放滑块用于更改编辑文档的显示比例，拖动可调整显示比例。

（9）状态栏显示正在编辑的文档的相关信息，单击其中的按钮，可以进行与之关联的操作。

3．保存文档

在"文档 1"的快速访问工具栏中，单击"保存"按钮，打开"另存为"对话框，如将创建的空白文档以“WDA01.docx”为文件名保存在“C:\Wexam\11010001”文件夹中，如图 3.4 所示。

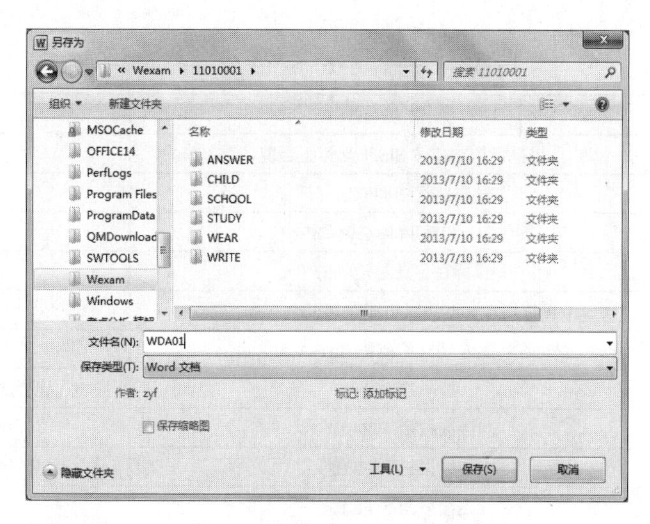

图 3.4 “另存为”对话框

保存文档后，Word 窗口并未关闭，可以继续对文档进行编辑。

4．Word 文档的扩展名

保存 Word 文档时，可以选择保存为不同的文档类型，文档类型以文档的扩展名识别，常用的 Word 2010 文档扩展名及其类型如表 3.1 所示。

表 3.1 常用的 Word 2010 文档扩展名及其类型

扩 展 名	文 档 类 型
.docx	Word 文档（Word 2010 默认的保存文档类型）
.doc	Word 文档（Word 97～2003 文档）
.dotx	Word 2010 模板文档
.txt	纯文本
.htm 或.html	网页文档
.rtf	跨平台文档格式

5．退出 Word 2010

完成文档的编辑操作后，需要正确退出 Word 2010，常用的退出方法有以下几种。

（1）单击 Word 操作窗口右上角的“关闭”按钮，退出 Word。

（2）双击 Word 操作窗口左上角的“控制菜单”按钮，退出 Word。

（3）单击“文件”→“退出”命令，可关闭所有的文档，退出 Word。

（4）按 Alt+F4 组合键，退出 Word。

6．Word 文档中选取文本的方法

在编辑文本时，必须先选中要编辑的文本对象。在 Word 中选择文本的方式有很多种，

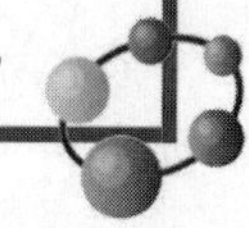

用户既可以利用鼠标选择文本，也可以利用键盘选择，还可以两者结合进行选择。常用的对象选取方法如表 3.2 所示。

表 3.2 选取文本方法

对　象	操作方法	作　用
一个区域	用鼠标拖动或按 Shift+光标组合键	选定一个区域
字词	在字词中间双击	选定字词
句子	按 Ctrl 键+鼠标左键单击	选定句子
整行	鼠标在行首左边单击	选定整行
段落	鼠标在行首左边双击或在句子中三击	选定段落
全文	鼠标在行首左边三击或按 Ctrl+A 组合键	选定全文
扩展区域	按一次 F8 键	设置选取段落的起点
	连续按两次 F8 键	选取一个字
	连续按三次 F8 键	选取一串句子
	连续按四次 F8 键	选取一段
	连续按五次 F8 键	全选

7．Word 2010 编辑文档的常用操作

编辑文档的基本操作包括移动、复制、剪切、粘贴和删除对象，常用操作如表 3.3 所示。

表 3.3 Word 2010 编辑文档的常用操作

操作方式	操作方法
移动对象	选定对象，按下鼠标左键拖动对象到目标位置松开鼠标左键即可
复制对象	方法 1，先选定对象，单击“开始”→“剪贴板”→“复制”按钮（或按 Ctrl+C 组合键），再在目标位置的光标处单击“粘贴”按钮（或按 Ctrl+V 组合键），可完成复制
	方法 2，选定对象，在按下 Ctrl 键的同时，用鼠标左键拖动对象到目标位置松开鼠标左键即可
删除对象	按 Delete 键删除光标右边的一个字符；按 Backspace 键删除光标左边的一个字符；选定对象，按 Delete 键删除所选对象
撤销和恢复	若文本删除有误，可按自定义快速访问工具栏上的按钮（或按 Ctrl+Z 组合键）撤销操作；按自定义快速访问工具栏上的按钮（或按 Ctrl+Y 组合键）恢复已撤销的操作
查找对象	单击“开始”→“编辑”→“查找”选项，在打开的“导航”任务窗格中输入查找内容即可显示所有查找结果，单击上、下箭头可上下查看结果
替换对象	单击“开始”→“编辑”→“替换”选项，在打开的“查找和替换”对话框中输入查找内容和替换为内容进行替换操作

第二节 Word 2010 的基本操作

● 学习目标

（1）掌握文本的选择方法。

（2）掌握文本的移动与复制。

（3）掌握为段落添加项目符号与编号。

（4）掌握插入特殊符号。

（5）掌握错字的查找与替换。

（6）掌握保存文档操作。

项目 《防火知识》

● **操作要求**

（1）打开“防火知识.docx”文档，将“孩子防火教育”和“灭火气使用方法”设置样式为“标题”样式。

（2）将最后四行文字移动到“孩子防火教育”知识的后面。

（3）为“孩子防火教育”添加项目符号“◆”，为“灭火气使用方法”添加项目符号“🕮”。

（4）为“孩子防火教育”下面的知识文字添加编号样式“1.”，为“灭火器使用方法”下面的知识文字添加编号样式“A.”。

（5）在“孩子防火教育”文字的前面插入符号“【”、后面插入符号“】”，在“灭火气使用方法”文字前面和后面插入符号“※”。

（6）将文档中的“灭火气”替换成“灭火器”。

（7）将文章中的“火”字设为红色、加着重号。

（8）保存此文档至桌面上，文件名为“你的姓名+防火知识.docx”。

● **原文**

孩子防火教育

不要玩火，不玩弄电气设备。

不乱丢烟头，不躺在床上吸烟。

不乱接乱拉电线，电路熔断器切勿用铜、铁丝代替。

炉灶附近不放置可燃易燃物品，炉灰完全熄灭后再倾倒，草垛要远离房屋。

明火照明时不离人，不要用明火照明寻找物品。

离家或睡觉前要检查电器是否断电，燃气阀门是否关闭，明火是否熄灭。

灭火气使用方法

干粉灭火气：使用时，先拔掉保险销，一只手握住喷嘴，另一只手握紧压柄，干粉即可喷出。

1211 灭火气：使用时，先拔掉保险销，然后握紧压柄开关，压杆就使密封间开启，在氨气压力作用下，1211 灭火剂喷出。

二氧化碳灭火气：使用时，先拔掉保险销，然后握紧压柄开关，二氧化碳即可喷出。

对液化气钢瓶，严禁用开水加热、火烤及日晒。不准横放，不准倒残液和剧烈摇晃。

家中不可存放超过 0.5 公升的汽油、酒精、香蕉水等易燃易爆物品。

切勿在走廊、楼梯口等处堆放杂物，要保证通道和安全出口的畅通。

不在禁放区及楼道、阳台、柴草垛旁等地燃放烟花爆竹。

● **样文**

样文如图 3.5 所示。

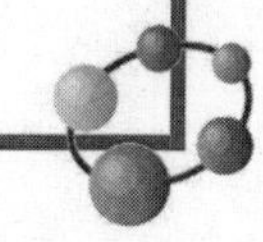

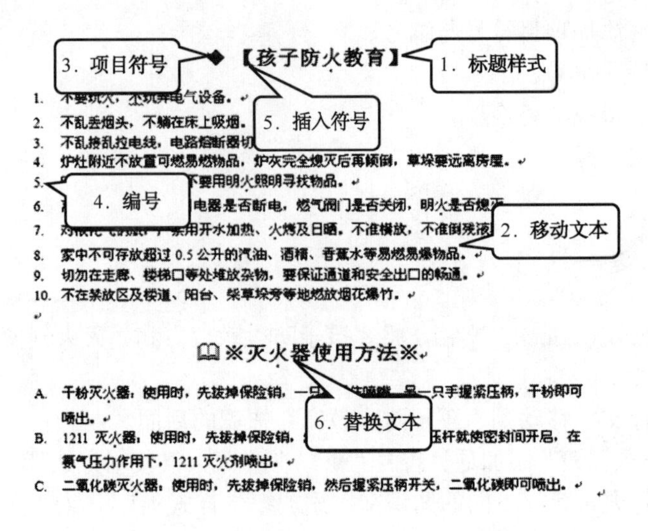

图 3.5　样文

● 操作步骤

1. 文本样式

（1）双击打开“防火知识.docx”文档。

（2）选择文字“孩子防火教育”，将鼠标光标移到“孩子防火教育”前面，按住鼠标左键不松，选择到“孩子防火教育”后面，如图 3.6 所示。

（3）单击“开始”菜单→“样式”面板→“标题”样式，如图 3.7 所示。

孩子防火教育

图 3.6　选中的文本效果

图 3.7　文本“样式”

（4）同步骤（2）和（3）将“灭火气使用方法”设置样式为“标题”样式。

小知识　如果有些从网上下载的文本，不需要这些文本的格式，可以选择“清除格式”样式，如图 3.8 所示，将原本的样式清除，变成 Word 2010 默认的格式。

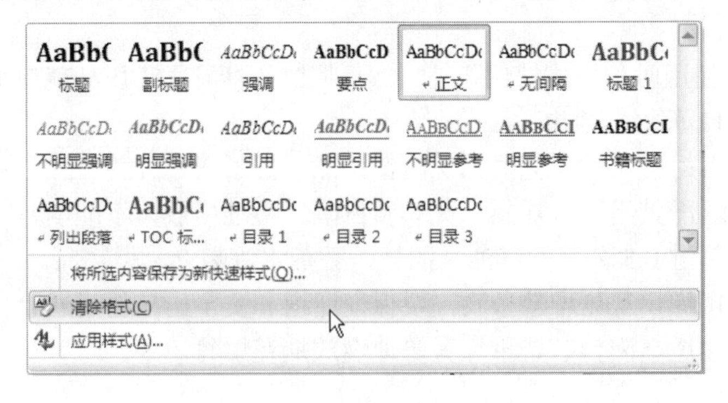

图 3.8　选择“清除格式”命令

2．移动文本

（1）选择最后四行文字，将鼠标移到倒数第四行的左边，鼠标成“↗”箭头，按住鼠标左键往下拖动选择最后四行文字，如图 3.9 所示。

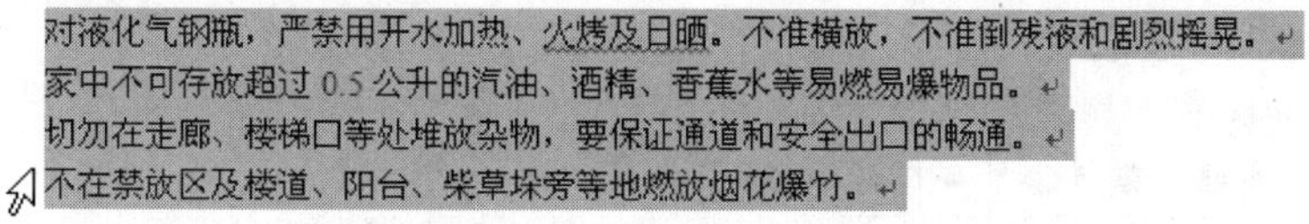

对液化气钢瓶，严禁用开水加热、火烤及日晒。不准横放，不准倒残液和剧烈摇晃。
家中不可存放超过 0.5 公升的汽油、酒精、香蕉水等易燃易爆物品。
切勿在走廊、楼梯口等处堆放杂物，要保证通道和安全出口的畅通。
不在禁放区及楼道、阳台、柴草垛旁等地燃放烟花爆竹。

图 3.9　选择最后四行文字的效果

（2）单击“开始”菜单→“剪贴板”面板→“剪切”按钮，如图 3.10 所示。或者按 Ctrl+X 组合键。

（3）在要粘贴的目的地“离家或睡觉前……明火是否熄灭。”后面的空段落单击，如图 3.11 所示。

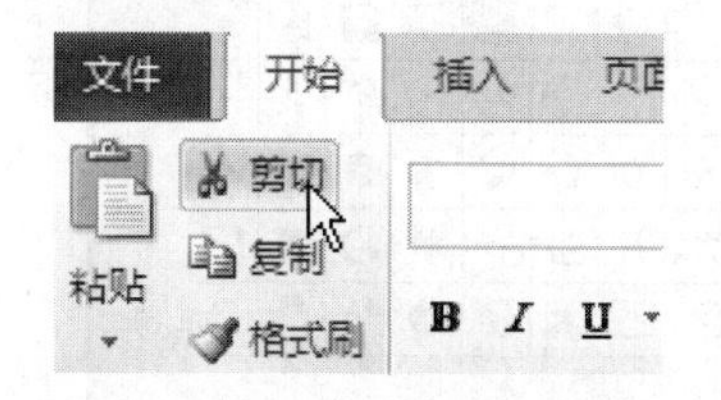

图 3.10　单击“剪切”按钮

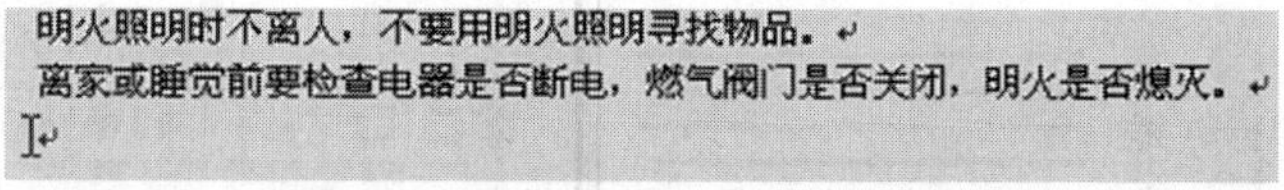

明火照明时不离人，不要用明火照明寻找物品。
离家或睡觉前要检查电器是否断电，燃气阀门是否关闭，明火是否熄灭。

图 3.11　移动文本目的地光标位置

（4）单击“开始”菜单→“剪贴板”面板→“粘贴”按钮→“保留源格式”按钮，如图 3.12 所示。或者按 Ctrl+V 组合键。

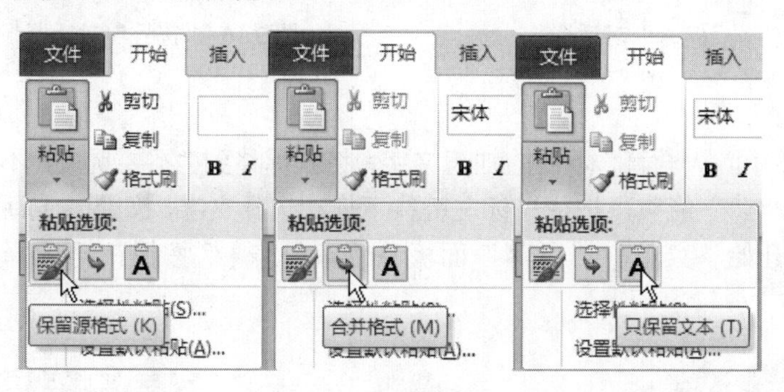

图 3.12　粘贴有三个选项：保留源格式、合并格式、只保留文本

3．项目符号

（1）选择文字“孩子防火教育”，单击“开始”菜单→“段落”面板→“项目符号”按钮，再选择“◆”样式，如图 3.13 所示。

（2）选择文字“灭火气使用方法”，单击“开始”菜单→“段落”面板→“项目符号”按钮，再单击“定义新项目符号”按钮，如图 3.14 所示。

（3）弹出“定义新项目符号”对话框，如图 3.15 所示。单击“符号”按钮，弹出“符号”对话框，如图 3.16 所示，选择“🕮”，单击“确定”按钮，再单击“确定”按钮。

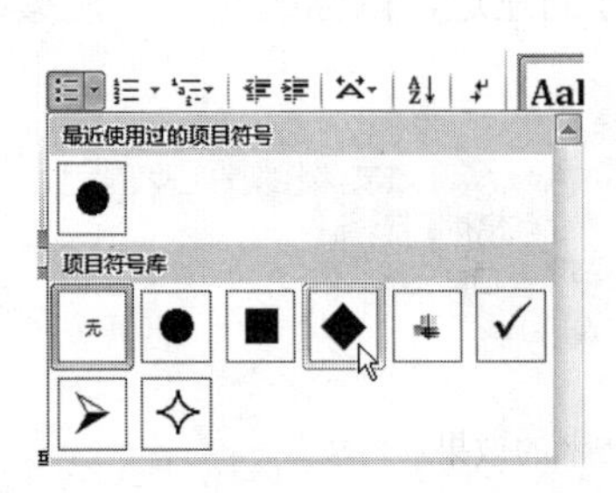

图 3.13　选择“项目符号”样式

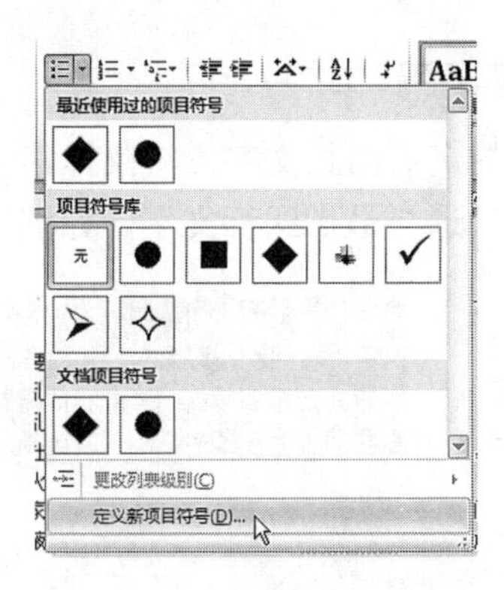

图 3.14　单击“定义新项目符号”按钮

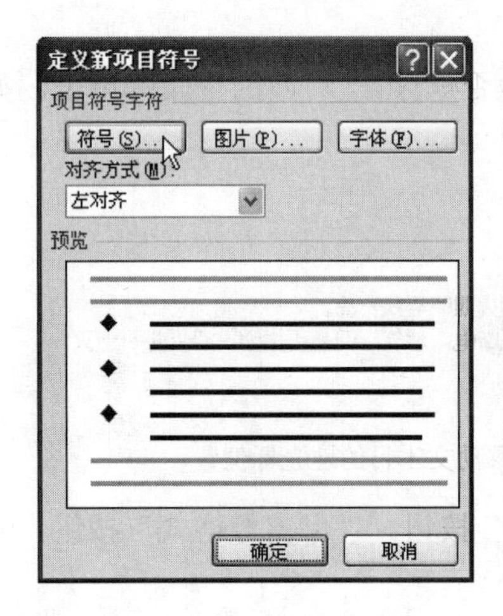

图 3.15　“定义新项目符号”对话框

符号
字体(F): Wingdings
近期使用过的符号(R):
Wingdings: 38
字符代码(C): 38
来自(M): 符号(十进制)
确定
取消

图 3.16　“符号”对话框

4．编号

（1）选中“孩子防火教育”下面的知识文字，将鼠标移到“不要玩火，不玩弄电气设备。”的左边，鼠标成“↗”箭头，按住鼠标左键往下拖动选择文字，如图 3.17 所示。

（2）单击“开始”菜单→“段落”面板→“编号”按钮，再选择“1.”样式，如图 3.18 所示。

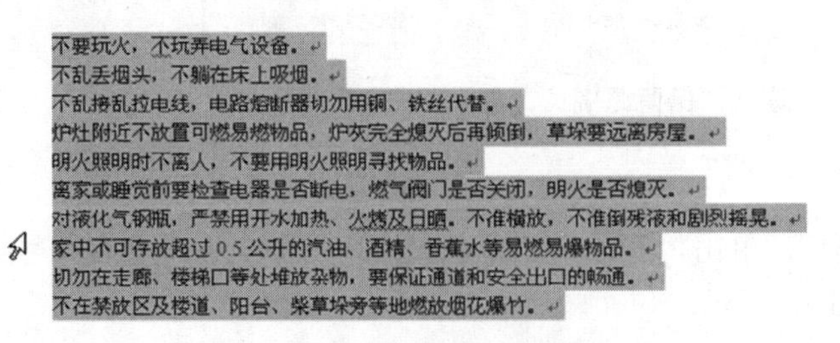

图 3.17　选择文字方法

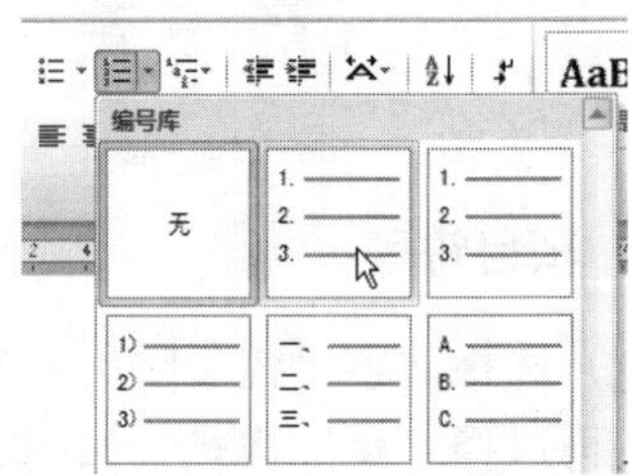

图 3.18　“编号”样式

（3）选中为“灭火器使用方法”下面的知识文字，同步骤（2）的方法，选择编号样式“A.”。

小知识　如果想取消项目符号或编号，可以选择“无”。

5. 插入符号

（1）将鼠标移到“孩子防火教育”文字的前面单击一下，单击“插入”菜单→“符号”面板→“符号”按钮→选择“【”符号，如图 3.19 所示。

（2）将鼠标移到“孩子防火教育”文字的后面单击一下，同步骤（1）的方法，插入符号“】”。

（3）采用步骤（1）和步骤（2）的方法，在“灭火气使用方法”文字前面和后面插入符号“※”。

提示：如果找不到需要的字符，就单击“其他符号”按钮，找到相应的符号。

小知识 除了插入符号，还可以插入数字编号和汉字编号，比如“①”编号，方法是单击“插入”菜单→“符号”面板→“编号”按钮，在弹出的对话框中输入相应的编号，选择编号类型即可，如图 3.20 所示。

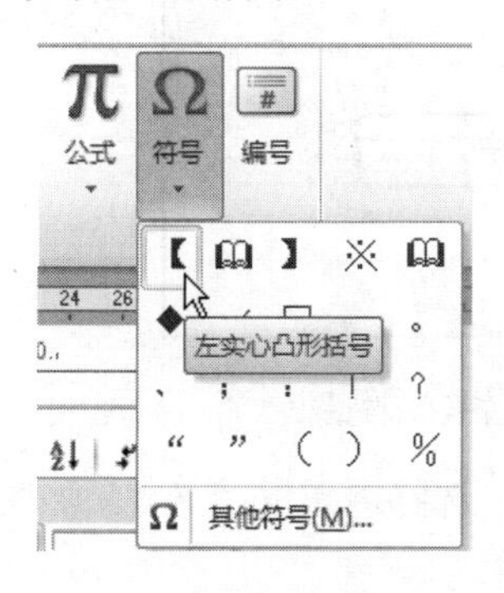

图 3.19 符号

图 3.20 “编号”对话框

6. 查找替换

（1）因为需要在整篇文档中替换，所以不要选任何文字，直接将鼠标在文档中任意位置单击一下即可。然后单击“开始”菜单→“编辑”面板→“替换”按钮，如图 3.21 所示。

（2）弹出“查找和替换”对话框，在“查找内容”框中输入文字“灭火气”，在“替换为”框中输入文字“灭火器”，单击“全部替换”按钮，如图 3.22 所示。然后单击“确定”按钮，再单击“关闭”按钮。

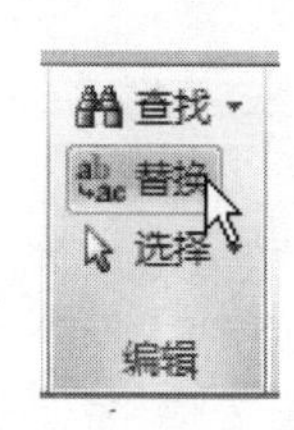

图 3.21 “替换”按钮

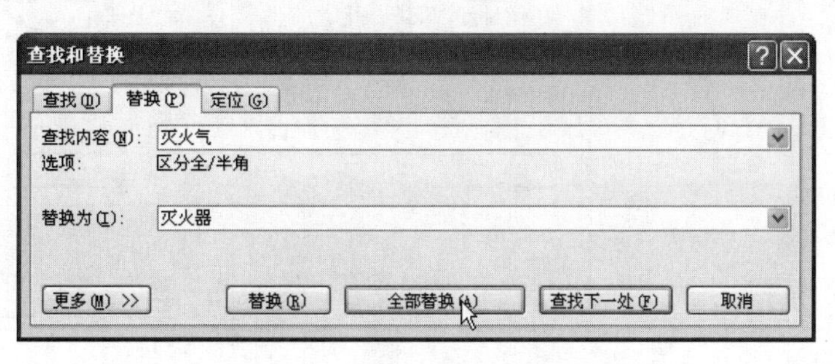

图 3.22 “查找和替换”对话框

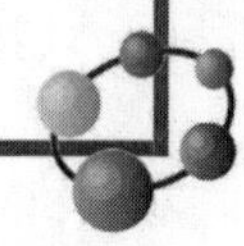

7．高级替换

（1）在文档中任意位置单击一下，然后单击“开始”菜单→“编辑”面板→“替换”按钮，弹出“查找和替换”对话框，在“查找内容”框中输入文字“火”，在“替换为”框中输入文字“火”，单击“更多（M）>>”展开按钮。

（2）将鼠标在“替换为”框中单击一下，然后再单击“格式”按钮→“字体”按钮，如图 3.23 所示。

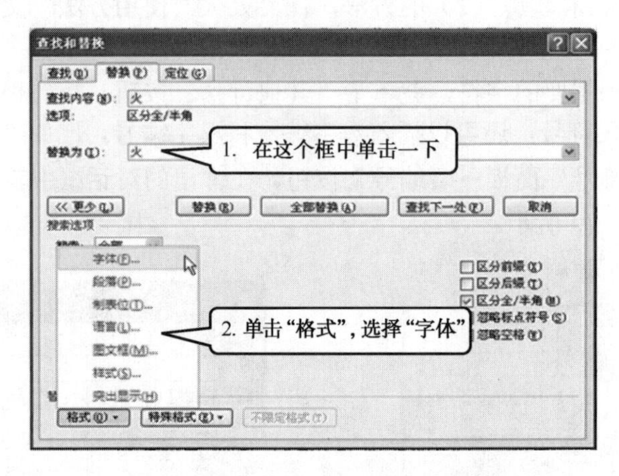

图 3.23　高级的“查找与替换”对话框

（3）弹出“替换字体”对话框，选择字体红色，选择着重号“·”，如图 3.24 所示。单击“确定”按钮。

图 3.24　“替换字体”对话框

（4）“查找内容”和“替换为”的格式如图 3.25 所示。确定无误后再单击“全部替换”按钮，单击“确定”按钮，单击“关闭”按钮。

小知识 如果格式不对，可以取消格式，重新设置格式。

取消格式的方法是：单击“查找与替换”对话框中的“更多(M)>>”展开按钮后，单击“不限定格式”按钮就会取消格式，如图 3.26 所示。

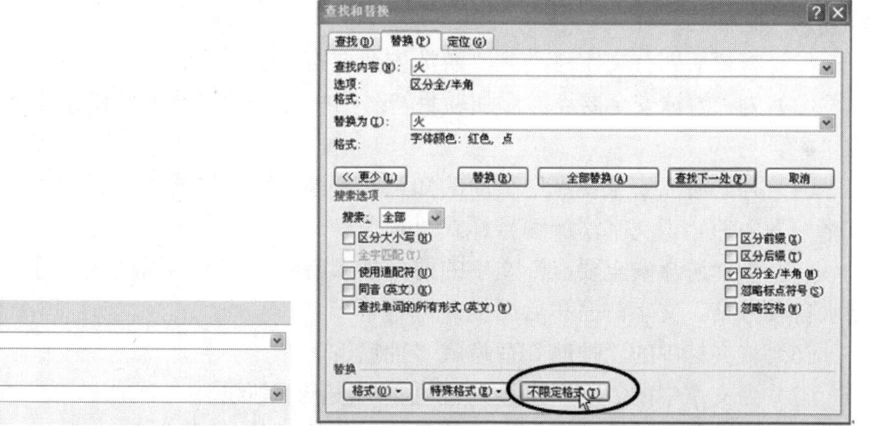

图 3.25 “查找内容”和“替换为”的格式

图 3.26 “不限定格式”按钮

8．文件另存为

（1）单击“文件”菜单→“另存为”命令，如图 3.27 所示。

（2）弹出“另存为”对话框，选择“保存位置”为“桌面”，在“文件名”框中输入你的姓名+防火知识，单击“保存”按钮，如图 3.28 所示。

小知识 如果文件名和保存的位置不变，直接单击“保存”按钮。

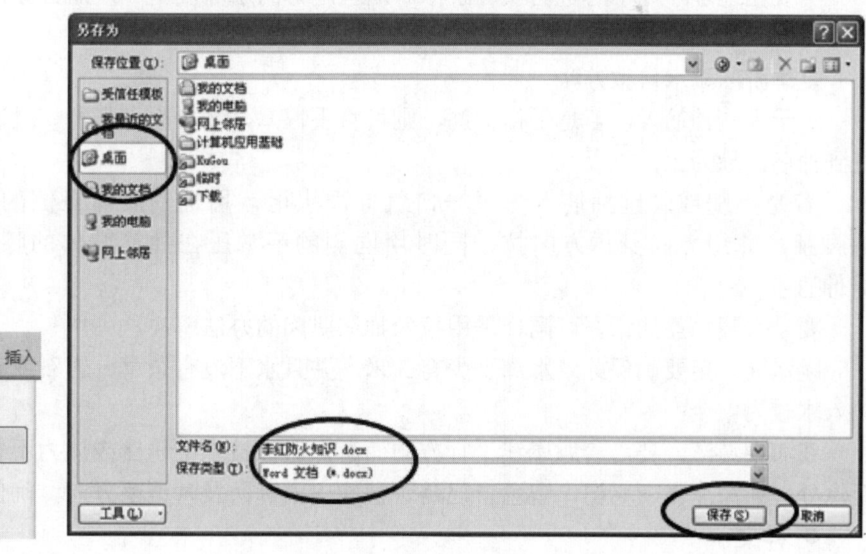

图 3.27 “另存为”按钮

图 3.28 “另存为”对话框

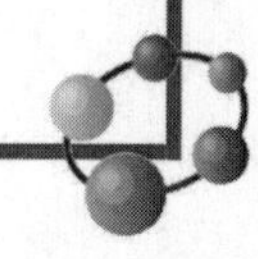

拓展练习 《游泳安全知识》

● **操作要求**

（1）打开“游泳安全知识.docx”文档，将“游泳安全要点”和“夏季游泳溺水自救方略”设置为“副标题”样式。

（2）将最后四行文字移动到“游泳安全要点”的后面。

（3）为“游泳安全要点”添加项目符号“■”，为“夏季游泳溺水自救方略”添加项目符号“♦”。

（4）为“游泳安全要点”下面的知识文字添加编号样式“一、”，为“夏季游泳溺水自救方略”下面的知识文字添加编号样式“A.”。

（5）为“游泳安全要点”文字的前面插入符号“〖”、后面插入符号“〗”，为“夏季游泳溺水自救方略”文字前面和后面插入符号“*”。

（6）将文档中的“抽肋”替换成“抽筋”。

（7）为文章中的“水”字设为蓝色、加波浪下划线。

（8）保存此文档至桌面上，文件名为“你的姓名+游泳安全知识.docx”

● **原文**

游泳安全要点

下水时切勿太饿、太饱。饭后一小时才能下水，以免抽筋；

下水前试试水温，若水太冷，就不要下水；

若在江、河、湖、海游泳，则必须有伴相陪，不可单独游泳；

下水前观察游泳处的环境，若有危险警告，则不能在此游泳；

不要在地理环境不清楚的峡谷游泳。这些地方的水深浅不一，而且凉，水中可能有伤人的障碍物，很不安全；

夏季游泳溺水自救方略

对于手脚抽筋者，若是手指抽筋，则可将手握拳，然后用力张开，迅速反复多做几次，直到抽筋消除为止；

若是小腿或脚趾抽筋，先吸一口气仰浮水上，用抽筋肢体对侧的手握住抽筋肢体的脚趾，并用力向身体方向拉，同时用同侧的手掌压在抽筋肢体的膝盖上，帮助抽筋腿伸直；

要是大腿抽筋的话，可同样采用拉长抽筋肌肉的办法解决。

跳水前一定要确保此处水深至少有 3 米，并且水下没有杂草、岩石或其他障碍物。以脚先入水较为安全；

在海中游泳，要沿着海岸线平行方向而游，游泳技术不精良或体力不充沛者，不要涉水至深处。在海岸做一标记，留意自己是否被冲出太远，及时调整方向，确保安全。

● **样文**

样文如图 3.29 所示。

■ 〖游泳安全要点〗

一、下水时切勿太饿、太饱。饭后一小时才能下水，以免抽筋；
二、下水前试试水温，若水太冷，就不要下水；
三、若在江、河、湖、海游泳，则必须有伴相陪，不可单独游泳；
四、下水前观察游泳处的环境，若有危险警告，则不能在此游泳；
五、不要在地理环境不清楚的峡谷游泳。这些地方的水深浅不一，而且凉，水中可能有伤人的障碍物，很不安全；
六、跳水前一定要确保此处水深至少有3米，并且水下没有杂草、岩石或其他障碍物。以脚先入水较为安全；
七、在海中游泳，要沿着海岸线平行方向而游，游泳技术不精良或体力不充沛者，不要涉水至深处。在海岸做一标记，留意自己是否被冲出太远，及时调整方向，确保安全。

♦ *夏季游泳溺水自救方略*

A. 对于手脚抽筋者，若是手指抽筋，则可将手握拳，然后用力张开，迅速反复多做几次，直到抽筋消除为止；
B. 若是小腿或脚趾抽筋，先吸一口气仰浮水上，用抽筋肢体对侧的手握住抽筋肢体的脚趾，并用力向身体方向拉，同时用同侧的手掌压在抽筋肢体的膝盖上，帮助抽筋腿伸直；
C. 要是大腿抽筋的话，可同样采用拉长抽筋肌肉的办法解决。

图 3.29 样文

第三节 字体、段落格式

● 学习目标

（1）掌握字符格式设置：字体、字号、加粗、倾斜、下画线、字距加宽等。

（2）掌握段落格式设置：对齐方式、左右缩进、段前后距、行距、首行缩进、悬挂缩进等。

（3）掌握为段落或文字设置边框和底纹。

项目一 《放大你的优点》

● 操作要求

（1）将标题设为三号、黑体字，文本效果为渐变填充-紫色-映像，字间距加宽 2 磅，居中对齐。

（2）将正文设为小四号，楷体，深红色。

（3）将正文各段设置首行缩进 2 字符，1.5 倍行距，段后间距 0.5 行。

（4）将标题段设置为黄色底纹，正文各段落设置为深蓝-淡色 80%的底纹，将全文所有段落设置为橙色阴影边框。

● 原文

放大你的优点

一个穷困潦倒的青年，流浪到巴黎，期望父亲的朋友能帮助自己找到一份谋生的差事。

“精通数学吗？”父亲的朋友问他。青年摇摇头。“历史，地理怎样？”青年还是摇摇头。“那法律呢？”青年窘迫地垂下头。父亲的朋友接连发问，青年只能摇头告诉对方——自己连丝毫的优点也找不出来。“那你先把住址写下来吧。”青年写下了自己的住址，转身要走，却被父亲的朋友一把拉住了：“你的名字写得很漂亮嘛，这就是你的优点啊，你不该只满足找一份糊口的工作。”数年后，青年果然写出享誉世界的经典作品。他就是家喻户晓的法国18世纪著名作家大仲马。

世间许多平凡之辈，都有一些小优点，但由于自卑常被忽略了。其实，每个平淡的生命中，都蕴含着一座丰富金矿，只要肯挖掘，就会挖出令自己都惊讶不已的宝藏……

● **样文**

样文如图3.30所示。

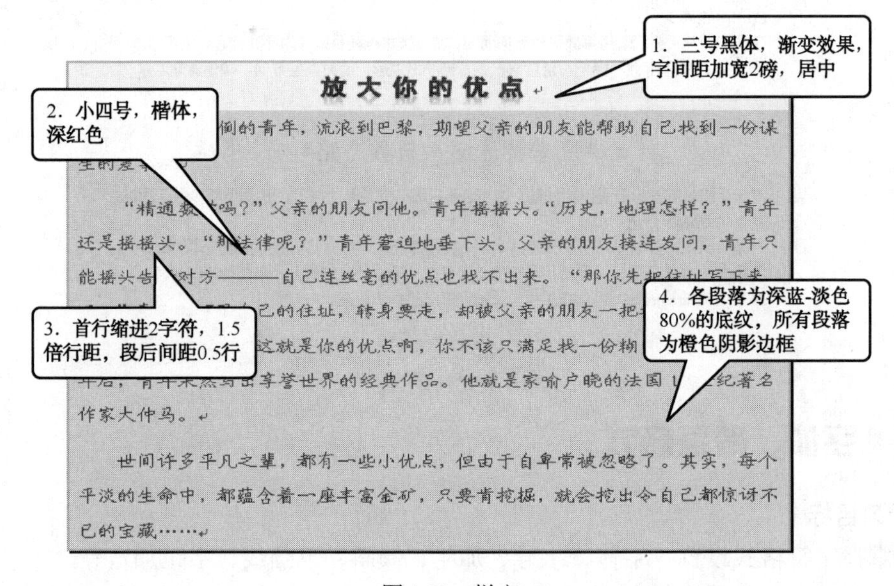

图3.30　样文

● **操作步骤**

（1）选中标题段文字，在“开始”选项卡的“字体”组中依次设置字体为“黑体”、字号为“三号”、文本效果为“渐变填充-紫色-映像”，如图3.31所示；单击“字体”面板右下角的箭头，打开“字体”对话框的“高级”选项卡，设置间距加宽2磅，如图3.32所示。最后在“段落”面板中选择“居中”对齐。

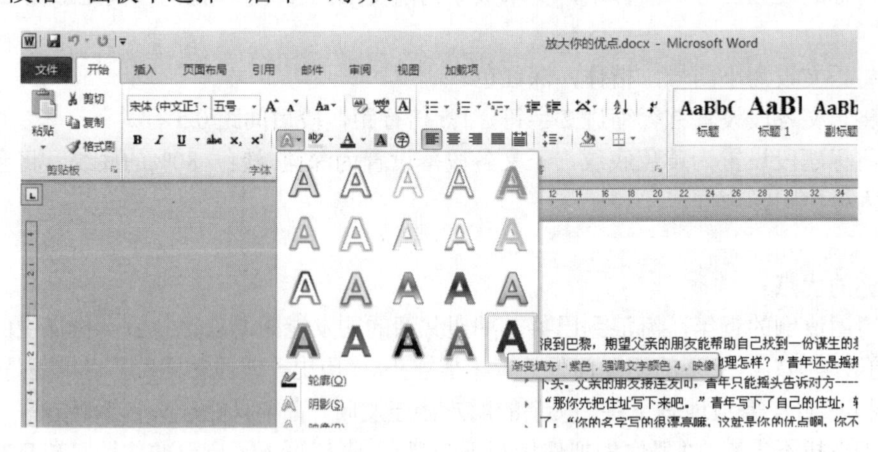

图3.31　文本效果为“渐变填充-紫色-映像”

（2）选择正文所有文字，设为小四号、楷体、字体颜色为深红色，如图 3.33 所示。

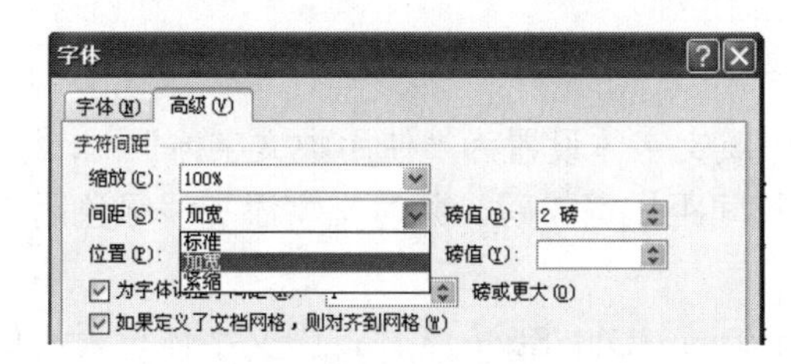

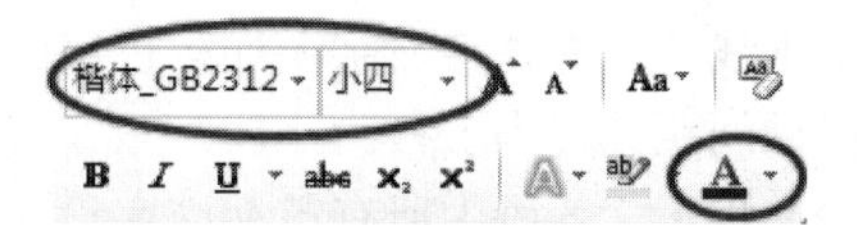

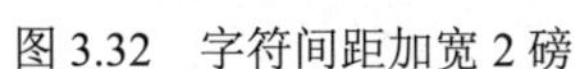

图 3.32　字符间距加宽 2 磅　　　　图 3.33　正文设置

（3）选择正文的所有文字，单击“段落”组右下角的箭头，打开“段落”对话框，设置首行缩进 2 字符，1.5 倍行距，段后间距 0.5 行，如图 3.34 所示。

（4）选中标题段，单击“段落”组中的“下框线”右侧的按钮，选择下拉列表中的“边框和底纹”命令，打开“边框和底纹”对话框，设置底纹为“黄色”，“应用于”为“段落”，如图 3.35 所示；选中正文各段落，设置深蓝-淡色 80%的底纹，如图 3.36 所示，将全文所有段落设置为橙色阴影边框，如图 3.37 所示。

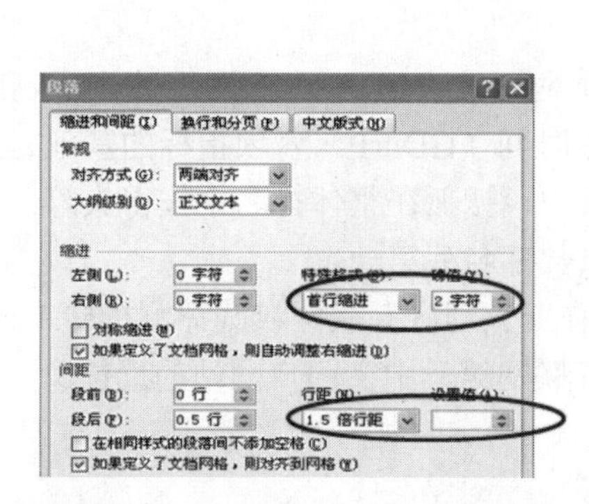

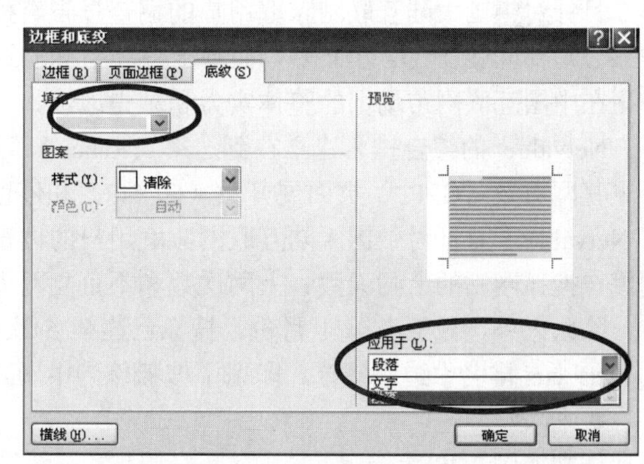

图 3.34　设置首行缩进 2 字符，1.5 倍行距，段后 0.5 行　　　　图 3.35　标题段添加黄色底纹

图 3.36　给正文各段添加深蓝色底纹

图 3.37　将全文设置为橙色阴影边框

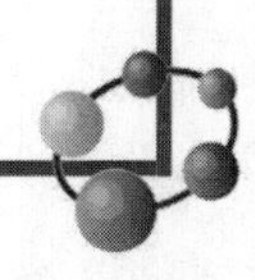

拓展练习一 《搜狐荣登 Netvalue 五月测评榜首》

● **操作要求**

（1）将标题段文字设置为三号黑体字（其中英文字体设置为“使用中文字体”）、红色、加单下画线、居中并给文字添加蓝色底纹，字符间距加宽 3 磅。并对文字添加浅绿色阴影边框，段后间距设置为 1 行。

（2）将正文各段中所有英文文字设置为 Bookman Old Style 字体，中文字体设置为仿宋_GB2312，所有文字及符号设置为小四号，常规字形。

（3）正文各段落左右各缩进 2 字符，首行缩进 1.5 字符，段前间距为 1 行，行距为 1.5 倍行距。

（4）将正文第二段（“Netvalue 的综合排名……，名列第一。”）与第三段（“除此之外……第一中文门户网站的地位。”）合并。

● **原文**

搜狐荣登 Netvalue 五月测评榜首

总部设在欧洲的全球网络调查公司 Netvalue（联智资讯股份有限公司）公布了最新的 2001 年 5 月针对中国大陆互联网家庭用户的调查报告。报告结果显示：国内最大的中文门户网站搜狐公司（NASDAQ：SOHU）在基于各项指标的综合排名中独占鳌头，又一次证实了搜狐公司在中国互联网市场上的整体实力和领先地位。

Netvalue 的综合排名建立在到达率（Reach）、上网天数（GDP）、上网次数（GSesP）、不重复网页数（GPP）、页面展开数（GDisP）和停留时间（GDurP）六项指标的基础之上。在 Netvalue 5 月针对中国大陆互联网家庭用户的调查中，搜狐在整体排名中拔得头筹，其中网民在搜狐网站的上网天数、上网次数和不重复网页数都名列第一。

除此之外，截至今年 4 月份，搜狐已连续 5 次在亚太地区互联网权威评测机构 Iamasia 的 Netfocus 排名中蝉联榜首，印证了搜狐作为中国互联网第一中文门户网站的地位。

● **样文**

样文如图 3.38 所示。

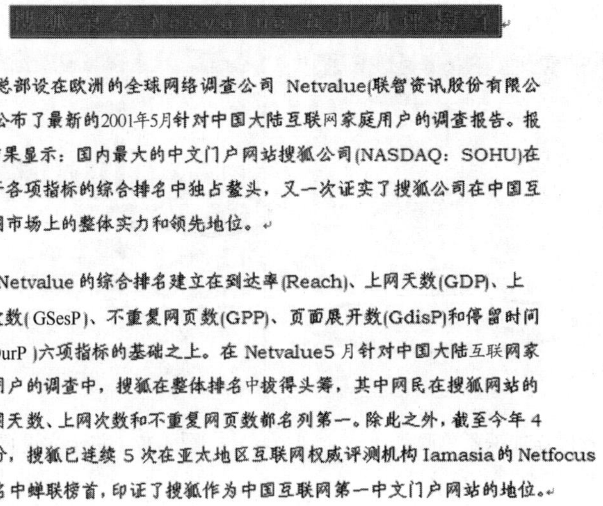

搜狐荣登 Netvalue 五月测评榜首

总部设在欧洲的全球网络调查公司 Netvalue(联智资讯股份有限公司)公布了最新的2001年5月针对中国大陆互联网家庭用户的调查报告。报告结果显示：国内最大的中文门户网站搜狐公司(NASDAQ：SOHU)在基于各项指标的综合排名中独占鳌头，又一次证实了搜狐公司在中国互联网市场上的整体实力和领先地位。

Netvalue 的综合排名建立在到达率(Reach)、上网天数(GDP)、上网次数(GSesP)、不重复网页数(GPP)、页面展开数(GdisP)和停留时间(GDurP)六项指标的基础之上。在 Netvalue5 月针对中国大陆互联网家庭用户的调查中，搜狐在整体排名中拔得头筹，其中网民在搜狐网站的上网天数、上网次数和不重复网页数都名列第一。除此之外，截至今年 4 月份，搜狐已连续 5 次在亚太地区互联网权威评测机构 Iamasia 的 Netfocus 排名中蝉联榜首，印证了搜狐作为中国互联网第一中文门户网站的地位。

图 3.38 样文

项目二 《我爱你中国》歌词排版

● **操作要求**

（1）将主标题“我爱你，中国”的字体设为微软雅黑，三号，居中显示。

（2）将副标题“故事片《海外赤子》插曲”设为小五号居中，并给“海外赤子”加上着重点。

（3）将词曲作者分到下一行，并靠右对齐，如图 3.39 所示。

（4）将原文按图 3.39 分段，将各段设置左缩进 3 厘米，行距为 1.3 倍，并设置项目符号“✧”。

（5）将歌词中所有“我爱你中国”设置为蓝色字体。

● **原文**

我爱你，中国

故事片《海外赤子》插曲　　作词：瞿琮　　作曲：郑秋枫

百灵鸟从蓝天飞过，我爱你中国；我爱你中国，我爱你中国；我爱你春天蓬勃的秧苗，我爱你秋日金黄的硕果；我爱你青松气质，我爱你红梅品格；我爱你家乡的甜蔗，好像乳汁滋润着我的心窝。我爱你中国，我爱你中国；我要把最美的歌儿献给你，我的母亲我的祖国。我爱你中国，我爱你中国；我爱你碧波滚滚的南海，我爱你白雪飘飘的北国。我爱你森林无边，我爱你群山巍峨；我爱你淙淙的小河，荡着青波从我的梦中流过。我爱你中国，我爱你中国；我要把美好的青春献给你，我的母亲我的祖国；啊……我要把美好的青春献给你，我的母亲我的祖国。

● **样文**

样文如图 3.39 所示。

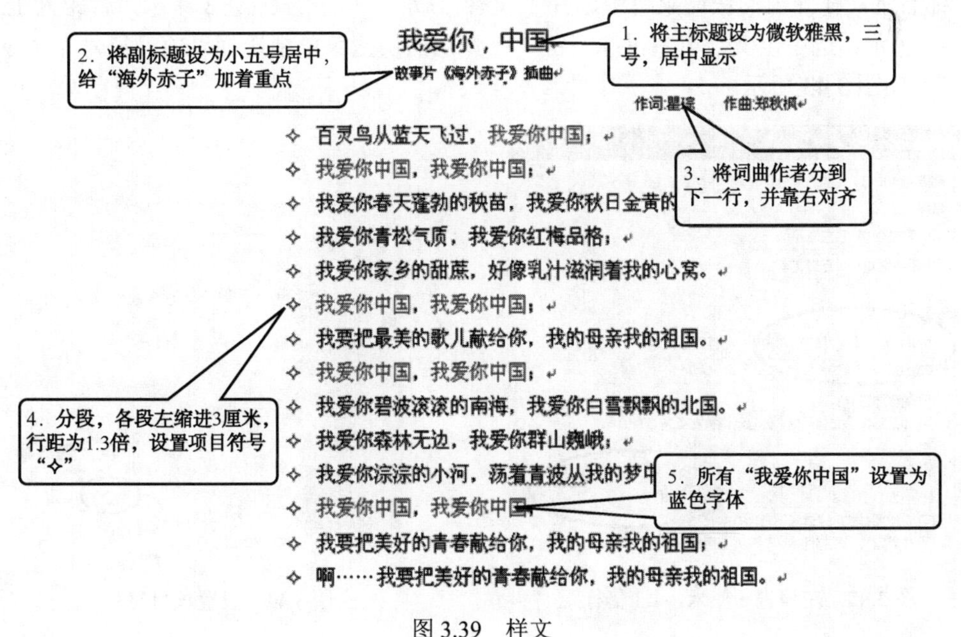

图 3.39　样文

● **操作步骤**

（1）选中主标题文字“我爱你，中国”，在“开始”选项卡的“字体”组中依次设置字体为“微软雅黑”、字号为“三号”，居中对齐，如图 3.40 所示。

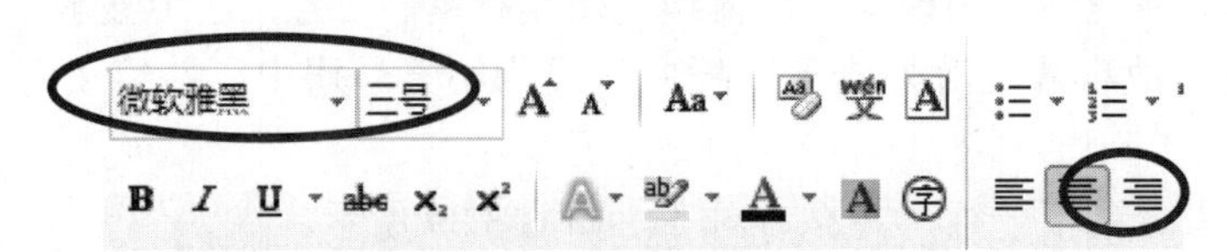

图 3.40　字体设置

（2）选中副标题“故事片《海外赤子》插曲”，设置为小五号居中；选中 “海外赤子”四个字，并加上着重点，如图 3.41 所示。

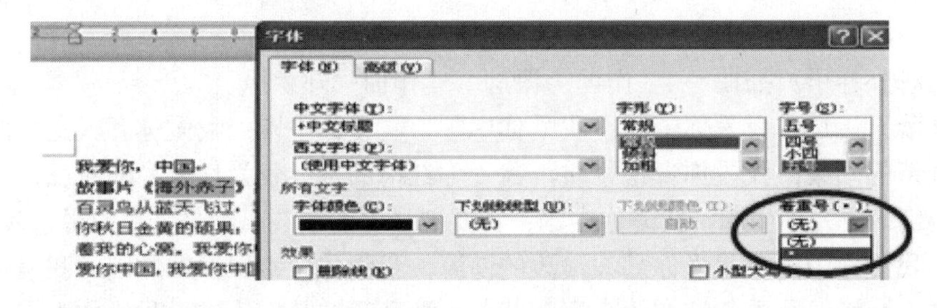

图 3.41　加着重号

（3）．将词曲作者分到下一行，将鼠标光标放在“作词”之前，按 Enter 键，分到下一行，设置为右对齐。

（4）将原文按图 3.39 分段，将光标定位到分段位置，按 Enter 键进行分段；选中全文，单击鼠标右键，在弹出的快捷菜单中选择“段落”命令，设置左缩进 3 厘米，行距为 1.3 倍，如图 3.42 所示；选中全文，单击鼠标右键，在弹出的快捷菜单中选择“项目符号”命令，选择“✧”，如图 3.43 所示。

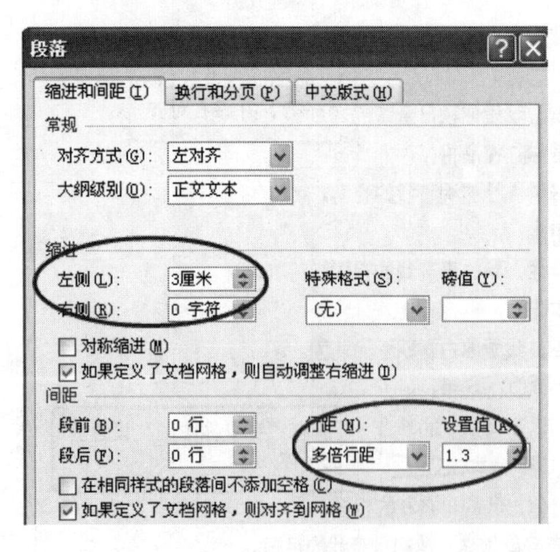

图 3.42　左缩进 3 厘米，1.3 倍行距

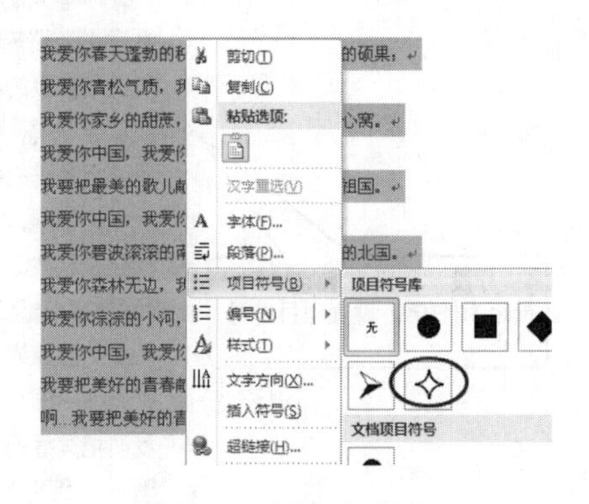

图 3.43　设置项目符号

拓展练习二 《多媒体系统的特征》

● **操作要求**

（1）将文中所有“煤体”替换为“媒体”；将标题段设置为三号、楷体_GB2312、文本效果为轮廓红色、居中。

（2）将正文第三段文字（“数字化特征是指各种……模拟信号方式。”）移至第四段文字（“交互性是指……功能进行控制。”）之后合为一段。

（3）将正文各段文字（“多媒体电脑……模拟信号方式。”）设置为小四号宋体；各段落左右各缩进 3 字符、段前间距为 1.5 行。

（4）给正文后两段添加项目符号“◆”，并以原文件名保存文档。

● **原文**

多煤体系统的特征

多媒体电脑是指能对多种煤体进行综合处理的电脑，它除了有传统的电脑配置之外，还必须增加大容量存储器、声音、图像等煤体的输入/输出接口和设备，以及相应的多煤体处理软件。多煤体电脑是典型的多煤体系统。因为多煤体系统强调以下三大特征：集成性、交互性和数字化特征。

集成性是指可对文字、图形、图像、声音、视像、动画等信息煤体进行综合处理，达到各煤体的协调一致。

数字化特征是指各种煤体的信息，都以数字的形式进行存储和处理，而不是传统的模拟信号方式。

交互性是指人能方便地与系统进行交流，以便对系统的多煤体处理功能进行控制。

● **样文**

样文如图 3.44 所示。

多媒体系统的特征

多媒体电脑是指能对多种媒体进行综合处理的电脑，它除了有传统的电脑配置之外，还必须增加大容量存储器、声音、图像等媒体的输入/输出接口和设备，以及相应的多媒体处理软件。多媒体电脑是典型的多媒体系统。因为多媒体系统强调以下三大特征：集成性、交互性和数字化特征。

◆ 集成性是指可对文字、图形、图像、声音、视像、动画等信息媒体进行综合处理，达到各媒体的协调一致。

◆ 交互性是指人能方便地与系统进行交流，以便对系统的多媒体处理功能进行控制。数字化特征是指各种媒体的信息，都以数字的形式进行存储和处理，而不是传统的模拟信号方式。

图 3.44 样文

第四节 页面设置

● 学习目标

（1）掌握页面纸张大小、页边距、页面版式、页面网格等页面设置。

（2）掌握页面水印、页面颜色设置。

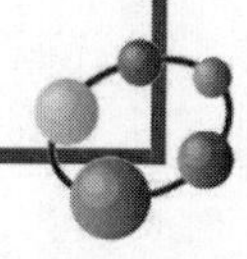

（3）掌握分页操作。

（4）掌握页眉和页脚设置。

（5）掌握插入页码及格式设置。

（6）掌握合并段落及分栏操作。

（7）掌握插入脚注操作。

项目一　《清远文化》

● **操作要求**

（1）打开“清远文化.docx”文档，将标题“清远文化”设为黑体、三号、居中。

（2）将页面设置成 16 开（18.4 厘米×26 厘米），页边距上、下边距为 2.5 厘米，左、右边距为 2.2 厘米，装订线位置为上面 0.2 厘米，页面纸张方向为横向；页面垂直对齐方式为居中对齐，页面文档网格指定行和字符网格，每行 45 个字符，每页 15 行。

（3）为整篇文档添加文字水印，水印文字是“清远文化”。页面颜色为“橄榄色，强调文字颜色 3，淡色 80%”，页面边框为“艺术型—西瓜样式”。

（4）在“【传统民俗】”前插入“分页”，将传统民俗的内容置于新的一页。

（5）保存“清远文化.docx”文件，文件名不变。

● **原文**

清远文化

清远市坐落于广东省的中北部，地处北江的中游，是三省通衢之地，南接广州、北连湖南、西邻广西，总面积约为 19152 平方公里，是广东省面积最大的地级市。

清远市是广东省少数民族的主要聚居地，有壮族、瑶族等 41 个少数民族，少数民族风情浓郁。清远市一半以上的地域是山区，自然景观秀美奇特，被誉为“珠三角的后花园”。

清远有着悠久的历史，最早记载在春秋战国时期，属百粤之地，清远之名在南北朝时期开始确立。清远地区文化底蕴深厚，人才荟萃，唐代宰相刘瞻，中国末代科举榜眼朱汝珍，北伐名将、诗人陈可钰是其杰出代表，清远地区文化具有包容性、开放性、创造性的特点，是中原文化与岭南文化，内陆文化与海洋文化相互融合之地。

【传统民俗】

清远市英德地区有一个民间俗神信仰，即曹主娘娘信仰，其在英德民间信仰中占有非常重要的位置。曹主娘娘是唐末英州（英德）麻寨曹寨主没有进门的夫人虞氏，她从小聪明好学，并且精通十八般武艺，唐末天下大乱，虞氏的丈夫与贼战死，虞氏统领整个麻寨各乡村的武装力量，击退剿匪，保住乡民平安，同时她也在战斗中负伤，最终不治而亡。曹主娘娘不畏强暴、英勇善战的高尚品德得到后人的敬仰，乡民们为她建立祠堂，终年祭祀。其后每当有天灾的时候，人们都会通过祭祀仪式，期盼曹主娘娘显灵保佑乡民平安，英德境内很多庙宇内都有曹主娘娘神像，江河两岸村社的庙宇活动也都是以曹主娘娘文化为主，英德地区将每年农历六月初六定为“曹主娘娘诞”。

● **样文**

样文如图 3.45 所示。

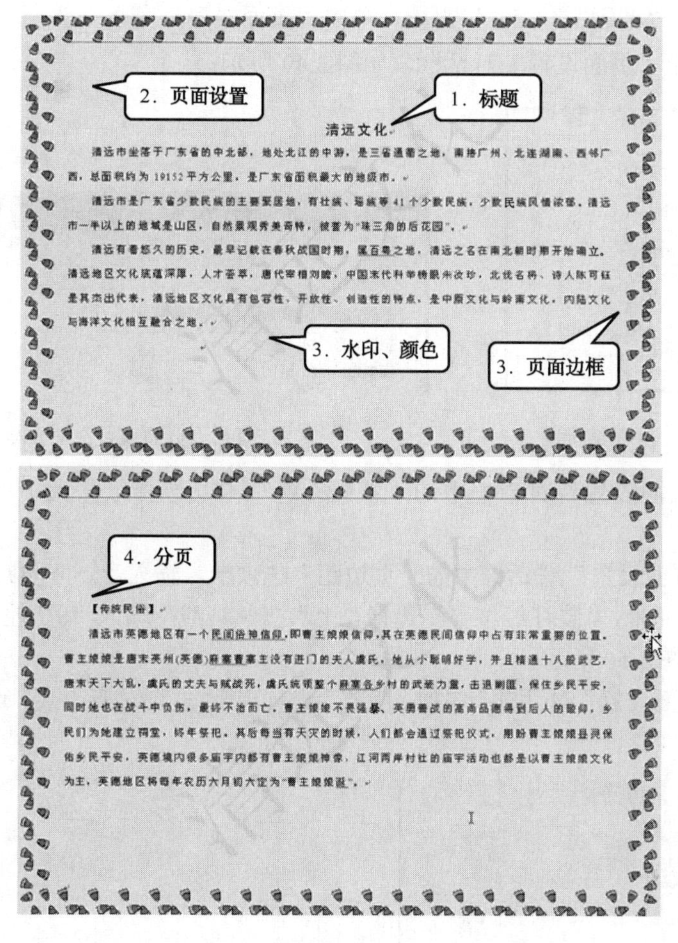

清远文化

清远市坐落于广东省的中北部，地处北江的中游，是三省通衢之地，南接广州、北连湖南、西邻广西，总面积约为 19152 平方公里，是广东省面积最大的地级市。

清远市是广东省少数民族的主要聚居地，有壮族、瑶族等 41 个少数民族，少数民族风情浓郁。清远市一半以上的地域是山区，自然景观秀美奇特，被誉为"珠三角的后花园"。

清远有着悠久的历史，最早记载在春秋战国时期，属百粤之地，清远之名在南北朝时期开始确立。清远地区文化底蕴深厚，人才荟萃，唐代宰相刘瞻，中国宋代科举榜眼朱汝珍，北伐名将、诗人陈可钰是其杰出代表，清远地区文化具有包容性、开放性、创造性的特点，是中原文化与岭南文化，内陆文化与海洋文化相互融合之地。

【传统民俗】

清远市英德地区有一个民间俗神信仰，即曹主娘娘信仰，其在英德民间信仰中占有非常重要的位置。曹主娘娘是唐末英州(英德)麻寨曹寨主没有进门的夫人虞氏，她从小聪明好学，并且精通十八般武艺，唐末天下大乱，虞氏的丈夫与贼战死，虞氏统领整个麻寨各乡村的武装力量，击退剿匪，保住乡民平安，同时她也在战斗中负伤，最终不治而亡。曹主娘娘不畏强暴、英勇善战的高尚品德得到后人的歌颂，乡民们为她建立祠堂，终年祭祀。其后每当有天灾的时候，人们都会通过祭祀仪式，期盼曹主娘娘显灵保佑乡民平安，英德境内很多庙宇内都有曹主娘娘神像，江河两岸村社的庙宇活动也都是以曹主娘娘文化为主，英德地区将每年农历六月初六定为"曹主娘娘诞"。

图 3.45　样文

● 操作步骤

1．标题设置

（1）选择标题“清远文化”文字，单击“开始”菜单→在“字体”面板中选择字体：黑体，字号：三号，如图 3.46 所示。

（2）单击“开始”菜单→“段落”面板中的“居中”按钮，如图 3.47 所示。

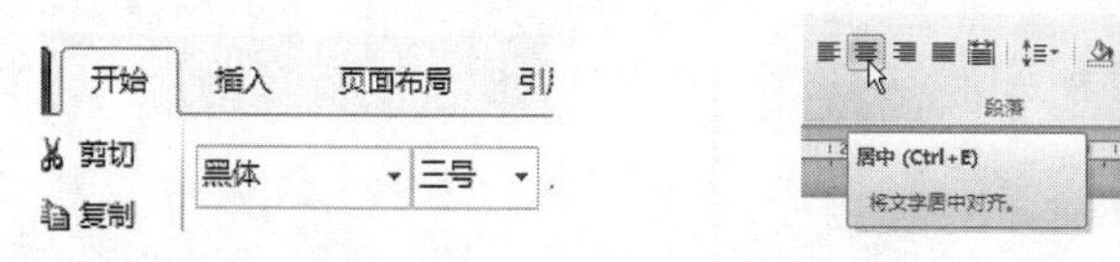

图 3.46　选择“字体”　　　　图 3.47　单击“居中”按钮

2．页面设置

小知识　Word 文档中每个页面由版心及其周围的空白区域组成，页边距、页眉与页脚的位置，如图 3.48 所示。

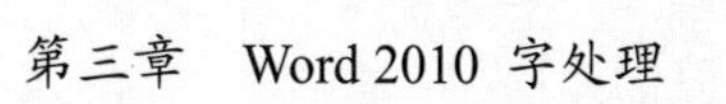

（1）双击打开“清远文化.doc”文档，单击“页面布局”菜单→“页面设置”面板中的展开按钮，弹出“页面设置”对话框，如图 3.49 所示。

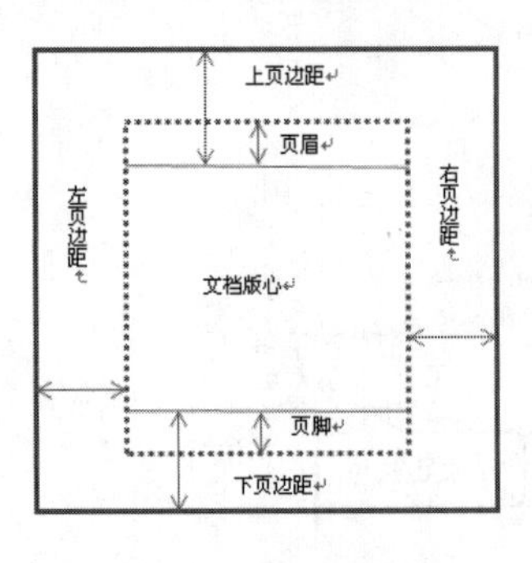

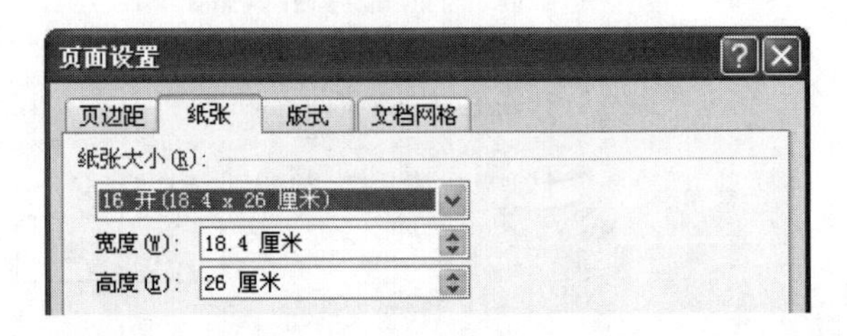

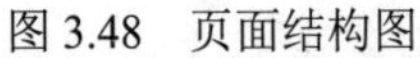

图 3.48　页面结构图　　　　图 3.49 “页面设置”对话框

（2）单击“页面设置”对话框中的“纸张”选项卡，选择纸张大小“16 开（18.4×26 厘米）”。

（3）单击“页面设置”对话框中的“页边距”选项卡，输入上、下页边距为 2.5 厘米，左、右边距为 2.2 厘米，“装订线位置”选择“上”，“装订线”输入“0.2 厘米”，“纸张方向”选择“横向”，如图 3.50 所示。

（4）单击“页面设置”对话框”中的“版式”选项卡，“垂直对齐方式”选择“居中对齐”，如图 3.51 所示。

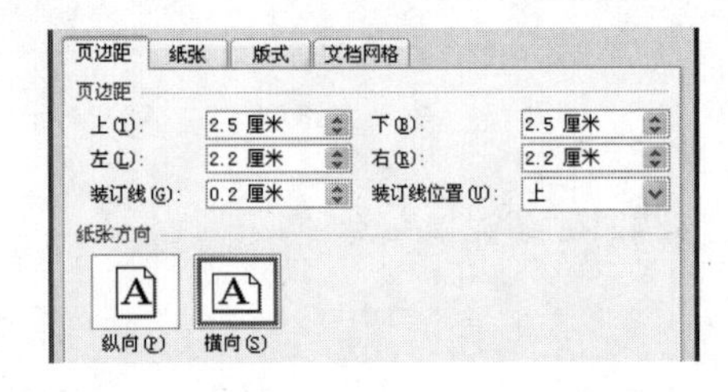

图 3.50 “页边距、装订线、纸张方向”参数　　　　图 3.51　选择“页面垂直对齐方式”

（5）单击“页面设置”对话框”中的“文档网格”选项卡，“网格”选择“指定行和字符网格”，“字符数”为每行输入“45”，“行数”为每页输入“15”，如图 3.52 所示。

小知识　页面设置中的纸张大小、纸张方向、页边距，也可以单击“页面布局”菜单→“页面设置”面板中相应的按钮（如“纸张大小”按钮、“纸张方向”按钮、“页边距”按钮等，如图 3.53 所示）。

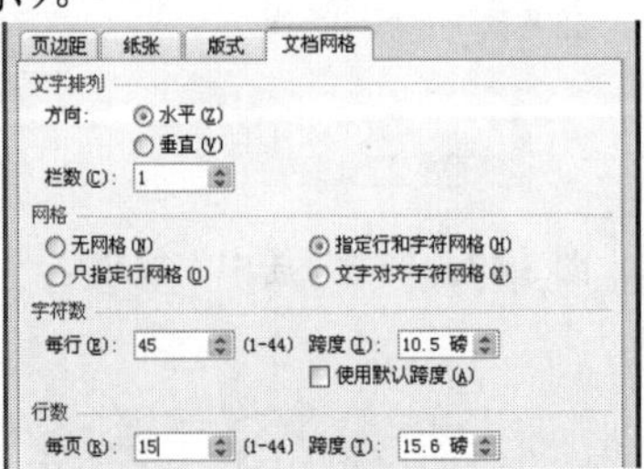

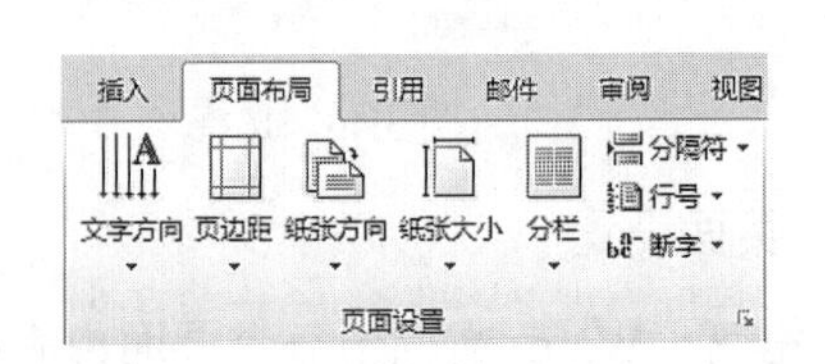

图 3.52 “网格”参数　　　　图 3.53 “页面设置”面板

3．页面水印、页面颜色、页面边框

（1）单击“页面布局”菜单→“页面背景”面板中的“水印”按钮，如图 3.54 所示。

（2）选择“自定义水印”命令，如图 3.55 所示。

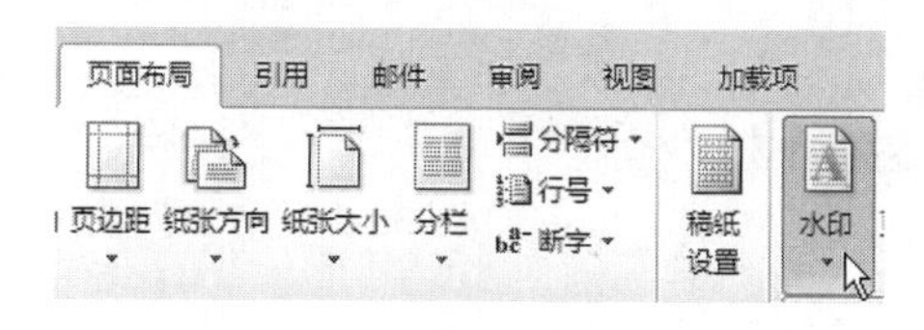

图 3.54　单击“水印”按钮

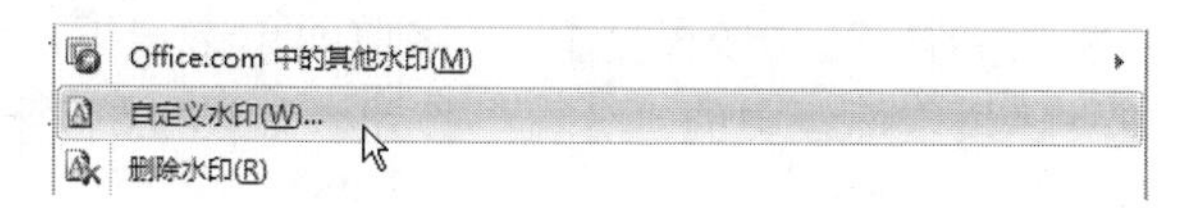

图 3.55　选择“自定义水印”命令

（3）弹出的“水印”对话框（如图 3.56 所示），选择“文字水印”，在“文字”框中输入文字“清远文化”，单击“应用”按钮。

（4）页面颜色，单击“页面布局”菜单→“页面背景”面板中的“页面颜色”按钮→“橄榄色，强调文字颜色 3，淡色 80%”，如图 3.57 所示。

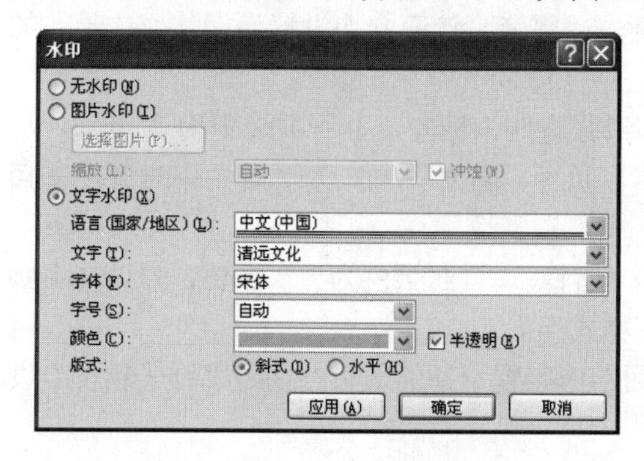

图 3.56　“水印”对话框

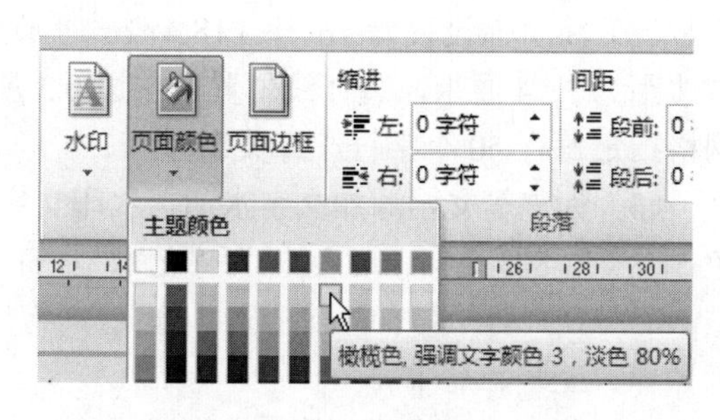

图 3.57　“页面颜色”

（5）页面边框，单击“页面设置”菜单→“页面背景”面板中的“页面边框”按钮，弹出“边框和底纹”对话框→选择“页面边框”选项卡→选择“艺术型”→西瓜样式，如图 3.58 所示。

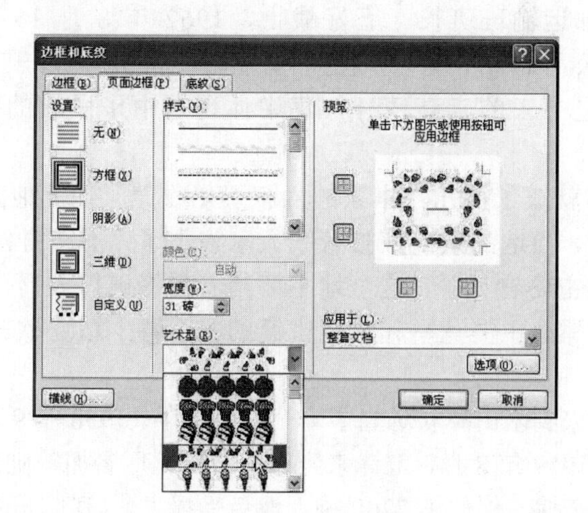

图 3.58　“页面边框”对话框

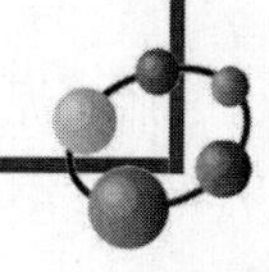

小知识 ① 水印可以用文字（如机密、严禁复制等），或者用图片。② 页面颜色除了纯色外，可以选择渐变、图片、图案或纹理。③ 页面边框除了艺术型外，可以选择方框之类的样式。

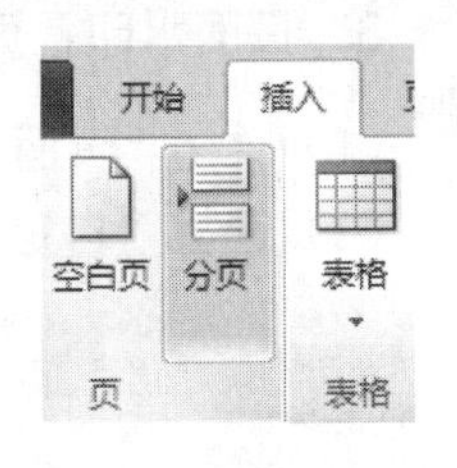

图 3.59 “分页”按钮

4．分页

将鼠标在“【传统民俗】”文字前面单击一下，然后单击“插入”菜单→“页”面板中的“分页”按钮，如图 3.59 所示。

5．保存文件

单击“保存”按钮，关闭文档。

拓展练习一　《雷锋事迹简介》

● 操作要求

（1）打开“雷锋事迹简介.docx”文档，将标题“雷锋事迹简介”设置为楷体、二号、加粗，蓝色，居中。

（2）将页面设置为 16 开（18.4×26 厘米），纸张方向为横向，上下页边距为 3 厘米，左右边距为 2.54 厘米，装订线位置在左边 0.5 厘米，页面垂直对齐方式为“居中”对齐，文档网格指定每行 50 个字符，每页 20 行。

（3）为整篇文档添加文字水印，水印文字是“雷锋”。页面颜色为“水绿色，强调文字颜色 5，淡色 80%”，页面边框为“艺术型—花束样式”。

（4）在“钉子精神”前插入“分页”，将后面的内容置于新的一页；并将“钉子精神”设为黑体、三号、居中。

（5）保存“雷锋事迹简介.docx”文件，文件名不变。

● 原文

雷锋事迹简介

雷锋，原名雷正兴，1940 年出生在湖南省望城县一个贫苦农家。雷锋生前是解放军沈阳部队工程兵某部运输班班长、五好战士，1962 年 8 月 15 日因公殉职。他的爱憎分明、言行一致、公而忘私、奋不顾身、艰苦奋斗、助人为乐，把有限的生命投入到无限的为人民服务之中去的崇高精神，集中体现了中华民族的传统美德和共产主义道德品质。

雷锋在不满七岁时就成了孤儿。本家的六叔奶奶收养了他。他为了帮助六叔奶奶家，常常去上山砍柴，可是，当地的柴山都被有钱人家霸占了，不许穷人去砍。雷锋有一天到蛇形山砍柴，被徐家地主婆看见了，这个地主婆指着雷锋破口大骂，并抢走了柴刀，雷锋哭喊着要夺回砍柴刀，那地主婆竟举起刀在雷锋的左手背上边连砍三刀，鲜血顺着手指滴落在山路上……

1958 年春天，雷锋来到团山湖农场当了一个拖拉机手。1958 年 9 月，雷锋来到鞍钢做了一名 C－80 推土机手。1959 年 8 月，雷锋来到弓长岭焦化厂参加基础建设。第二年夏季的一天，他带领伙伴们冒雨奋战，保住了 7200 袋水泥免受损失，《辽阳日报》报道了雷锋抢救水泥的事，赞扬他舍己为人的事迹。雷锋在鞍山和焦化厂工作了一年零两个月，曾三次被评为先进工作者，五次被评为标兵，十八次被评为红旗手，荣获“青年社会主义建设积极分子”称号。

钉子精神

施工任务中，他整天驾驶汽车东奔西跑，很难抽出时间学习，雷锋就把书装在挎包里，随身带在身边，只要车一停，没有其他工作，就坐在驾驶室里看书。他在日记中写下这样一段话：“有些人说工作忙，没时间学习，我认为问题不在工作忙，而在于你愿不愿意学习，会不会挤时间。要学习的时间是有的，问题是我们善不善于挤，愿不愿意钻。一块好好的木板，上面一个眼也没有，但钉子为什么能钉进去呢？这就是靠压力硬挤进去的。由此看来，钉子有两个长处：一个是挤劲，另一个是钻劲。我们在学习上也要提倡这种“钉子”精神，善于挤和钻。

● **样文**

样文如图 3.60 所示。

雷锋事迹简介

雷锋，原名雷正兴，1940 年出生在湖南省望城县一个贫苦农家。雷锋生前是解放军沈阳部队工程兵某部运输班班长、五好战士，1962 年 8 月 15 日因公殉职。他的爱憎分明、言行一致、公而忘私、奋不顾身、艰苦奋斗、助人为乐，把有限的生命投入到无限的为人民服务之中去的崇高精神，集中体现了中华民族的传统美德和共产主义道德品质。

雷锋在不满七岁时就成了孤儿。本家的六叔奶奶收养了他。他为了帮助六叔奶奶家，常常去上山砍柴，可是，当地的柴山都被有钱人家霸占了，不许穷人去砍。雷锋有一天到蛇形山砍柴，被徐家地主婆看见了，这个地主婆指着雷锋破口大骂，并抢走了柴刀，雷锋哭喊着要夺回砍柴刀，那地主婆竟举起刀在雷锋的左手背上边连砍三刀，鲜血顺着手指滴落在山路上……

1958年春天，雷锋来到困山湖农场当了一个拖拉机手。1958年9月，雷锋来到鞍钢做了一名C—80推土机手。1959年8月，雷锋来到弓长岭焦化厂参加基础建设。第二年夏季的一天，他带领伙伴们冒雨奋战，保住了7200袋水泥免受损失，《辽阳日报》报道了雷锋抢救水泥的事，赞扬他舍已为人的事迹。雷锋在鞍山和焦化厂工作了一年零两个月，曾三次被评为先进工作者，五次被评为标兵，十八次被评为红旗手，荣获“青年社会主义建设积极分子”称号。

钉子精神

施工任务中,他整天驾驶汽车东奔西跑,很难抽出时间学习,雷锋就把书装在挎包里,随身带在身边,只要车一停,没有其他工作,就坐在驾驶室里看书。他在日记中写下这样一段话:"有些人说工作忙,没时间学习,我认为问题不在工作忙,而在于你愿不愿意学习,会不会挤时间。要学习的时间是有的,问题是我们善不善于挤,愿不愿意钻。一块好好的木板,上面一个眼也没有,但钉子为什么能钉进去呢?这就是靠压力硬挤进去的.由此看来,钉子有两个长处:一个是挤劲,另一个是钻劲。我们在学习上也要提倡这种"钉子"精神,善于挤和钻。

图 3.60　样文

项目二 《春风飞过蔷薇》

● **操作要求**

（1）将标题“春风飞过蔷薇”设为楷体_GB2312、三号、居中。正文设为首行缩进 2 个字符，行距设为 1.2 倍行距。

（2）在页面顶端位置插入奥斯汀页眉，输入文字“春风飞过蔷薇”，字体为幼圆、小五。在页面底端插入“普通数字 2”的页码样式，格式为“壹，贰，叁…”，起始页码为“叁”。

（3）将第一、二、三段（几乎在一晃之间……我们是一只只负重的骆驼。）合并为一段，将合并后的段落分为两栏，栏宽相等，栏间距：3 字符，加分隔线。

（4）为最后一行的“蔷薇”添加一个脚注“注：喜光花木，类似月季、玫瑰。”。

（5）保存“春风飞过蔷薇.docx”文件，文件名不变。

● **原文**

春风飞过蔷薇

几乎在一晃之间，春季从我的眼前飘忽而过，我们没有来得及对视，就被毫无察觉地丢在春季走过的脚印里，等待下一个季节把我搀扶起来。

记得那段时间，还是春寒料峭，我在无意间发现了嫩黄的柳芽儿，星星点点的，被春风编入纤长的柳条上了，春天来得突然，来得迅疾，把我身上的冬季驱赶得杳无踪影，我捧上一把柳条，很仔细地辨认一下这些昔日旧友，阔别重逢，有一种熟悉的温馨和惬意，风渐渐地舒缓了，柔和了，她把大地媚得心旌摇荡，把绿铺展开来。

这是我对早春的一些印象罢了。那条道走多了，走熟了，也就走倦了，无心顾及周围的变化，只知道安静地走自己的路，心里颇不宁静的时候，我才想起到路边的柳荫里坐一会儿，无不是被一些俗物、尘事扰乱心绪，面对生活，我们是一只只负重的骆驼。

今天的黄昏，来得晚，那轮红日就在远处的山峦间悬着，金黄色的余晖挂满了树梢。不知不觉间，我误入繁密的柳丛中，这才发现，那些嫩黄的柳芽儿不在了，柳叶儿已经葱绿，密密匝匝的，在夕阳中，织成稠密的网，把我围住，湖水也丰盈起来，风变得匆忙了，湖水一浪叠一浪的，光与影碎成片儿，夏季该到来了吧，我想起萤火虫儿，闪烁，迷离，像遥远的繁星。

太阳隐遁了，月还未升起，天地一片晦暗。柳下的石子路踩着很舒适，我用手梳理那些柳条，想找回抚摸春天的感觉，柳芽儿，乳燕儿，熟悉而陌生，我呼唤春天，我仔细地寻找，但是春天，走了，把我丢在她的脚印里，被黑夜踩成一粒沙子。

春风飞过蔷薇，飞过春天的最后一朵花。风变得急躁了，今夜有暴风雨。

● **样文**

样文如图 3.61 所示。

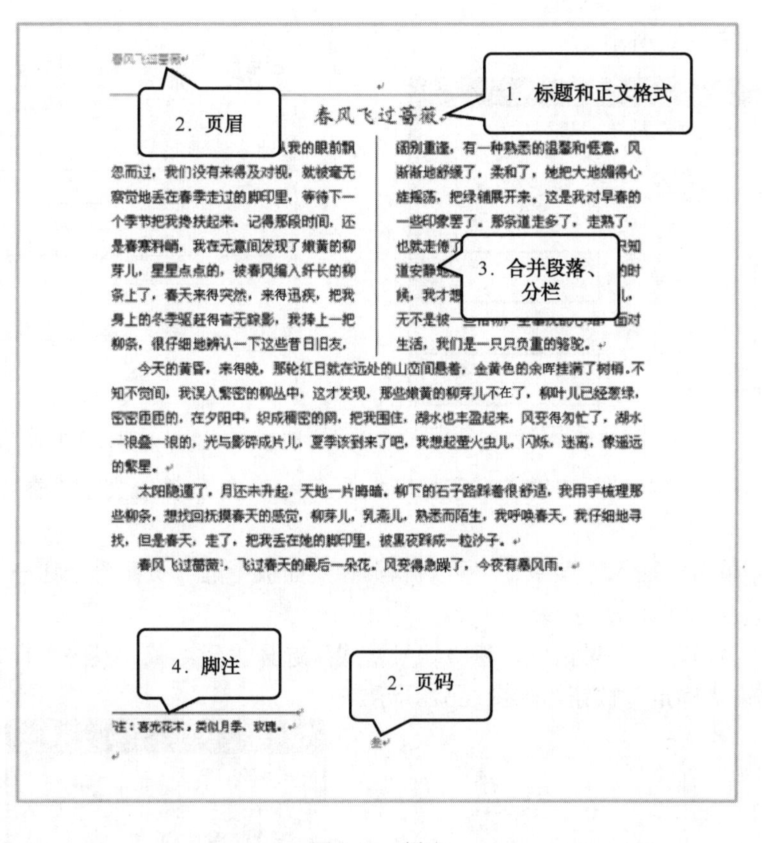

图 3.61　样文

● 操作步骤

1．标题设置

（1）选择标题“春风飞过蔷薇”文字，单击“开始”菜单→在“字体”面板中选择字体：楷体_GB2312，字号：三号，如图 3.62 所示。

（2）单击“开始”菜单→“段落”面板中的“居中”按钮，如图 3.63 所示。

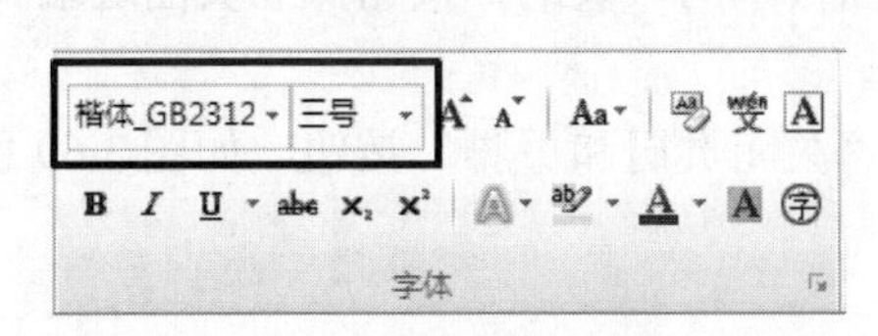

图 3.62　选择“字体”

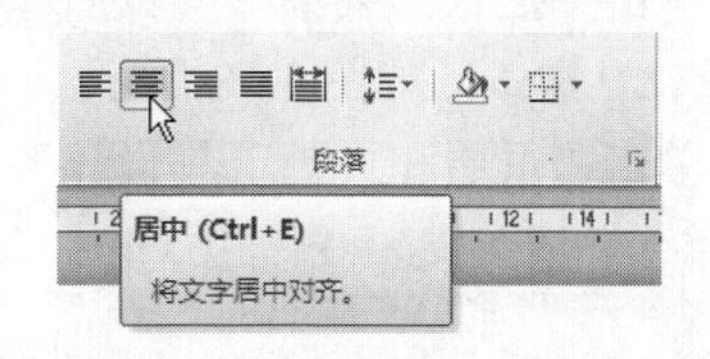

图 3.63　单击“居中”按钮

（3）选择正文，单击“开始”菜单→“段落”面板中的展开按钮，如图 3.64 所示，弹出“段落”对话框，“特殊格式”选择“首行缩进”，输入磅值“2 字符”；“行距”选择“多倍行距”，“设置值”为“1.2”。

2．页眉和页脚

（1）页眉：单击“插入”菜单→“页眉和页脚”面板中的“页眉”按钮→选择内置“奥

斯汀”样式，如图 3.65 所示。

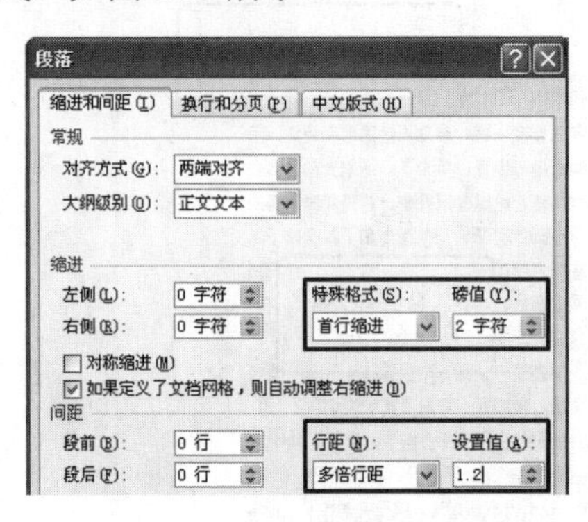

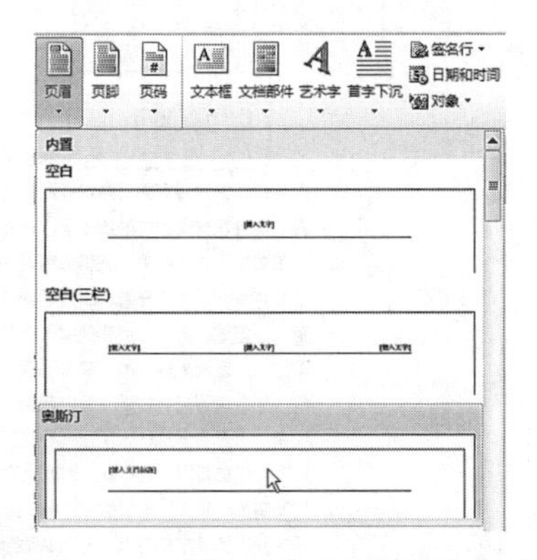

图 3.64 “段落”对话框　　图 3.65 选择内置“奥斯汀”样式

（2）在页面的顶端会显示“键入文字标题”框，然后输入文字“春风飞过蔷薇”，设置为幼圆、小五。

（3）页码：单击“插入”菜单→“页眉和页脚”面板中的“页码”按钮→“设置页码格式”按钮，如图 3.66 所示。

（4）弹出“页码格式”对话框，将“编号格式”选择“壹，贰，叁…”样式，起始页码设置“叁”，单击“确定”按钮，如图 3.67 所示。

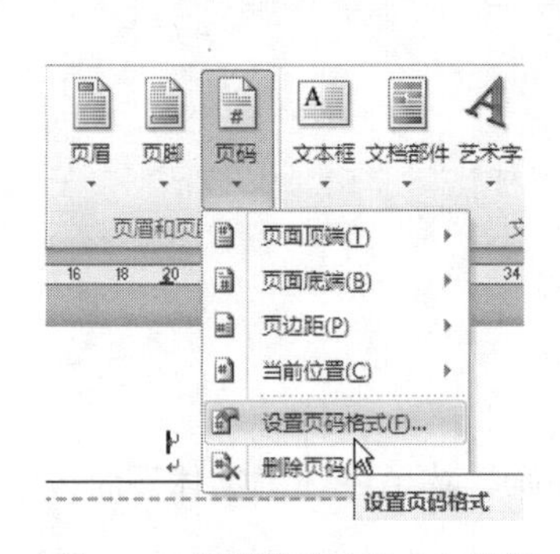

图 3.66 “设置页码格式”按钮　　图 3.67 “页码格式”对话框

（5）单击“插入”菜单→“页眉和页脚”面板中的“页码”按钮→“页面底端”按钮→“普通数字 2”样式，如图 3.68 所示。

（6）单击“页眉和页脚工具设计”菜单→“关闭页眉和页脚”按钮，如图 3.69 所示。

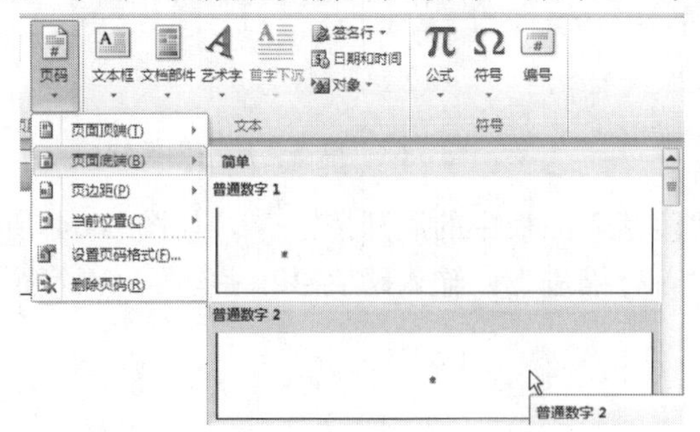

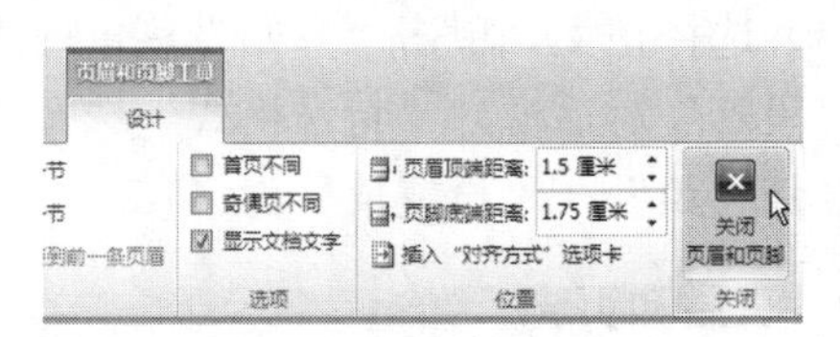

图 3.68 设置“页码”样式　　图 3.69 单击“关闭页眉和页脚”按钮

小知识 ① 打开页眉与页脚的快捷方法：在页面顶端或底端双击一下，就可以打开。② 页眉与页脚：可以设置丰富的内容，如图片等。③ 编辑完页眉与页脚之后，想要编辑文档中的文本，一定要“关闭页眉和页脚”。

3．合并段落、分栏

（1）合并段落：将第一、二、三段之间的回车符“↵”删除即可，选择第一段的“↵”，按“Backspace”或“Delete”键即可。同样，删除第二段的“↵”。

（2）选择合并后的段落文字（“几乎在一晃之间……我们是一只只负重的骆驼。”），单击“页面布局”菜单→“页面设置”面板→“分栏”按钮→“更多分栏”按钮，如图 3.70 所示。

（3）弹出“分栏”对话框，输入相应的值，如图 3.71 所示。

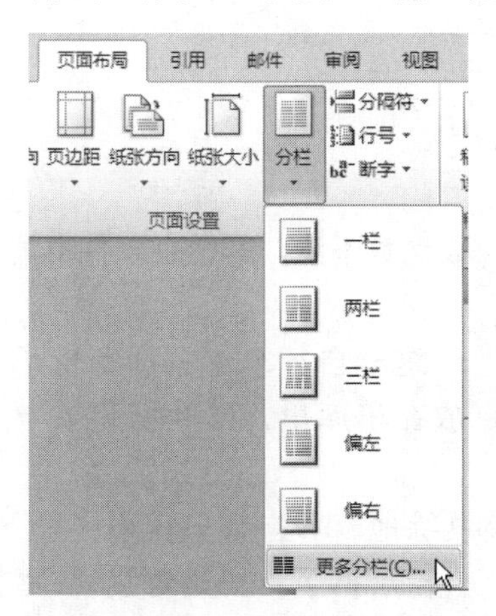

图 3.70 单击“更多分栏”按钮

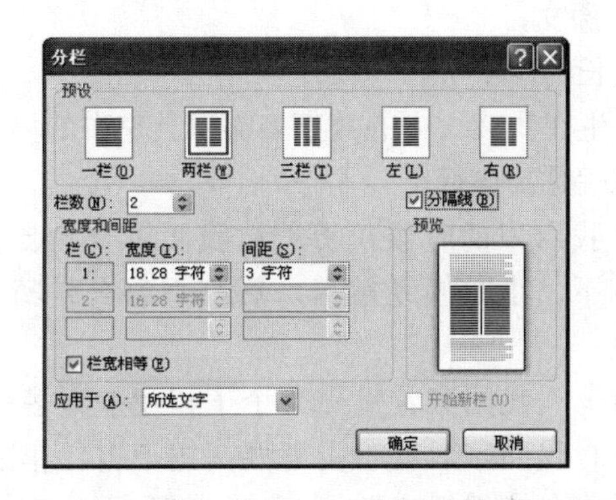

图 3.71 “分栏”对话框

4．引用脚注

（1）选择最后一行的“蔷薇”文字，单击“引用”菜单→“脚注”面板→“插入脚注”按钮，如图 3.72 所示。

（2）光标会自动跳到页面的底端闪烁，然后键入文字“注：喜光花木，类似月季、玫瑰。”即可，如图 3.73 所示。

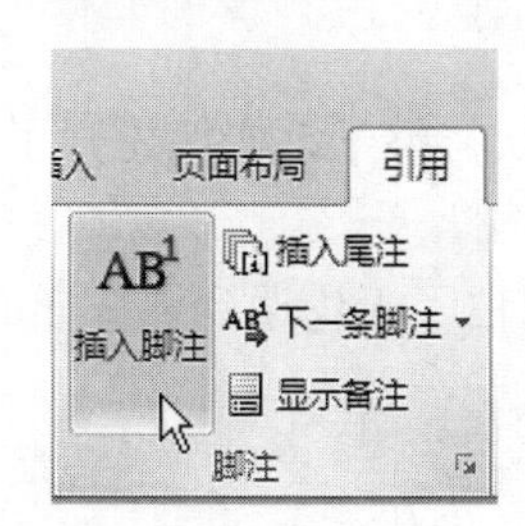

图 3.72 单击“插入脚注”按钮

注：喜光花木，类似月季、玫瑰。

图 3.73 “插入脚注”光标处

5．保存文件

单击“保存”按钮，关闭文档。

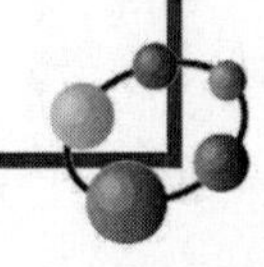

拓展练习二 《成长的故事》

● **操作要求**

（1）打开“成长的故事.docx”，将标题设为隶书、二号、居中。正文设为首行缩进 2 个字符，行距设为 1.5 倍行距。

（2）在页面顶端位置插入边线型页眉，输入文字“成长的故事”，字号为小五。在页面底端插入“普通数字 3”的页码样式，格式为“I，Ⅱ，Ⅲ…”，起始页码为“Ⅳ”。

（3）将第二、三、四段（在我六岁的时候……“我相信你一定会成功的！”）合并为一段，将合并后的段落分为三栏，栏宽相等，栏间距：3 字符，加分隔线。

（4）为最后一行的“小插曲”添加一个脚注“注：比喻事情发展过程中临时发生的小事件”。

（5）保存“成长的故事.docx”文件，文件名不变。

● **原文**

成长的故事

发生在我成长中的故事多得像天空中的星星一样，数也数不清，其中有一件事情非常深刻，那就是骑自行车。

在我六岁的时候，爷爷给我买了一辆自行车，由于这辆自行车左右都有轮子，所以不会倒下。小时候经常骑，后来不怎么爱骑了，一直放在车库里，已经积起了一层厚厚的灰。

有一天我回家看见一个个子和我差不多高的男孩熟练地骑着自行车在小区里飞驰，真威风啊！我回家后就吵闹着要妈妈把自行车上的两个小轮子拆了。妈妈对我说：“把小轮子拆了你会摔得很疼的。”我说：“我不怕疼。”最后，妈妈拗不过我，只好把两个小轮子拆了。

第二天正好是星期天，天气特别晴朗，妈妈也在家休息。她一大清早就把我叫起来，我疑惑地问妈妈什么事情，妈妈说：“今天教你骑自行车。”我欣喜若狂，急忙换下睡衣。把自行车从车库里推出来，一开始妈妈扶着我骑自行车，可妈妈手一松，我就摔得四脚朝天。终于我坚持不住了，大喊一声：“我不练了。”就气冲冲地准备回家。这时妈妈大声地说我：“胆小鬼，这点痛都受不了，做事一定要不怕苦，不可以半途而废。”然后她又温和地说：“我相信你一定会成功的！”

妈妈的话鼓励着我，我忍着痛又骑了起来，摔了一次又一次。终于，妈妈松开了手，但我还是骑在自行车上，没有倒下。“我成功了。”我大叫道。

这不过是我成长中的一个小插曲。但是通过这件事却让我明白了无论遇到什么样的困难，都要有恒心和信心。

● **样文**

样文如图 3.74 所示。

成长的故事

成长的故事

发生在我成长中的故事多得像天空中的星星一样，数也数不清，其中有一件事情非常深刻，那就是骑自行车。

在我六岁的时候，爷爷给我买了一辆自行车，由于这辆自行车左右都有轮子，所以不会倒下。小时候经常骑，后来不怎么爱骑了，一直放在车库里，已经积起了一层厚厚的灰。有一天我回家看见一个个子和我差不多高的男孩熟练地骑着自行车在小区里飞驰，真威风啊！我回家后就吵闹着要妈妈把自行车上的两个小轮子拆了。妈妈对我说："把小轮子拆了你会摔得很疼的。"我说："我不怕疼。"最后，妈妈拗不过我，只好把两个小轮子拆了。第二天正好是星期天，天气特别晴朗，妈妈也在家休息。她一大清早就把我叫起来，我疑惑地问妈妈什么事情，妈妈说："今天教你骑自行车。"我欣喜若狂，急忙换下睡衣。把自行车从车库里推出来，一开始妈妈扶着我骑自行车，可妈妈手一松，我就摔得四脚朝天。终于我坚持不住了，大喊一声："我不练了。"就气冲冲地准备回家。这时妈妈大声地说我："胆小鬼，这点痛都受不了，做事一定要不怕苦，不可以半途而废。"然后她又温和地说："我相信你一定会成功的！"

妈妈的话鼓励着我，我忍着痛又骑了起来，摔了一次又一次。终于，妈妈松开了手，但我还是骑在自行车上，没有倒下。"我成功了。"我大叫道。

这不过是我成长中的一个小插曲[1]。但是通过这件事却让我明白了无论遇到什么样的困难，都要有恒心和信心。

[1] 注：比喻事情发展过程中临时发生的小事件

IV

图 3.74　样文

第五节　图文混排

● 学习目标

（1）掌握插入文件中的文字。

（2）掌握插入艺术字及修饰操作。

（3）掌握首字下沉设置。

（4）掌握插入图片及修饰操作。

（5）掌握插入文本框及修饰操作。

（6）掌握插入剪贴画及修饰操作。

（7）掌握插入形状及修饰操作。

项目一　《感恩的心》

● 操作要求

（1）打开"感恩的心.docx"空文档，插入素材里的"文字资料.docx"文件里的文字。并且将正文段落设为首行缩进 2 个字符。

（2）插入"感恩的心"艺术字，作为文章标题，艺术字样式为"填充-无，轮廓-强调文字颜色 2"，文本效果为"转换-波形 1"，自己调整好大小和位置。

（3）将正文中的第一个字"落"设为首字下沉 3 行、楷体，字体颜色设为红色。

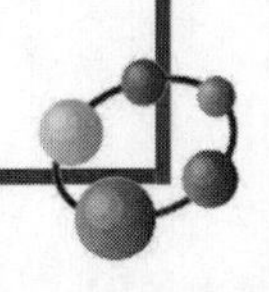

（4）插入“背景.jpg”图片，图片的自动换行设置为“衬于文字下方”，调整图片的大小和位置，将图片设为整篇文档的背景图片。

（5）插入“心.jpg”图片，图片的自动换行设置为“四周型环绕”，将图片的位置放到右侧合适位置，将图片的颜色设置透明色。

（6）在文档末尾插入“家庭.jpg”图片，图片的自动换行设置为“嵌入型”，裁剪图片多余的部分。

（7）保存文档，文件名“感恩的心.docx”不变。

● **素材**

素材如图 3.75 所示。

图 3.75　素材

● **样文**

样文如图 3.76 所示。

图 3.76　样文

● 操作步骤

1. 插入文件中的文字

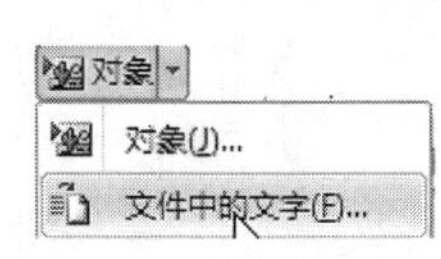

图 3.77 “对象”按钮

（1）双击打开“感恩的心.docx”空文档，单击“插入”菜单→“文本”面板→“对象”下拉按钮→“文件中的文字”按钮，如图 3.77 所示。弹出“插入文件”对话框，如图 3.78 所示，选择素材文件夹中的“文字资料.docx”文件，单击“插入”按钮。

（2）选择正文段落文字，单击“开始”菜单→“段落”面板中的展开按钮，弹出“段落”对话框，如图 3.79 所示，设置“特殊格式”为“首行缩进”，输入磅值为“2 字符”，单击“确定”按钮。

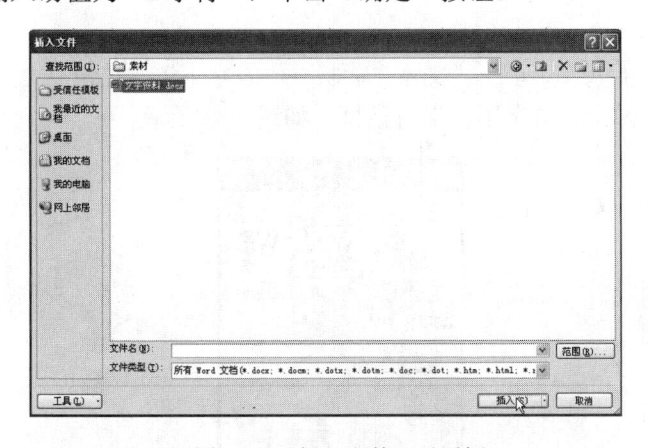

图 3.78 “插入文件”对话框

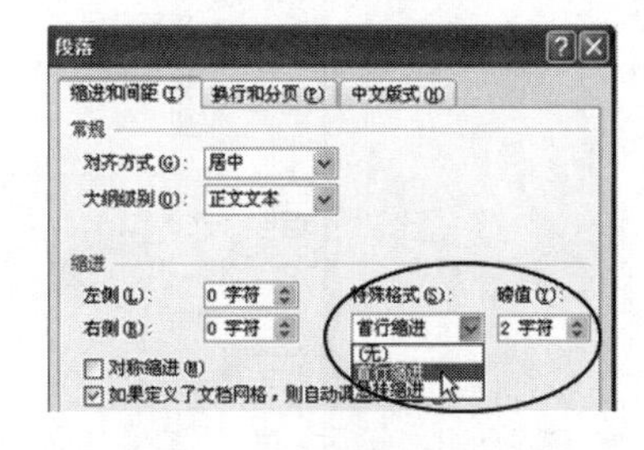

图 3.79 “段落”对话框

小知识 插入文件中的文字可以用复制的方法完成，如本例的另一种操作方法：① 打开素材中的“文字资料.docx”。② 选择所有文字（按 Ctrl+A 组合键），单击“复制”按钮（按 Ctrl+C 组合键）。③ 打开“感恩的心.docx”文档，单击“粘贴”按钮（按 Ctrl+V 组合键）。

2. 艺术字

（1）选中标题“感恩的心”，单击“插入”菜单→“文本”面板→“艺术字”按钮，选择艺术字样式，如图 3.80 所示。

（2）将鼠标移到艺术字的八个点的任意角上，鼠标指针成双向箭头，可以改变艺术字的大小，如图 3.81 所示。将鼠标移到艺术字的边框上，鼠标成十字箭头，可以按住鼠标左键移动艺术字至文档的上方，如图 3.82 所示。

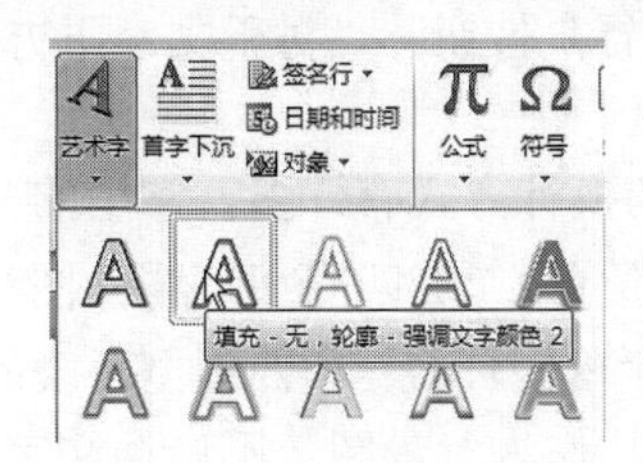

图 3.80 “艺术字”样式

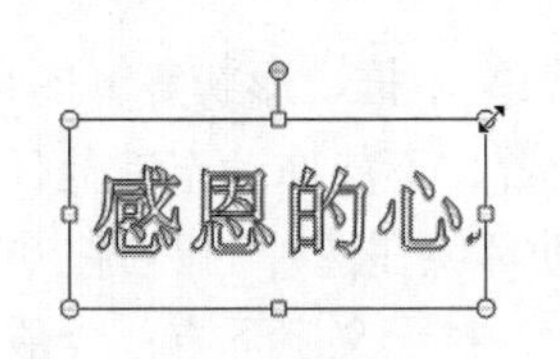

图 3.81 改变艺术字大小

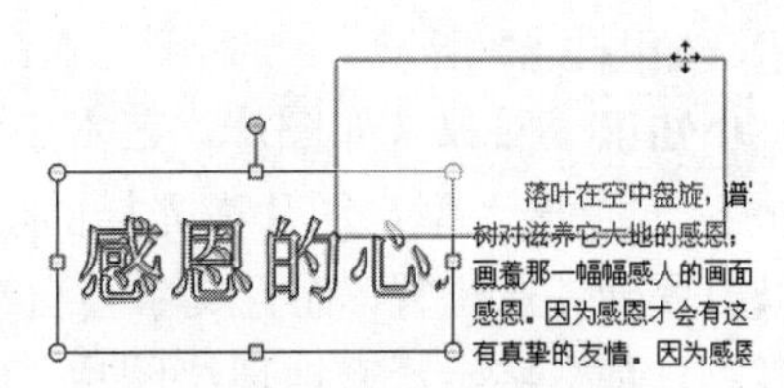

图 3.82 移动艺术字位置

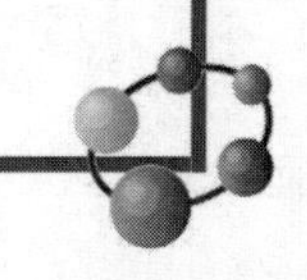

（3）设置文本效果为“转换-波形 1”，将鼠标在艺术上单击一下，就会出现“绘图工具-格式”菜单，单击“文本效果”按钮→选择“转换”→“波形 1”，如图 3.83 所示。

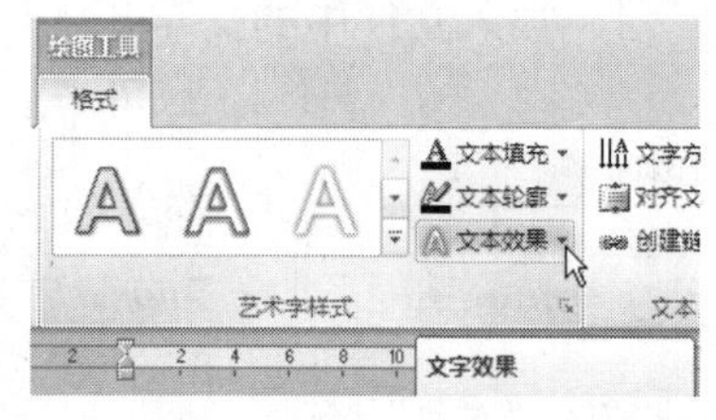

图 3.83　文本效果

小知识　① 如果艺术字位置不够，可以在第一段文字的前面增加一些空行。② 因为本例中有“感恩的心”文字，所以可以选中文字后单击插入艺术字；如果没有文字选择，就要先单击插入艺术字，再输入文字。③ 艺术字样式可以通过改变文本填充、文本轮廓、文本效果等来自定义有个性的艺术字。

3．首字下沉

（1）选中第一个字“落”，单击“插入”菜单→“文本”面板→“首字下沉”按钮→“首字下沉选项”按钮，如图 3.84 所示。弹出“首字下沉”对话框，如图 3.85 所示。

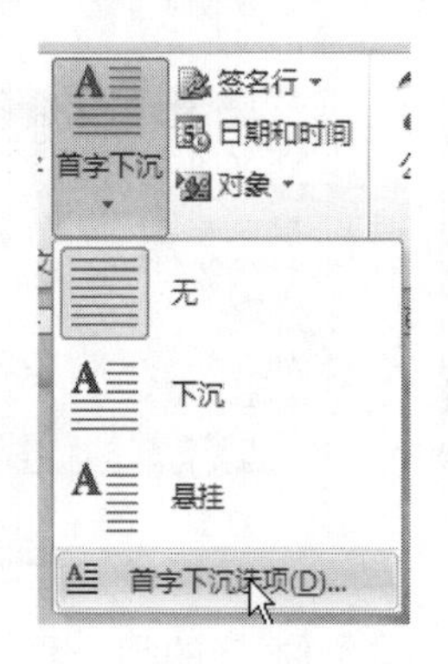

图 3.84　单击“首字下沉选项”按钮

图 3.85　“首字下沉”对话框

（2）选中“落”字，单击“开始”菜单→“字体”面板→“字体颜色” 按钮，选择颜色为“红色”。

小知识　首字下沉，就是段落的第一个字进行下沉设置，如果取消首字下沉，在图 3.85 中选择“无”。除了首字下沉还有“悬挂”效果。

4．“背景”图片

（1）插入“背景.jpg”图片，单击“插入”菜单→“插图”面板→“图片”按钮，如图 3.86 所示；弹出“插入图片”对话框，选择素材中的“背景.jpg”，单击“插入”按钮。

（2）单击“图片工具格式”菜单→“排列”面板→“自动换行”按钮→“衬于文字下方”按钮，如图 3.87 所示。

小知识　对象（如图片、艺术字、文本框、形状等）的自动换行方式有许多，常用的方式如下。① 嵌入型：图片在光标的位置，不能拖动至其他任意位置。② 四周型环绕：图片可以放置到任意位置，而且文字会自动环绕在图片的四周。③ 紧密型环绕：和四周型环绕差不多，只是文字会紧密地环绕图片。④ 衬于文字下方：一般图片作为背景图，不遮挡文字。⑤ 浮于文字上方：图片会在文字上面，会遮挡文字，在特殊情况下使用。⑥ 上下型环绕：

图片会占整行空间，一般不建议使用。

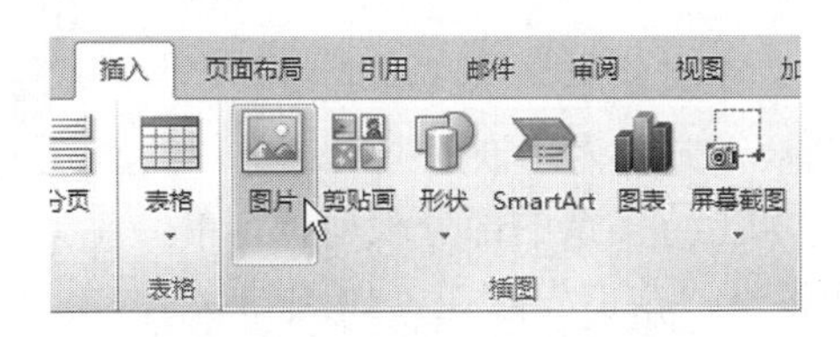

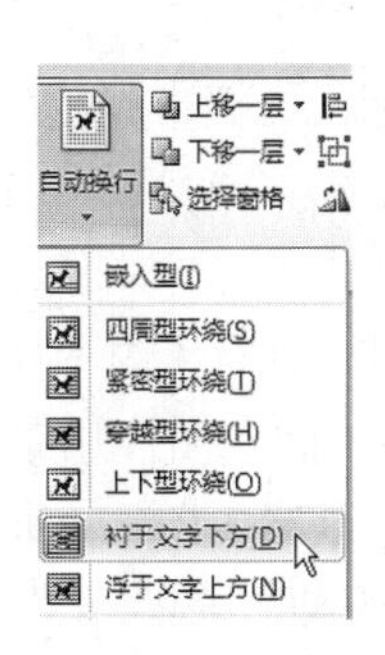

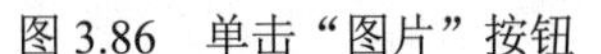

图 3.86　单击“图片”按钮　　　　图 3.87　单击“衬于文字下方”按钮

（3）单击图片后，在图片的四周会有一些小圆圈和小方形，将鼠标移到这些点上，按住鼠标左键拖动缩放改变图片的大小，如图 3.88 所示；将鼠标移到图片的中间，鼠标成十字移动箭头，按住鼠标左键可以拖动图片到任意位置，如图 3.89 所示。利用缩放和移动将“背景”图片的大小铺满整篇文档，作为文档的背景图片（具体看项目的样文）。

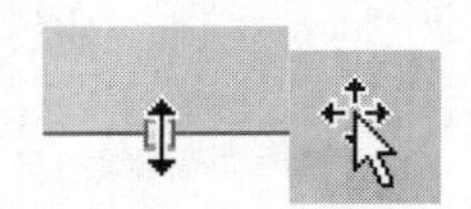

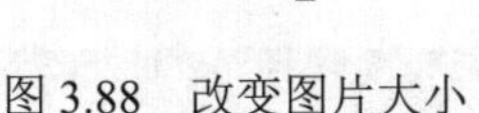

图 3.88　改变图片大小　　　　图 3.89　移动图片

5. “心”图片

（1）插入“心.jpg”图片，单击“插入”菜单→“插图”面板→“图片”按钮，弹出“插入图片”对话框，选择素材中的“心.jpg”图片，单击“插入”按钮。

（2）单击“图片工具格式”菜单→“排列”面板→“自动换行”按钮→“四周型环绕”，将图片移动到文档右侧合适位置，如图 3.90 所示。

（3）单击“图片工具格式”菜单→“调整”面板→“颜色”按钮→“设置透明色”按钮，鼠标会变成一只铅笔样式，将鼠标在“心”图片的白色上单击一下，就会将白色消除，图片的背景变成透明色，如图 3.91 所示。

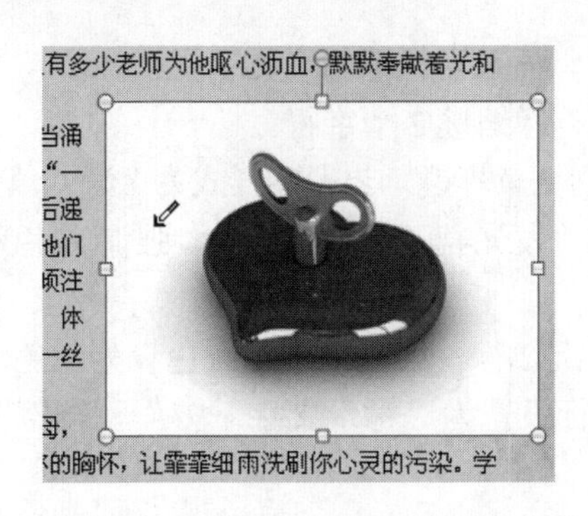

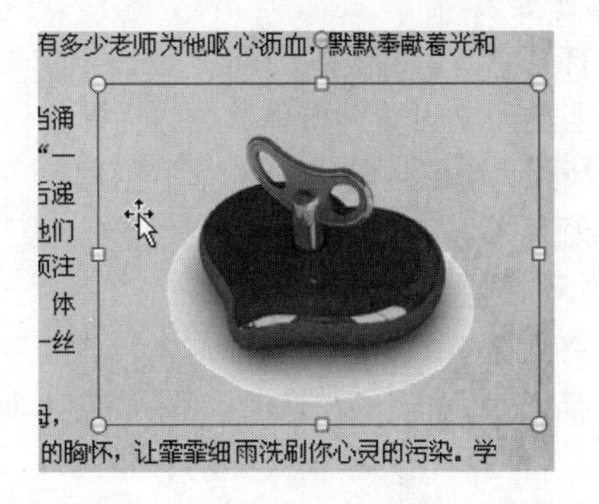

图 3.90　“心”图片的位置图　　　　图 3.91　“心”图片的设置为透明色后的效果

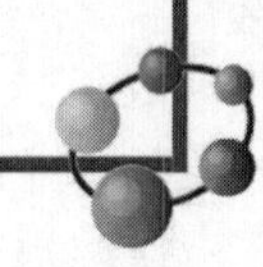

6. “家庭”图片

（1）将光标在文档末尾的空行单击一下，单击“插入”菜单→“插图”面板→“图片”按钮，弹出“插入图片”对话框，选择素材中的“家庭.jpg”图片，单击“插入”按钮。

小知识 ① 如果文档末尾没有空行，在文档末尾按 Enter 键，产生一个空行。② 插入图片后默认的自动换行方式为“嵌入型”。

图 3.92 裁剪按钮

（2）单击“家庭”图片，将图片下方和上方多余的部分裁剪掉，单击“图片工具格式”菜单→“大小”面板→“裁剪”按钮，如图 3.92 所示。

（3）图片的四周会显示“裁剪”标志，将鼠标移到裁剪标志上，按住鼠标左键拖动就可以进行裁剪了。将“父母”图片上方多余的白色以及下方的网站标志裁剪掉，如图 3.93 所示。裁剪完之后，在空白地方单击鼠标左键确认。

图 3.93 图片下方灰色的部分是裁剪掉的部分

7. 保存文件

单击“保存”按钮，关闭文档。

拓展练习一 《请留住美好的环境》

● **操作要求**

（1）打开“请留住美好的环境.docx”空文档，插入素材里的“文字资料.docx”文件里的文字。并且将正文设置为楷体_GB2312、小四，首行缩进 2 个字符。

（2）插入“请留住美好的环境”艺术字，作为文章标题，艺术字样式为“渐变填充-蓝色，强调文字颜色 1”，文本效果设为“棱台-圆”、“发光-蓝色，5pt 发光，强调文字颜色 1”，调整好大小和位置。

（3）将正文中的第一个字“你”设为首字下沉 2 行、隶体，字体颜色设为蓝色。

（4）插入“背景.jpg”图片，图片的自动换行设置为“衬于文字下方”，调整图片的大小和位置，将图片设为整篇文档的背景图片。

（5）插入“树.jpg”图片，图片的自动换行设置为“四周型环绕”，将图片的位置放到文档的左下角位置，将图片的颜色设置为透明色，调好图片的大小和位置。

（6）插入“自行车.jpg”图片，将图片的自动换行设置为“四周型环绕”，将图片的位置放到文档的右下角位置，将图片的颜色设置为透明色，调好图片的大小和位置。

（7）保存文档，文件名“请留住美好的环境.docx”不变。

● **素材**

素材如图 3.94 所示。

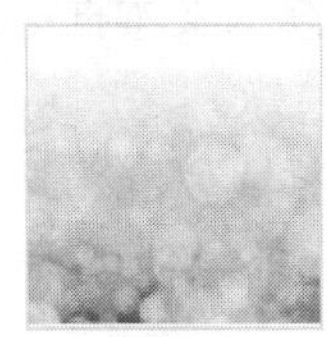

图 3.94　素材

● **样文**

样文如图 3.95 所示。

请留住美好的环境

你，曾深情地抬头望着蓝天白云，你说，蓝天是面镜子，照得你的心灵如此纯洁；

我，曾在绿树的环抱下尽情游耍，我说，绿树是个伙伴，让我的生活充满乐趣；

他，曾在这片广阔的土地上留下足迹，他说，土地是他的根，永远系着他的心。

你、我、他，都曾在这样一个美好的环境中生活，都曾感受到蓝天、白云、绿树、土地时时刻刻带给我们的快乐和希望！

你惊觉了，我醒悟了，他明白了，蓝天、白云、绿树、土地是我们赖以生存的家，没有家，哪有你、我、他?蓝天、白云、绿树、土地是我们生命的支柱，没有支柱，哪有你、我、他?蓝天、白云、绿树、土地是我们希望的源泉，没有源泉，哪有你、我、他?你，在蓝天下思考；我，在绿树旁深思；他，在土地上回忆。那往日的欢乐，为何在失去时才发觉它的可贵；多么希望时光能够倒流，留住你、我、他曾拥有的快乐和希望！

轻轻地告诉你：我们只有一个地球，为你、为我、为他，保护地球，留住最美好的环境……

图 3.95　样文

项目二　《伴着梦飞翔》

● **操作要求**

（1）打开“伴着梦飞翔.docx”文档，将标题设置为仿宋_GB2312、三号、居中，正文首行缩进 2 个字符。

（2）在第一段后面插入 15 个空行，留些位置放置文本框，插入一个简单文本框，将第二段的文字移到文本框中，修饰文本框：形状轮廓为绿色、2.25 磅，形状填充为“花.jpg”图片。

（3）插入一个简单文本框，将第三段的文字移到文本框中，修饰文本框：形状轮廓为浅蓝色、2.25 磅、方点虚线，形状填充“纹理—蓝色面巾纸”。

（4）搜索“背景”类的剪贴画（不包括 Office.com 内容），插入“backgrouds，frames，shapes...”的剪贴画，剪贴画的自动换行设置为“衬于文字下方”，调整剪贴画的大小，铺满文档文字，作为背景图。

（5）插入“云形”的形状，形状轮廓为蓝色、0.75 磅，形状填充渐变：预设颜色-雨后初晴，方向：线性对角—右下到左上。调整合适的大小和位置，并在形状中添加如下文字。

设计：你的姓名

班级：你的班级

日期：插入“日期和时间”，选择中文的“2004 年 1 月 1 日”格式，并设置为“自动更新”。

（6）在右下角插入一些椭圆形状，自由设置形状样式。

（7）保存文档，文件名“伴着梦飞翔.docx”不变。

● **原文**

伴着梦飞翔

每个人都有美丽的梦想，有的梦轻如鸿毛，有的梦重如泰山，我的梦与许多像我一样的初中学生的梦想一样——进入好的高中。这个梦想在初三的学习中，使我进步很快也很大，给我一个无形的动力，将我在逆境中被拯救出来。

梦想是我抵御诱惑的有力盾牌。早晨被窝是诱惑；上课捣蛋鬼是诱惑；中午篮球足球是诱惑；放学后，电视、电脑是诱惑；晚上被窝又成了诱惑。我有我的梦想，我的梦想是抵御这世界上种种诱惑的盾牌。我们要不断追求更高的理想，许多人都满足于现状，说理想已经实现，则他们是没有理想的。诗曰：“学海无涯苦作舟。”学无止境，需寻思如何攀登更高的高峰，正可谓“强中自有强中手，一山更比一山高。”

梦想是我继续前进的原动力。我能战胜困难——我在进步；我能抵御诱惑——我在进步。过去的我，总爱往下比，说：“比我差的人多着呢！”而现在，我总往上比，说：“比我好的人还多着呢，我要比他们更好！”当然，我也要和自己比，超越自我，树立自己的自信心。我是精致的一环，我不能推卸我应有的责任和神圣的允诺。现在处于比上不足、比下有余的我，要意识到我是“逆水行舟，不进则退。”

梦想啊梦想，在你的影响下，在你的伴随下，我感到我正在改变。我决心用圆圆的汗珠去圆我的梦想，我的梦想不是梦，在如今的社会中，让我们伴着我们的理想与梦想尽情飞翔吧！

● **样文**

样文如图 3.96 所示。

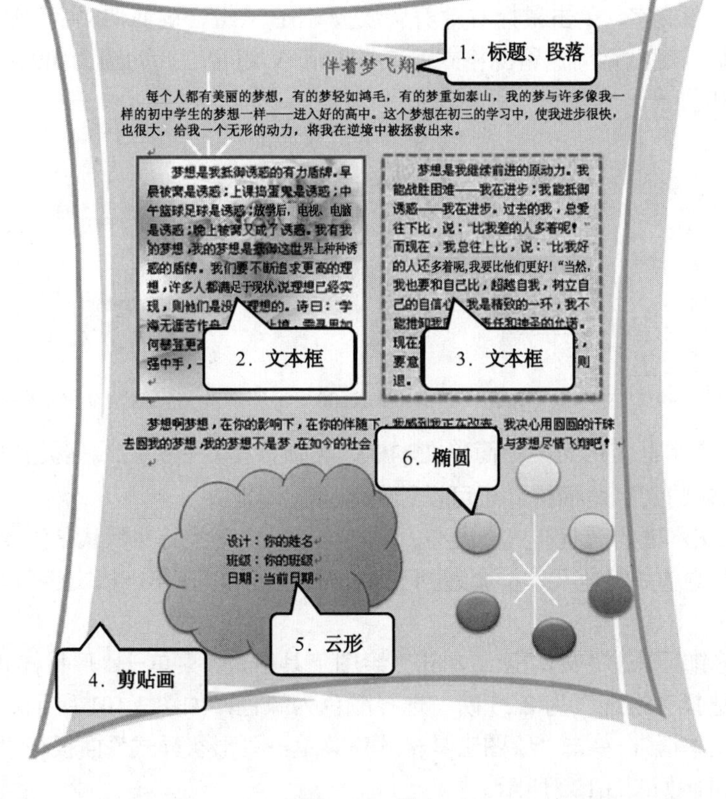

图 3.96　样文

● 操作步骤

1．字体、段落设置

（1）选择标题“伴着梦飞翔”文字，单击“开始”菜单→在“字体”面板中选择字体：楷体、三号，在“段落”面板中选择“居中”，如图 3.97 所示。

（2）选择正文段落文字，单击“开始”菜单→“段落”面板中的展开按钮，弹出“段落”对话框，如图 3.98 所示，设置“特殊格式”为“首行缩进”，输入磅值为“2 字符”，单击“确定”按钮。

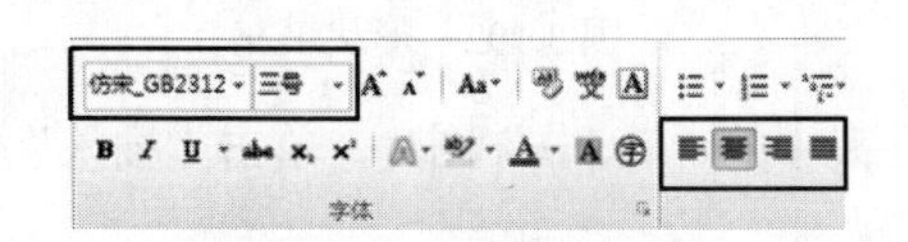

图 3.97　标题设置参数

图 3.98　“段落”对话框

2．文本框

（1）为了方便文本框的位置摆放，在第一段后面按很多次 Enter 键，增加一些空行来放置文本框（本项目中增加 15 个左右空行）。

（2）插入文本框，单击“插入”菜单→“文本”面板→“文本框”按钮，选择“简单文本框”样式，如图 3.99 所示。

（3）选择第二段文字，单击鼠标右键剪切或按 Ctrl+X 组合键剪切文字，然后将鼠标移至文本框上单击鼠标右键粘贴（保留源格式）或按 Ctrl+V 组合键，如图 3.100 所示。为文本框调整合适的大小和位置。

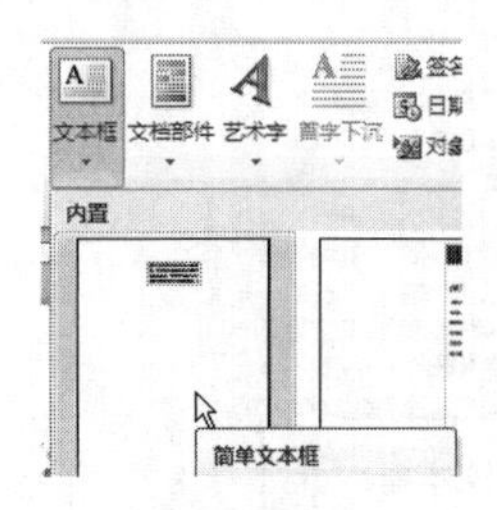

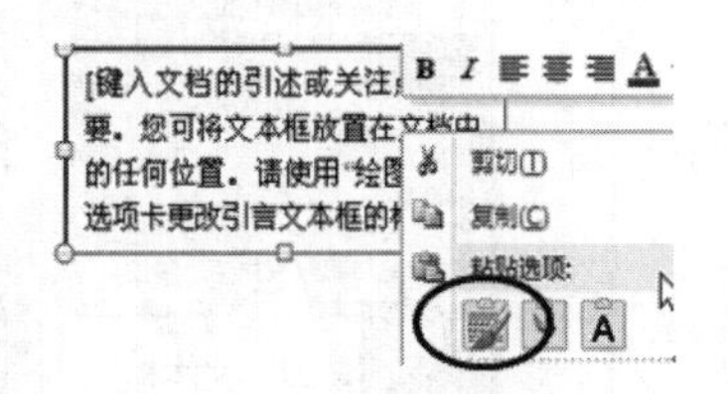

图 3.99 “文本框”按钮　　图 3.100 将剪切的文字粘贴至文本框中

小知识 ① 文本框常用类型：简单文本框、奥斯汀提要栏、边线型提要栏等。

② 文本框默认的文字是横排，还可以绘制竖排文本框。

③ 可以修饰文本框的形状样式、大小、旋转位置、自动换行（默认是浮于文字上方，文本框可以放在任何位置，但是文本框会遮挡下面的内容，所以在第一段文字后要键入 15 个空行来放置文本框）。

（4）文本框修饰，单击“文本框”，单击“绘图工具格式”菜单→“形状样式”面板→“形状轮廓”按钮，选择“粗细”为 2.25 磅，选择颜色为绿色，如图 3.101 所示。

（5）单击“文本框”，单击“绘图工具格式”菜单→“形状样式”面板→“形状填充”按钮→“图片”按钮，如图 3.102 所示。

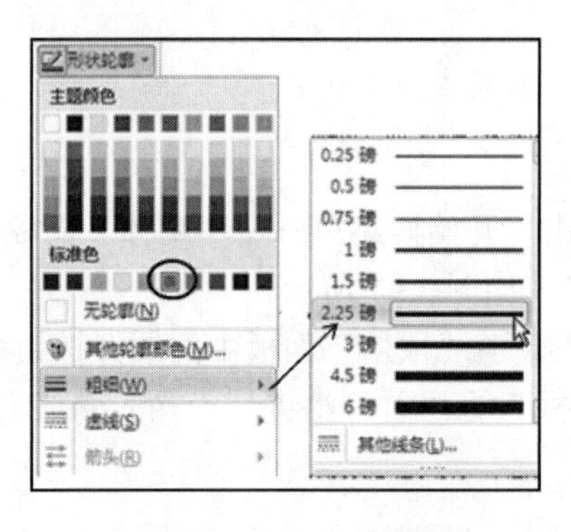

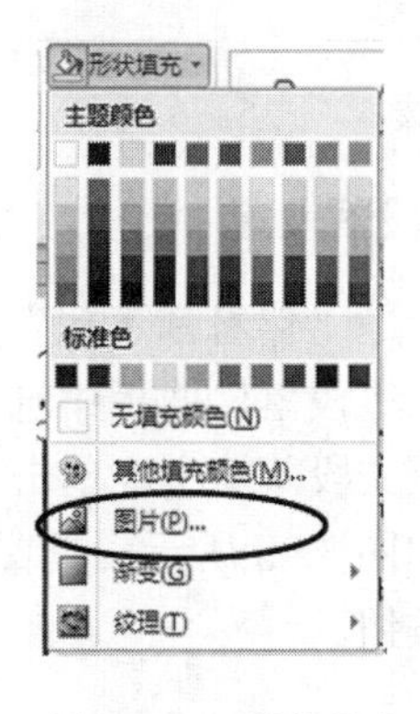

图 3.101 形状轮廓　　图 3.102 形状填充

（6）弹出“插入图片”对话框，选择素材文件夹中的“花.jpg”图片，单击“插入”按钮。

3．文本框

（1）插入文本框，单击“插入”菜单→“文本”面板→“文本框”按钮，选择“简单文本框”样式，如图 3.99 所示。

（2）选择第三段文字，单击鼠标右键剪切或按 Ctrl+X 组合键剪切文字，然后将鼠标移至文本框上单击鼠标右键粘贴（保留源格式）或按 Ctrl+V 组合键。为文本框调整合适的大小和位置。

（3）文本框修饰，单击“文本框”，单击“绘图工具格式”菜单→“形状样式”面板→“形状轮廓”按钮，选择“粗细”为2.25磅，选择颜色为蓝色，选择“虚线—方点”，如图3.103所示。

（4）单击“文本框”，单击“绘图工具格式”菜单→“形状样式”面板→“形状填充”按钮→“纹理”按钮，如图3.104所示。

图3.103　形状轮廓，虚线—方点　　　　图3.104　形状填充—纹理

小知识　① 艺术字、文本框、形状等都有形状填充，其实就是对象的背景设置。② 形状填充有无、颜色、图片、渐变、纹理。③ 其中渐变颜色的预设颜色有心如止水、雨后初晴等，如图3.105所示；纹理有水滴、花束等，如图3.106所示。④“无填充颜色”是没有颜色，背景是透明的。

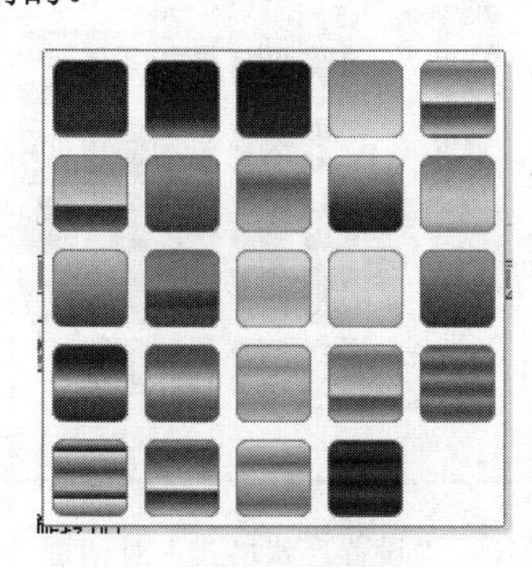

图3.105　预设颜色

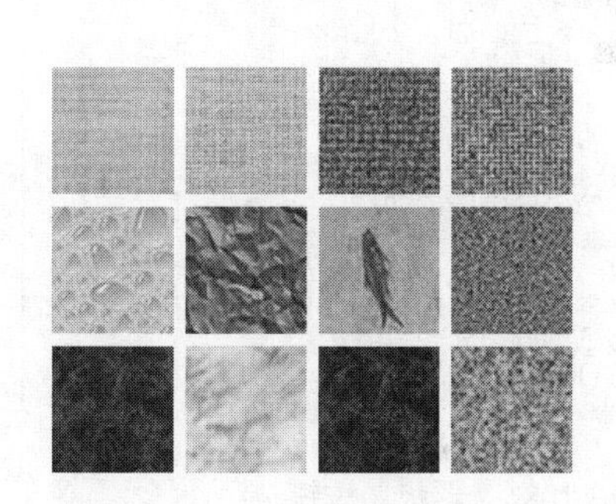

图3.106　纹理

4．剪贴画

（1）单击“插入”菜单→“插图”面板→“剪贴画”按钮，在文档右侧弹出“剪贴画”对话框，在“搜索文字”框中输入“背景”，将“包括 Ofiice.com 内容”的钩去掉，单击“搜索”按钮，如图3.107所示。

（2）将鼠标移到第二张剪贴画上，会显示该剪贴画的文字说明“backgrouds，frames，shapes…”，如图3.107所示，然后单击该剪贴画，就可以插入剪贴画到文档中。

（3）单击剪贴画，单击“图片工具格式”菜单→“排列”面板→“自动换行”按钮→“衬于文字下方”，并适当调整剪贴画大小铺满整篇文档，作为文档的背景。

图3.107　“剪贴画”对话框

小知识　剪贴画的修饰和图片对象差不多，剪贴画是 Word 2010 中自带的一些简易图片，在搜索中如果选中“包括 Office.com 内容”，将会把在 Office.com 网站上相关的剪贴画也搜索出来。

5．形状

（1）单击“插入”菜单→“插图”面板→“形状”按钮→“云形”按钮，如图 3.108 所示，在文档左下角画出“云形”形状。

（2）单击选择云形形状，单击“绘图工具格式”菜单→“形状样式”面板→“形状轮廓”→“蓝色”，“粗细”选择“0.75 磅”。

（3）单击选择云形形状，单击“绘图工具格式”菜单→“形状样式”面板→“形状填充”按钮→“渐变”→“其他渐变”，弹出“设置形状格式”对话框，选择“预设颜色”为“雨后初晴”，如图 3.109 所示。

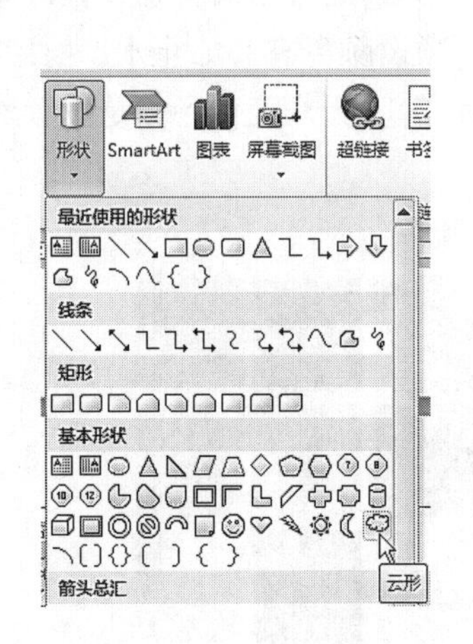

图 3.108 “形状”按钮

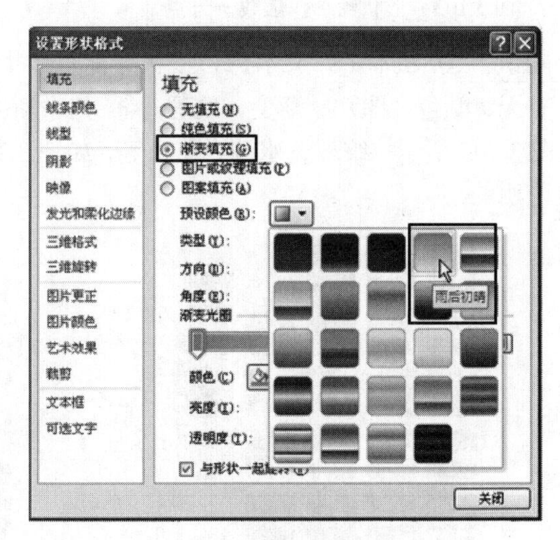

图 3.109 “设置形状格式”对话框

（4）单击“方向”，选择“线性对角—右下到左上”，如图 3.110 所示。单击“关闭”按钮。

（5）将鼠标移到形状上右键单击“添加文字”按钮 添加文字(X) ，输入下列三行文字；

设计：你的姓名

班级：你的班级

日期：

（6）插入日期和时间：选择中文的“2004 年 1 月 1 日”格式，并设置为“自动更新”（如图 3.111 所示）。

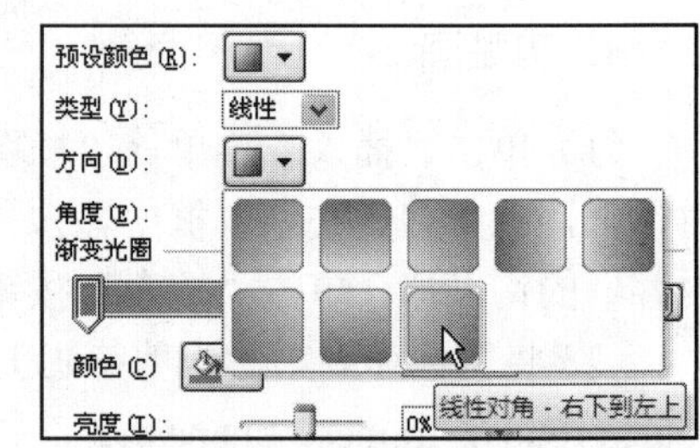

图 3.110 “设置形状格式”对话框中的“渐变方向”

小知识 “日期和时间”对话框中，如果选择了“自动更新”，那就意味着这个时间会显示计算机现在的时间，比如在 2024 年 9 月 20 日再打开此文档，时间就会显示“2024 年 9 月 20 日”。

6．形状

（1）单击“插入”菜单→“插图”面板→“形状”按钮→“椭圆”按钮，如图 3.112 所示，在文档右下角画出“椭圆”形状。

（2）单击云形形状，单击“绘图工具格式”菜单→“形状样式”面板→“其他样式”按钮，如图 3.113 所示，选择自己喜欢的“形状”样式，如图 3.114 所示。

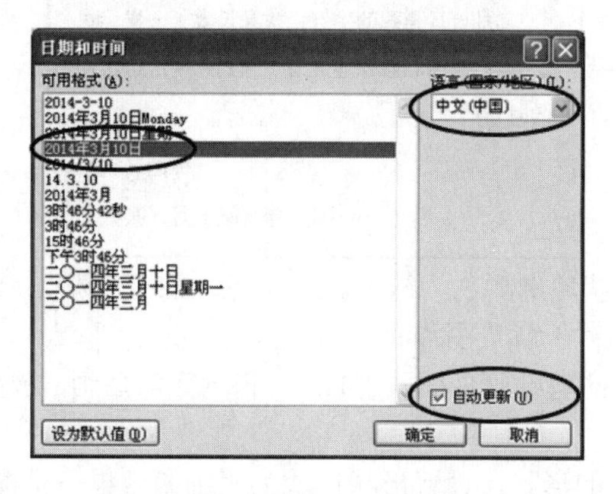

图 3.111 “日期和时间”对话框

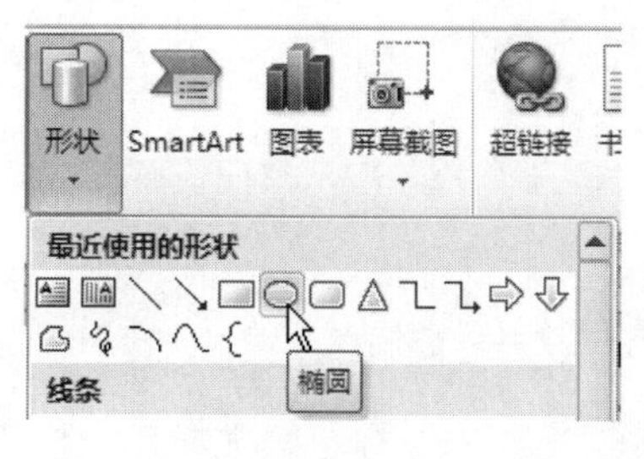

图 3.112 单击“椭圆”

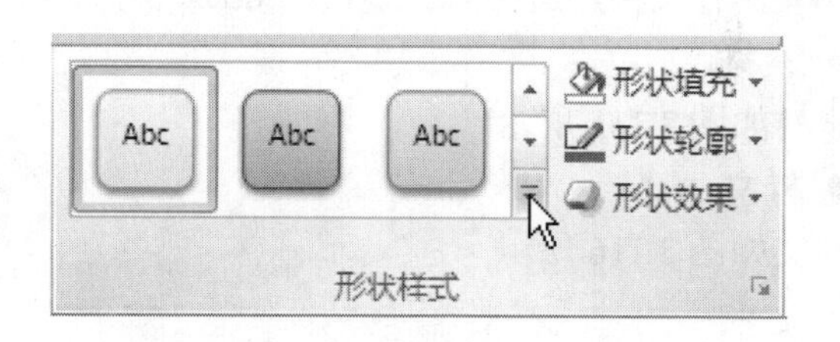

图 3.113 “其他样式”按钮

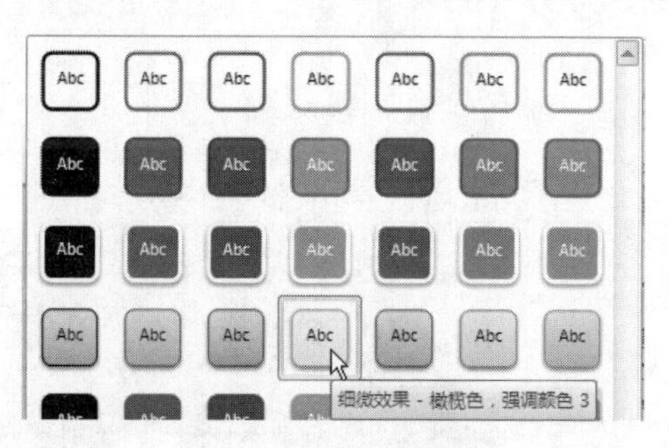

图 3.114 “形状”样式

（3）在文档的右下角，同步骤（1）、（2），制作一些椭圆形状。保存文档。

拓展练习二 《邀请函》

● **操作要求**

（1）打开“邀请函.docx”文档，插入素材中的“背景.png”图片，设置自动换行方式为“衬于文字下方”，将图片样式设置成“棱台亚光，白色”。

（2）插入一个简单文本框，在文本框中输入如下文字，文字格式设置：正文首行缩进 2 个字符，名字和日期右对齐，所有文字行距设置为 1.5 倍。

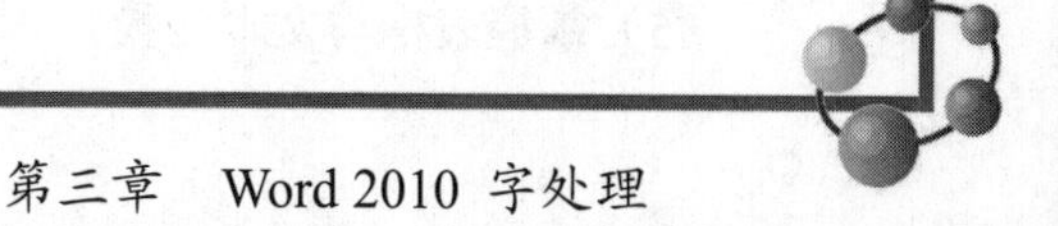

亲爱的朋友：

3月11日是我的生日，我又长大了一岁。晚上6点，我诚心诚意地邀请你来我家度过这欢乐的时光！

（你的名字）

（某）年（某）月（某）日

（3）文本框修饰：形状轮廓颜色为绿色、2.25 磅、虚线—圆点；形状填充为纹理—花束；调整文本框合适的大小相衬于背景图片。

（4）搜索“树木”类的剪贴画，插入“Tree，树木”剪贴画，放到文本框的左下角位置，缩放到合适的大小。

（5）插入“五角星”的形状，设置形状样式为“细微效果—橄榄色，强调颜色 3”，放置到文本框右上角。

（6）保存文档，文件名“邀请函.docx”不变。

● **素材**

素材如图 3.115 所示。

● **样文**

样文如图 3.116 所示。

背景.png

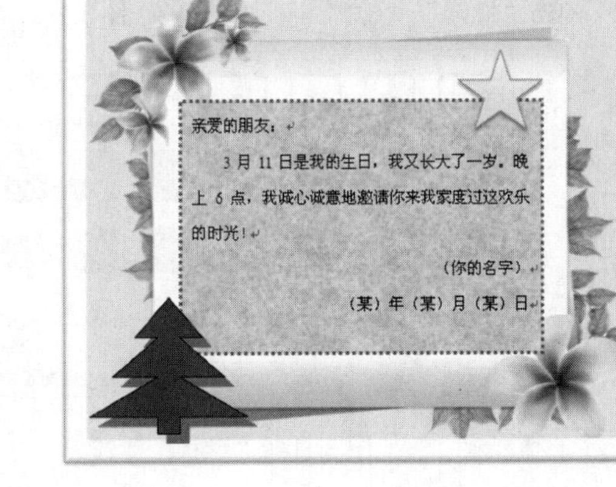

图 3.115　素材　　　图 3.116　样文

第六节　表格

● 学习目标

（1）掌握表格制作方法。

（2）掌握表格修饰：单元格对齐方向、行高、列宽、边框、底纹。

（3）掌握表格数据的计算。

（4）掌握表格数据的排序。

（5）掌握表格与文本转换。

项目一　制作简单表格

● 操作要求

（1）新建一个 Word 文档，取名为“科目.docx”，在文档中制作如下表格。

（2）制作一个 4 行 6 列的表格，列宽为 2 厘米，行高 0.7 厘米。

（3）设置表格外边框为 1.5 磅，表内线为 0.75 磅。

（4）在表格中输入样表中的文字内容。

● 样表

样表如表 3.4 所示。

表 3.4　样表

外语	地理	历史	语文	地理	历史
政治	语文	外语	地理	外语	政治
历史	语文	地理	政治	语文	地理
地理	历史	政治	历史	历史	外语

● 操作步骤

1．建立表格，设置行高和列宽

（1）单击“插入”→“表格”按钮，使用鼠标拖动显示一个 6 列 4 行的表格，单击，插入一个 6 列 4 行的空表格，如图 3.117 所示。

（2）选中整个表格，单击“布局”菜单，设置行高和列宽，如图 3.118 所示。

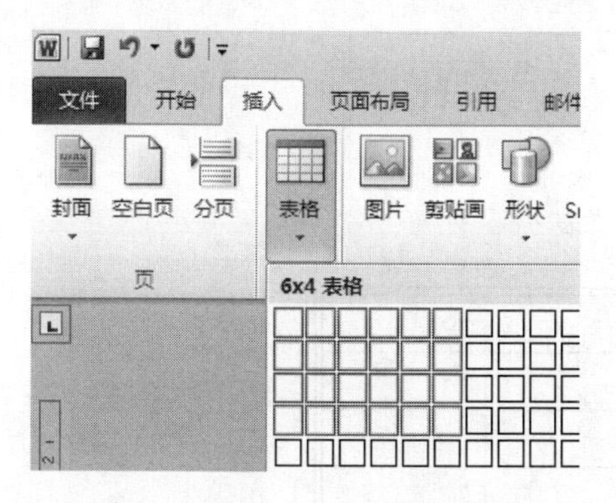

图 3.117　创建 6 列 4 行的表格

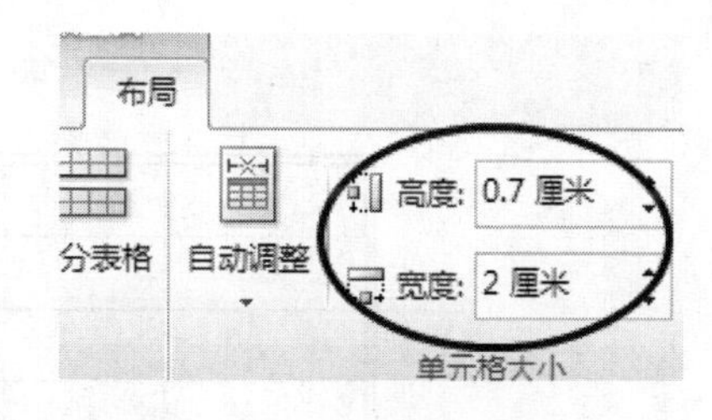

图 3.118　设置行高和列宽

2．设置表格框线

（1）选中整个表格，在鼠标右键菜单中选择“边框和底纹”命令，选择“自定义”，宽度为 1.5 磅，在预览中单击表格外围四根框线，看到外边框变粗为 1.5 磅，如图 3.119 所示。

（2）再次在“边框底纹”对话框中，将宽度设为“0.75 磅”，并在预览图中单击表格内“+”形状的内框线，则内框变为 0.75 磅，如图 3.120 所示。

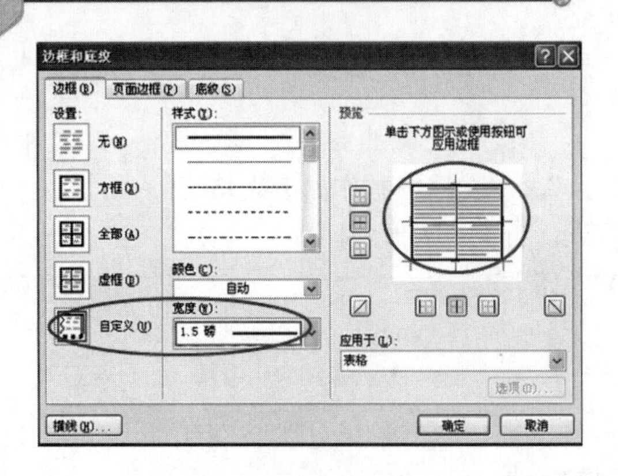

图 3.119　设置外边框 1.5 磅

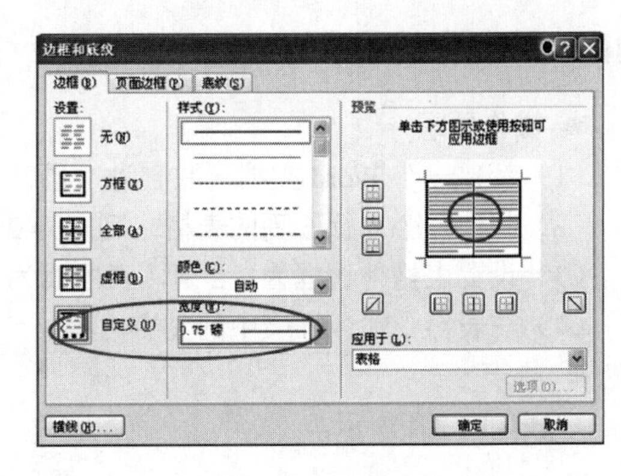

图 3.120　设置内框 0.75 磅

3．在表格内依次输入样表中的文字

拓展练习一　制作表格

● 操作要求

（1）新建一个 Word 文档，取名为“表格.docx”，在文档制作如下表格。

（2）制作一个 4 行 4 列的表格，表格列宽为 2.5 厘米、行高为 0.8 厘米。

（3）在第 1 行第 1 列单元格中添加一条红色 0.75 磅单实线对角线。

（4）将第 2、3 行的第 4 列单元格均匀拆分为两列、将第 4 行的第 2、3 列单元格合并。

（5）设置表格外框线为蓝色双窄线 $1\frac{1}{2}$磅、内框线为单实线 1 磅；给表格第 1 行添加黄色底纹。

● 样表

样表如表 3.5 所示。

表 3.5　样表

<table>
<tr><td></td><td></td><td></td><td colspan="2"></td></tr>
<tr><td></td><td></td><td></td><td></td><td></td></tr>
<tr><td></td><td></td><td></td><td></td><td></td></tr>
<tr><td></td><td colspan="2"></td><td colspan="2"></td></tr>
</table>

项目二　修饰课程表

● 操作要求

（1）设置表格居中，单元格（“星期一”、“星期二”、“星期三”、“星期四”、“星期五”）文字的字体设置成楷体_GB2312，字号设置成四号，加粗，单元格内容的文字方向更改为“纵向”，垂直对齐方式为“居中”。

（2）B3:F6 单元格对齐方式为“中部右对齐”，第二行单元格底纹为“白色，深色-25%”。

（3）设置表格外框线为蓝色双窄线 1.5 磅、内框线为单实线 1 磅，第二行上、下边框线为 1.5 磅蓝色单实线。

（4）设置表格所有单元格上、下边距各为 0.1 厘米，左、右边距均为 0.3 厘米。

● **原表**

原表如表 3.6 所示。

表 3.6 原表

	星期一	星期二	星期三	星期四	星期五
课程					
第 1 节	语文	数学	数学	语文	数学
第 2 节	体育	外语	外语	历史	外语
第 3 节	化学	语文	生物	外语	物理
第 4 节	数学	生物	语文	数学	语文

● **样表**

样表如表 3.7 所示。

表 3.7 样表

	星期一	星期二	星期三	星期四	星期五
课程					
第 1 节	语文	数学	数学	语文	数学
第 2 节	体育	外语	外语	历史	外语
第 3 节	化学	语文	生物	外语	物理
第 4 节	数学	生物	语文	数学	语文

● **操作步骤**

（1）设置表格居中，单击表格左上角的表格控制按钮，选择整个表格，单击居中。选择“星期一”至“星期五”单元格，将字体设置成楷体_GB2312，字号设置成四号，加粗，选择鼠标右键菜单命令“文字方向”，将文字改为竖排文字，居中，如图 3.121 所示。

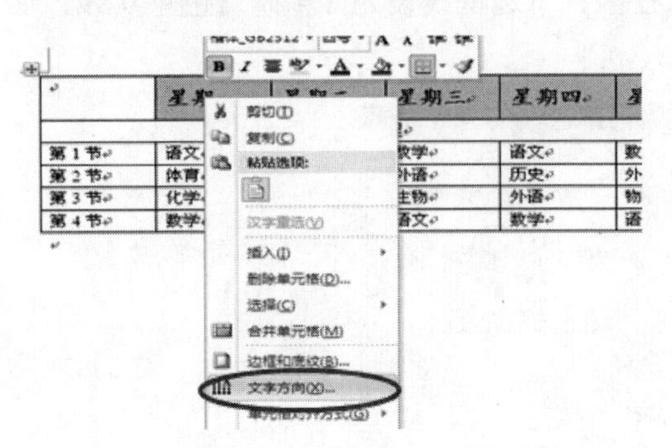

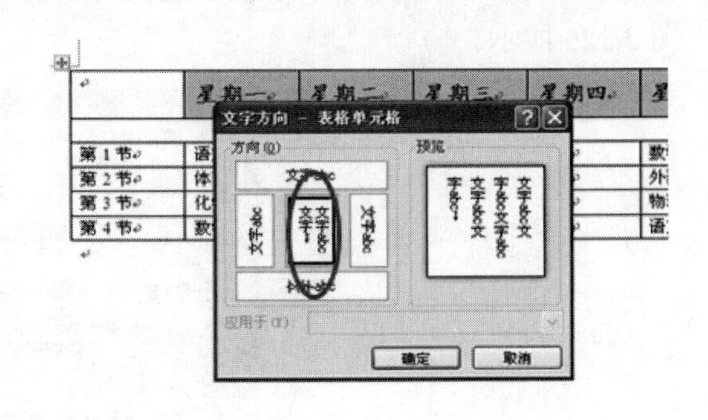

图 3.121 将文字方向改为“纵向”

（2）选择 B3:F6 单元格，将对齐方式设置为“中部右对齐”，如图 3.122 所示；选中第二行单元格，将底纹设置为“白色，深色-25%“，如图 3.123 所示。

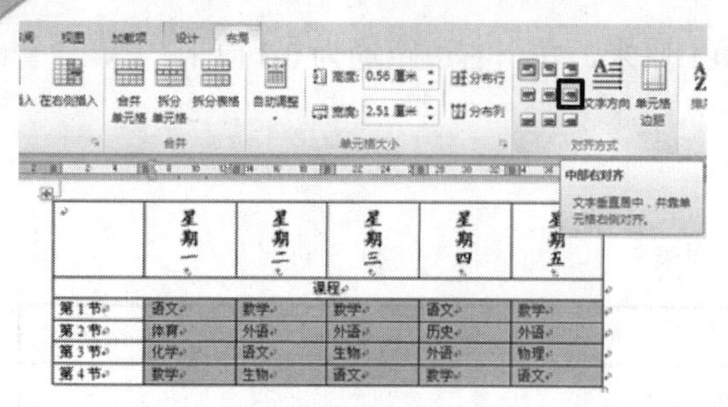

图 3.122　对齐方式为“中部右对齐”

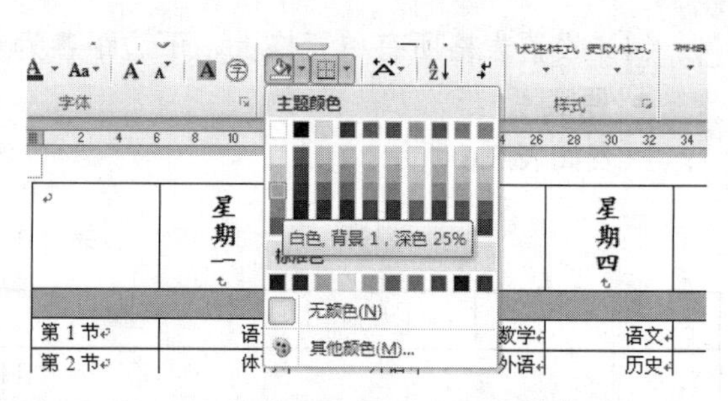

图 3.123　第二行背景底纹

（3）设置表格框线。

① 选中整个表格，在鼠标右键菜单中选择“边框和底纹”命令，单击“自定义”，选择样式为双窄线，颜色为蓝色，宽度为 1.5 磅，再在预览窗口中单击表格外框四根线，则将外框线设为蓝色双窄线 1.5 磅，如图 3.124 所示。

② 将线样式改为单实线，宽度为 1 磅，在预览窗口中单击表格内框线“+”，则看到如图 3.125 的效果，单击“确定”按钮。

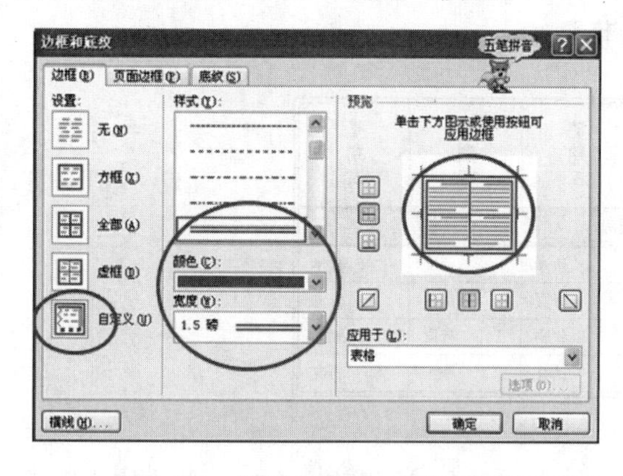

图 3.124　外框为蓝色 1.5 磅双窄线

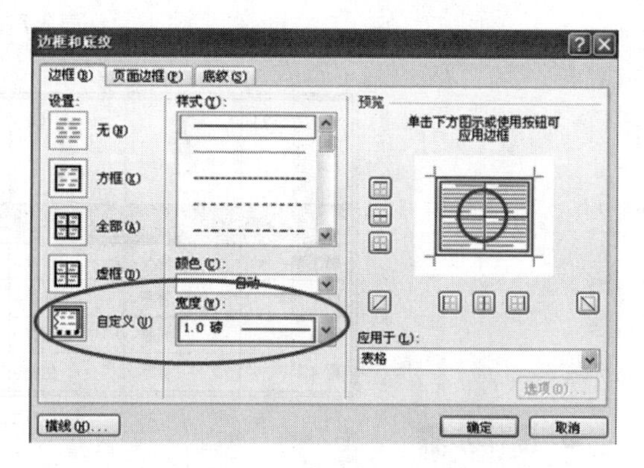

图 3.125　设置内框线为 1 磅单实线

③ 选择第二行，右键选择“边框和底纹”命令，将颜色设为蓝色，宽度为 1.5 磅，单击预览栏中上、下两根线，使之变为蓝色，将第二行上、下边框线设为 1.5 磅蓝色单实线，如图 3.126 所示。

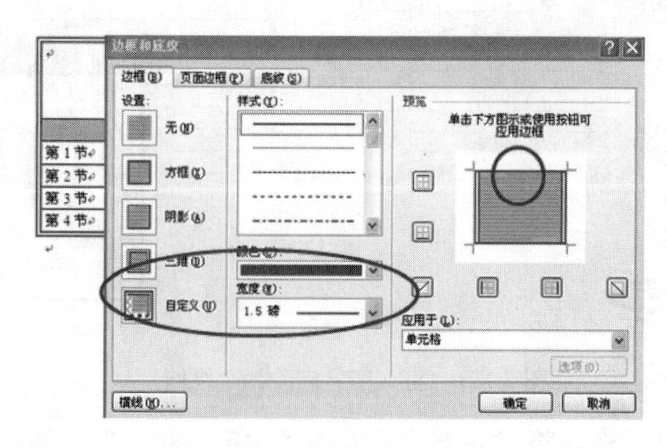

图 3.126　第二行上、下边框

（4）选中整张表格，单击表格工具栏中的布局工具栏，选择“表格属性”，单击“单元格”选项卡→“选项”按钮，在弹出的“单元格选项”对话框中设置单元格边距，如图 3.127 所示。

图 3.127　设置单元格边距

拓展练习二　修改表格

● **操作要求**

（1）将文中最后 11 行文字转换成一个 11 行 4 列的表格，设置表格居中。

（2）表格第 1 列列宽为 2 厘米，其余各列列宽为 3 厘米，表格行高为 0.6 厘米。

（3）设置表格中所有文字中部居中。

（4）设置表格外框线和第 1 行与第 2 行间的内框线为 1.5 磅红色单实线，其余内框线为 0.5 磅红色单实线。

（5）分别将表格第 1 列的第 2～4 行、第 5～7 行、第 8～11 行单元格合并；并将其中的单元格内容（“文科”、“理科”、“艺术类”）的文字方向更改为“垂直”。

● **原文**

2005 年北京市高考分数线一览表

科类	批次	分数线	与去年相比
文科	第一批	486 分	提高 12 分
	第二批	443 分	提高 8 分
	专科提前批次	337 分	提高 8 分
理科	第一批	470 分	降低 21 分
	第二批	414 分	降低 19 分
	专科提前批次	324 分	降低 9 分
艺术类	本科文科	213 分（不含数学）	提高 5 分
	专科文科	179 分（不含数学）	提高 4 分
	本科理科	248 分（含数学）	降低 12 分
	专科理科	194 分（含数学）	降低 12 分

● **样表**

样表如表 3.8 所示。

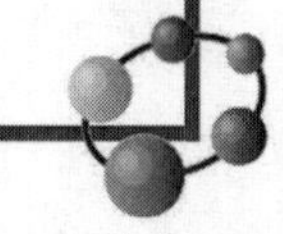

表 3.8　样表

2005 年北京市高考分数线一览表

科类	批次	分数线	与去年相比
文科	第一批	486 分	提高 12 分
	第二批	443 分	提高 8 分
	专科提前批次	337 分	提高 8 分
理科	第一批	470 分	降低 21 分
	第二批	414 分	降低 19 分
	专科提前批次	324 分	降低 9 分
艺术类	本科文科	213 分（不含数学）	提高 5 分
	专科文科	179 分（不含数学）	提高 4 分
	本科理科	248 分（含数学）	降低 12 分
	专科理科	194 分（含数学）	降低 12 分

项目三　计算实发工资

● **操作要求**

（1）设置工资表的各列宽为 2 厘米，行高为 0.67 厘米。

（2）对表格中的数据按基本工资降序。

（3）计算并填入实发工资=基本工资+奖金。

（4）将表格各单元格内容居中对齐，整个表格设为表格样式“列表型 8”。

● **原表**

原表如表 3.9 所示。

表 3.9　原表

代　　码	职　　称	基 本 工 资	奖　　金	实 发 工 资
A1	助教	132	320	
A2	副教授	134	160	
A3	助教	136	80	
A4	讲师	138	40	
A5	副教授	140	20	

● **样表**

样表如表 3.10 所示。

表 3.10　样表

代码	职称	基本工资	奖金	实发工资
A5	副教授	140	20	160
A4	讲师	138	40	178
A3	助教	136	80	216
A2	副教授	134	160	294
A1	助教	132	320	452

● **操作步骤**

（1）选中整个表格，在“布局”菜单的“单元格大小”面板中，将高度设为0.67厘米，宽度设为2厘米，如图3.128所示。

（2）选中表格，在“布局”菜单的“数据”面板中选择“排序”命令，如图3.129所示，并设置各排序选项，如图3.130所示。

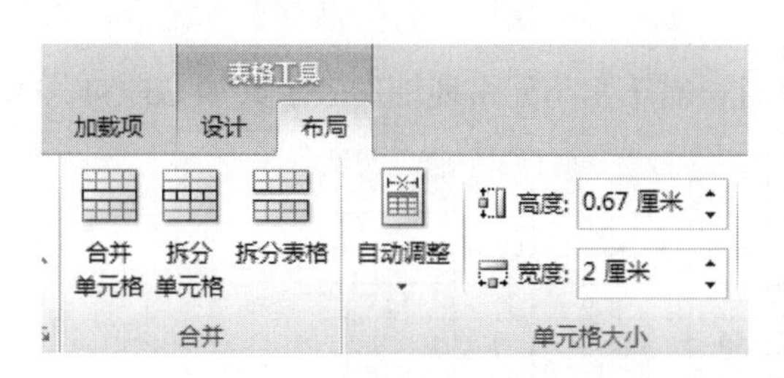

图3.128　高度、宽度

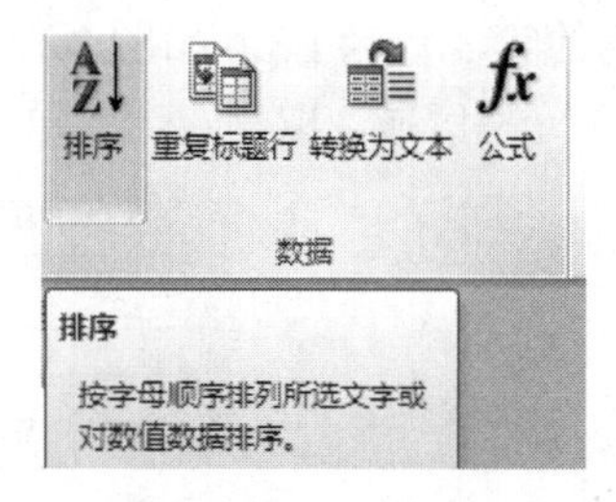

图3.129　排序命令

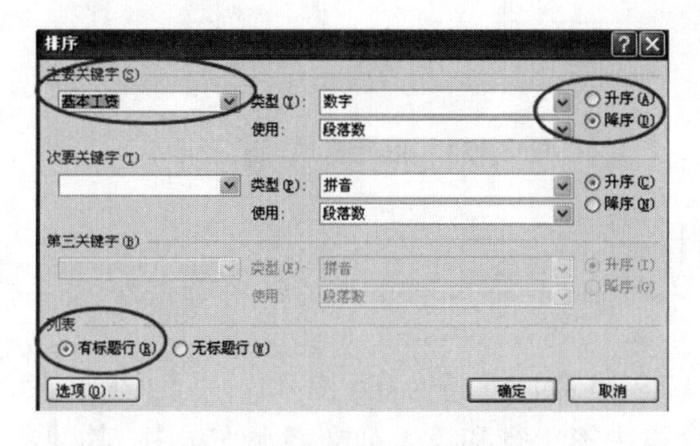

图3.130　按基本工资降序排序

（3）计算实发工资。

① 将光标放入第2行最后一个单元格中，即A1助教的实发工资处，选择“布局”菜单中的“f_x 公式”命令，输入计算公式（如图3.131所示），单击“确定”按钮。

② 将光标放入第3行最后一个单元格中，即A2副教授的实发工资处，选择“布局”菜单中的“f_x 公式”命令，输入计算公式“=c3+d3”，单击“确定”按钮。

③ 依次计算余下的实发工资，公式依次为“=c4+d4”、“=c5+d5”、“=c6+d6”。

（4）选择表格中的数据，设置居中对齐，选择“设计”菜单中的表格样式，选择“列表型8”，完成样式设置，如图3.132所示。

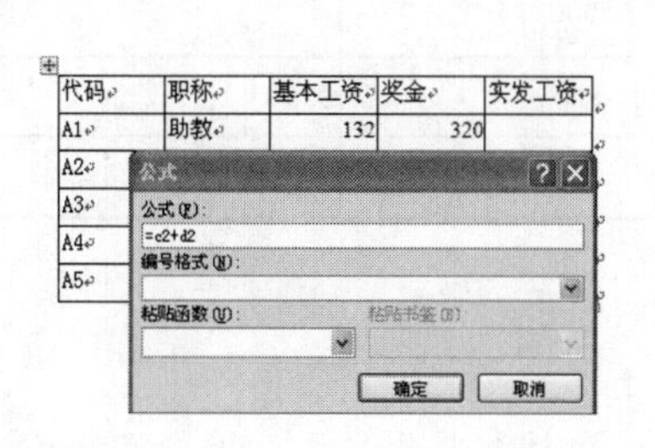

图3.131　计算A1助教的实发工资

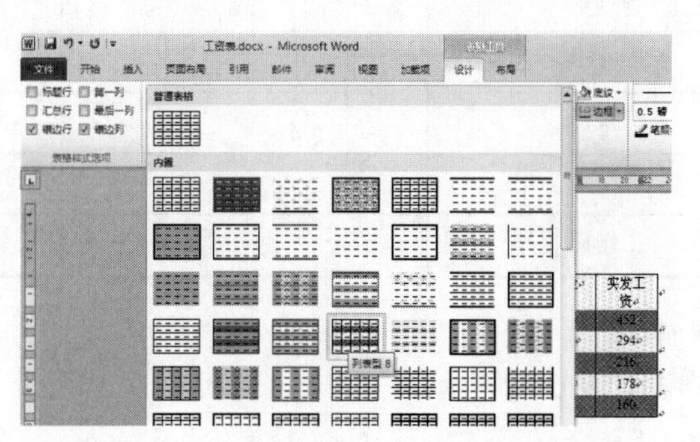

图3.132　设置表格样式为“列表型8”

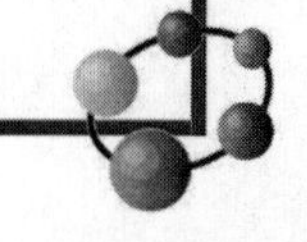

小知识 单元格地址

① 表格中每个格子称为“单元格”，每个单元格都有唯一的名称，即地址。

② 表格的每行以数字表示，称为“1 行，2 行，3 行，…”，每列以大写英文字母表示，称为“A 列，B 列，C 列，…”。

③ 每个单元格的地址为“列号＋行号”，如 A 列的第 2 行地址为 A2，B 列的第 1 行为 B1，E 列的第 3 行为 E3，如图 3.133 所示。

④ 单元格区域，取“左上角单元格地址：右下角单元格地址”表示，如 G1:G4、D7:F9。

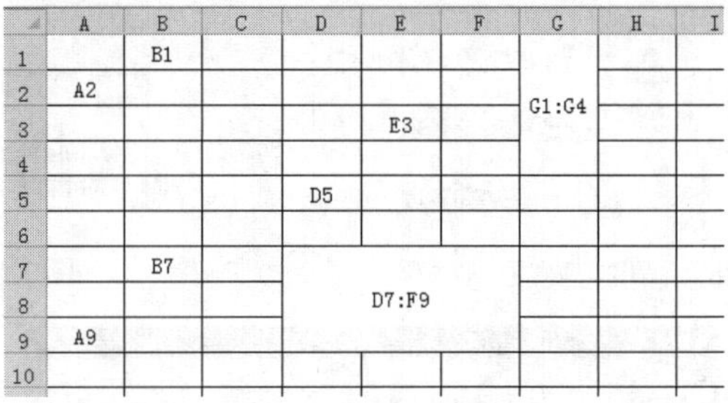

	A	B	C	D	E	F	G	H	I
1		B1							
2	A2						G1:G4		
3					E3				
4									
5				D5					
6									
7		B7							
8					D7:F9				
9	A9								
10									

图 3.133 单元格地址的表示

拓展练习三 计算合计

● **操作要求**

（1）设置表格列宽为 2.2 厘米、行高为 0.6 厘米。

（2）设置表格居中；表格中第 1 行和第 1 列文字水平居中，其他各行各列文字中部右对齐。

（3）设置表格单元格左、右边距均为 0.3 厘米。

（4）在“合计（元）”列的相应单元格中，按公式（合计=单价×数量）计算并填入左侧设备的合计金额，并按“合计（元）”列升序排列表格内容。

● **原表**

原表如表 3.11 所示。

表 3.11 计算机系研究生专业实验室设备配置表

名　称	数　量	单价（元）	合计（元）
微机	60	5600	
服务器	2	27000	
交换机	3	5000	
终端桌	60	310	
工作椅	60	45	

● **样表**

样表如表 3.12 所示。

表 3.12　计算机系研究生专业实验室设备配置表

名称	数量	单价（元）	合计（元）
服务器	2	27000	54000
交换机	3	5000	15000
微机	60	5600	336000
终端桌	60	310	18600
工作椅	60	45	2700

项目四　计算总分和平均分

● 操作要求

（1）将文档中的 5 行文字转换成一个 5 行 4 列的表格。

（2）在表格最后一列的右边插入一空列，输入列标题“总分”。

（3）在这一列下面的各单元格中计算其左边相应 3 个单元格中数据的总和。

（4）对表格第 1 行第 1 列单元格中的内容“考生号”添加“学号”下标。

（5）将表格设置为列宽 2.4 厘米，行高自动设置。

（6）在表格最后一行的下面插入一空行，并在“考生号”列输入“平均分”，在这一行的各单元格中计算出其上边相应 4 个单元格中数据的平均分。

（7）将表格内容按“总分”降序排序，平均分行不变。

● 原文

考生号	数学	外语	语文
12144091A	78	82	80
12144084B	82	87	80
12144087C	94	93	86
12144085D	90	89	91

● 样表

样表如表 3.13 所示。

表 3.13　样表

考生号$_{学号}$	数学	外语	语文	总分
12144087C	94	93	86	273
12144085D	90	89	91	270
12144084B	82	87	80	249
12144091A	78	82	80	240
平均分	86	87.75	84.25	258

● 操作步骤

（1）选中 5 行文字，选择“插入”菜单→“表格”→“将文本转换成表格”命令，确认表格尺寸为 5 行 4 列，单击“确定”按钮，如图 3.134 所示。

（2）增加一列，将鼠标放入表格最后一列的任一单元格中，选择“布局”菜单的“在右侧插入”命令，则在表格右侧增加一列，并输入列标题“总分”，如图 3.135 所示。

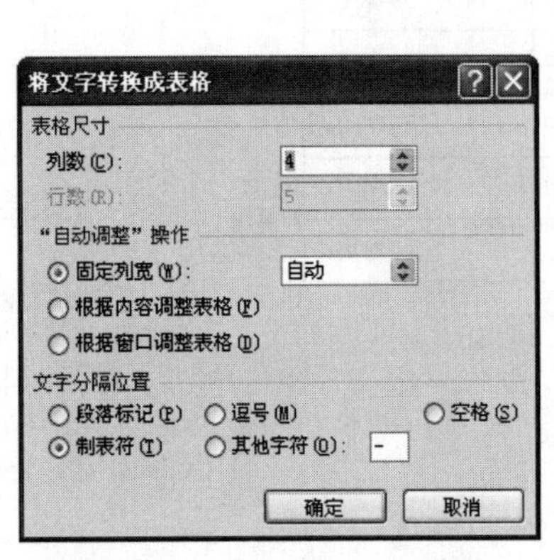

图 3.134　将文本转换成表格

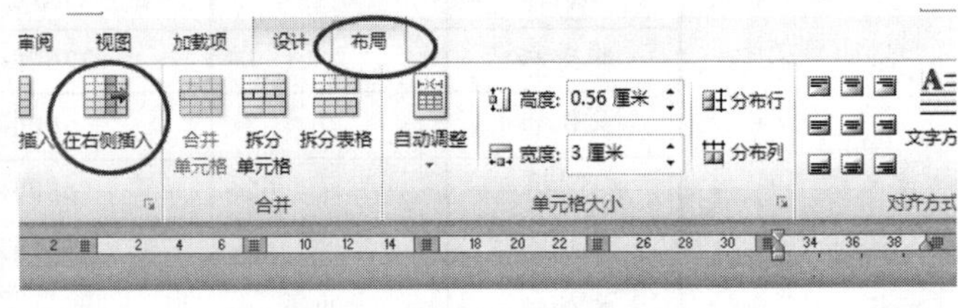

考生号	数学	外语	语文	总分
12144091A	78	82	80	
12144084B	82	87	80	
12144087C	94	93	86	
12144085D	90	89	91	

图 3.135　插入空列

（3）计算总分。

① 将鼠标放入第一个总分单元格，选择“布局”菜单的“公式”命令，确认其公式为“=SUM(LEFT)”，计算出该考生的总分，如图 3.136 所示。

图 3.136　公式

② 依次将鼠标放入计算总分的单元格中，输入相同的公式“=SUM（LEFT）”，依次计算出所有考生的总分，如图 3.137 所示。

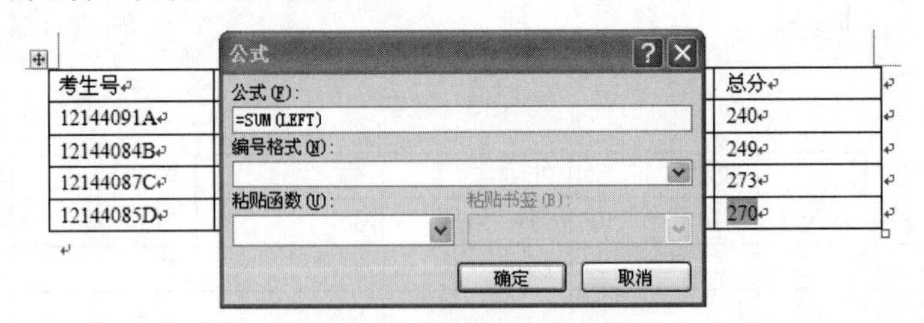

图 3.137　计算各考生的总分

（4）在第一个单元格“考生号”后输入文字“学号”，并选中该文字，选择“开始”菜单的“字体”面板中的“下标”按钮，将“学号”设为下标，如图 3.138 所示。

（5）选中表格，在“布局”菜单将列宽设为 2.4 厘米，行高不变。

（6）计算各科平均分。

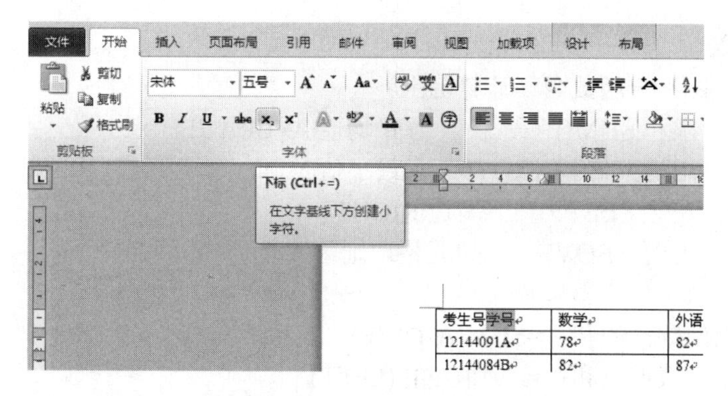

图 3.138　将“学号”设为下标

① 将鼠标放入表格最后一行，选择“布局”菜单中的“在下方插入”命令，为表格增加一行，并在该行第一个单元格中输入“平均分”，如图 3.139 所示。

② 将鼠标放入计算“数学”平均分的空白单元格中，选择“布局”菜单的“公式”命令，将求和函数名“SUM”删除，在“粘贴函数”下拉框中选择求平均值的函数“AVERAGE”，将多余的“()”删除，使公式变为“=AVERAGE(ABOVE)”，确定求出数学科的平均分，如图 3.140 所示。

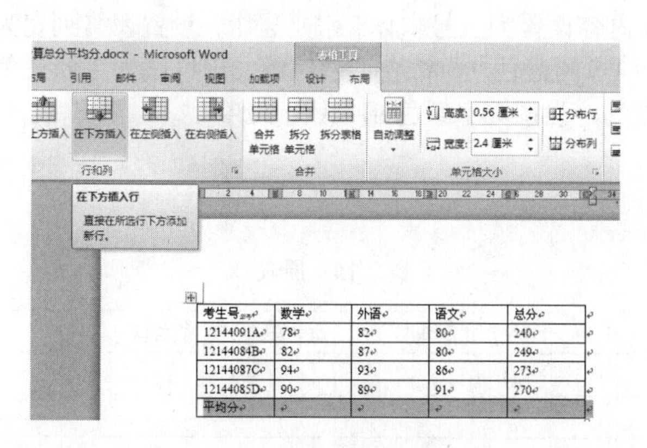

考生号学号	数学	外语	语文	总分
12144091A	78	82	80	240
12144084B	82	87	80	249
12144087C	94	93	86	273
12144085D	90	89	91	270
平均分				

图 3.139　在表格最后增加一行

③ 用同样的方法，将鼠标依次放入计算平均分的单元格中，用“公式”命令输入计算平均值的公式“=AVERAGE(ABOVE)”，依次算出每科的平均分。

（7）按总分降序排序，选中表格前五行（平均分行不选择），选择“布局”菜单中的“排序”命令，选择主要关键字为“总分”、“降序”，单击“确定”按钮，如图 3.141 所示。

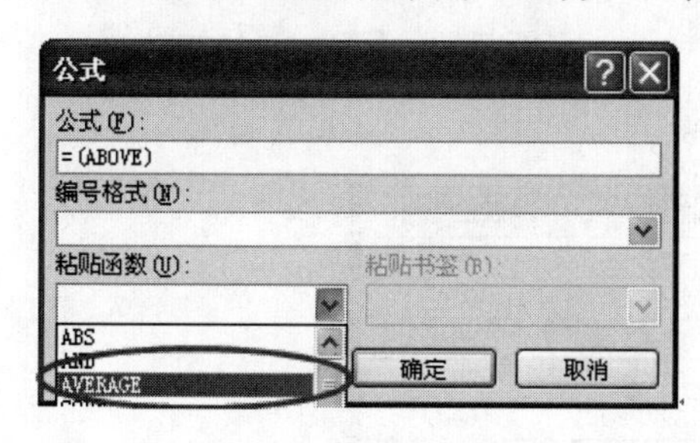

图 3.140　计算单元格上面数学的平均值

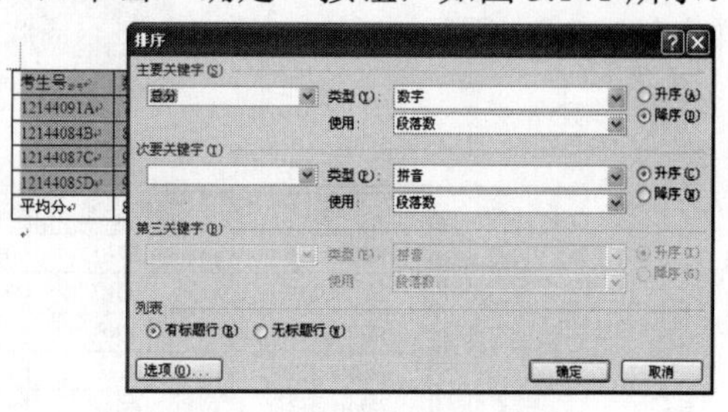

图 3.141　按总分降序排序

小知识 函数

① 函数计算格式：=函数名（计算范围）

② 常用函数：求和 SUM()　　求平均值 AVERAGE()
　　　　　　求最大值 MAX()　　求最小值 MIN()

③ 计算范围：左边 LEFT　　右边 RIGHT
　　　　　　上面 ABOVE　　单元格地址区域

④ 例：

计算单元格上面数据的和：=SUM(ABOVE)

计算单元格左边数据的和：=AVERAGE(LEFT)

计算单元格上面数据的最大值：=MAX(ABOVE)

拓展练习四　求平均分

● 操作要求

（1）在表格最后一行的“学号”列中输入“平均分”；并在最后一行相应单元格内填入该门课的平均分。

（2）将表中的第 2～6 行按照学号的升序排序。

（3）表格中的所有内容设置为五号宋体、水平居中；设置表格列宽为 3 厘米、表格居中。

（4）设置外框线为 1.5 磅蓝色（标准色）双窄线、内框线为 1 磅蓝色（标准色）单实线、表格第 1 行底纹为“橙色，强调文字颜色 6，淡色 60%”。

● 原表

原表如表 3.14 所示。

表 3.14　原表

学号	微机原理	计算机体系结构	数据库原理
99050219	80	89	82
99050215	57	73	62
99050222	91	62	86
99050232	66	82	69
99050220	78	85	86

● 样表

样表如表 3.15 所示。

表 3.15　样表

学号	微机原理	计算机体系结构	数据库原理
99050215	57	73	62
99050219	80	89	82
99050220	78	85	86
99050222	91	62	86
99050232	66	82	69
平均分	74.4	78.2	77

第四章 Excel 2010电子表格

MS Excel 是 MS Office 的重要组成部分，用它可以更好地分析、管理和共享电子数据信息，帮助用户做出更好、更明智的决策，使用 Excel 还能高效、灵活地生成各种常用表格。

第一节 认识 Excel 2010

● 学习目标

（1）掌握 Excel 2010 的启动及退出。

（2）了解 Excel 2010 的窗口组成。

（3）掌握 Excel 2010 的文件保存。

● 启动、退出 Excel 2010

【启动 Excel 2010 操作】

（1）单击“开始”按钮，在“开始”菜单中选择“程序”→“Microsoft Office”→“Microsoft Office Excel 2010”命令，即可启动 Excel 2010，操作如图 4.1 所示。

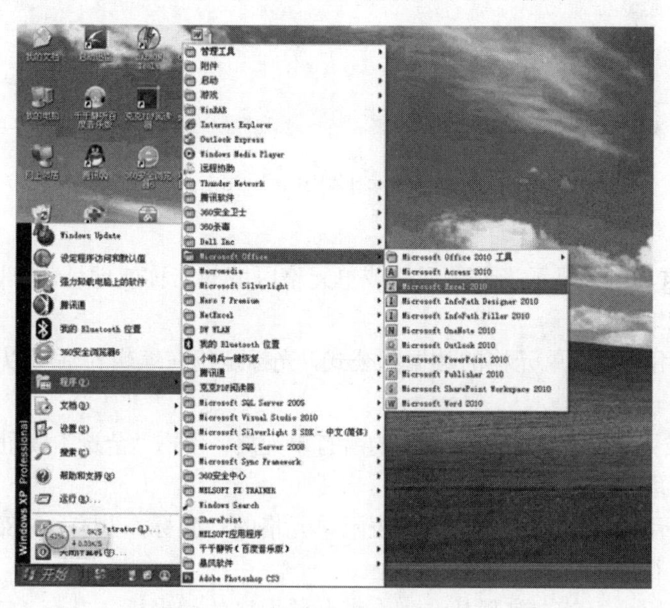

图 4.1 启动

（2）如果桌面上创建了 Excel 2010 快捷方式图标，双击该图标可启动 Excel 2010；

（3）双击已有的“Excel 2010 文档”，也可以启动 Excel 2010 应用程序。

【退出 Excel 2010 操作】

（1）单击窗口右上角的“关闭”按钮☒。

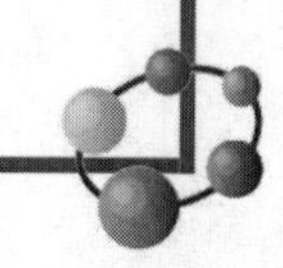

（2）选择“Office 按钮”中的“关闭”命令。

（3）鼠标右击“标题栏”，在快捷菜单中选择“关闭”命令。

（4）单击“文件”菜单，选择“关闭”命令或“退出” 退出 命令，都可以退出 Excel 2010。

● **Excel 2010 窗口**

启动 Excel 2010 后，可以看到的 Excel 2010 窗口如图 4.2 所示。与以往的 Excel 版本相比较，Excel 2010 的功能区分别为开始、插入、页面布局、公式、数据、审阅、视图、加载项等菜单。

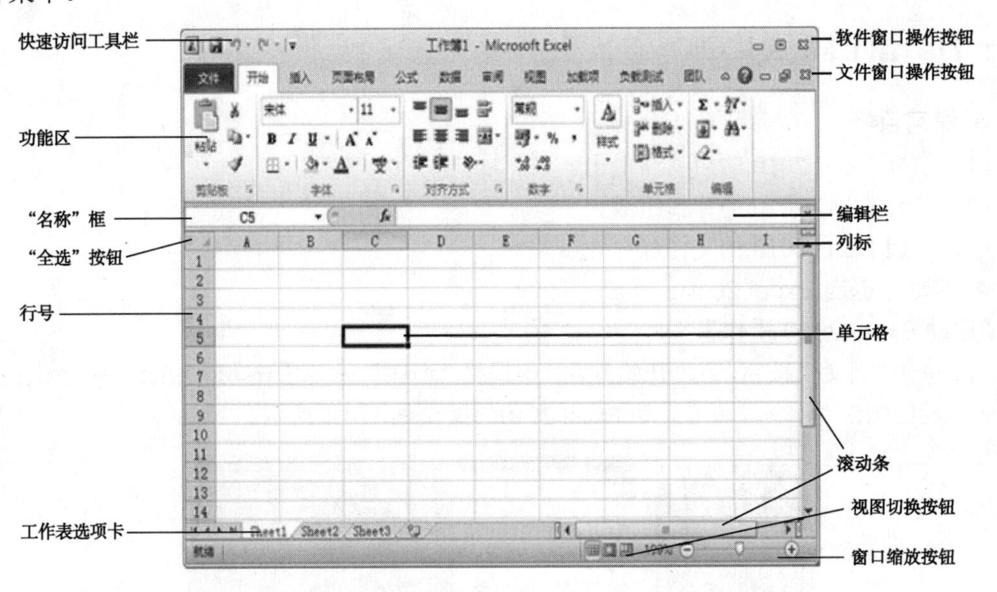

图 4.2　Excel 2010 窗口元素

【窗口元素】

（1）“名称”框，用于显示当前单元格或单元格区域的名称或地址，可以在“名称”框中输入单元格名称或地址。

（2）编辑栏，用于编辑单元格的数据和公式，光标定位在编辑栏后可以从键盘输入文字、数字和公式。

（3）“全选”按钮，用于选中工作表中的所有单元格，单击“全选”按钮可选中整个表格，在任意位置单击可取消全选。

（4）行号，是用阿拉伯数字从上到下表示单元格的行坐标，共有 1048576 行。在行号上单击，可以选中整行。

（5）列标，是用大写英文字母从左到右表示单元格的列坐标，共有 16384 列。在列标上单击，可以选中整列。

（6）单元格，是 Excel 中存放数据的最小单位，由行号和列标来唯一确定。单击可以选中单元格。

（7）工作表选项卡，用于不同工作表之间的显示切换，由工作表标签和工作表区域构成。单击工作表标签可以切换工作表。

（8）功能区，存放各种操作命令按钮，单击命令按钮可完成相应操作。

小知识

（1）单个单元格名称的命名：单个单元格可由它的列号及行号组成它的名字。

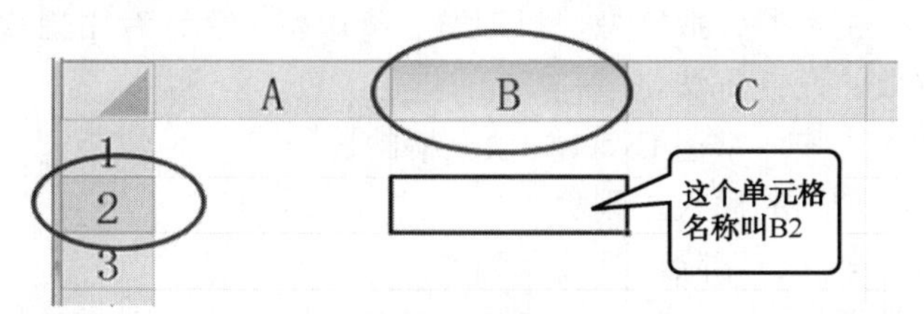

（2）单元格区域名称的命名：单元格区域是由第 1 个单元格和最后 1 个单元格名称组合来命名，两个单元格名称之间用冒号隔开。注意冒号要采用英文标点。

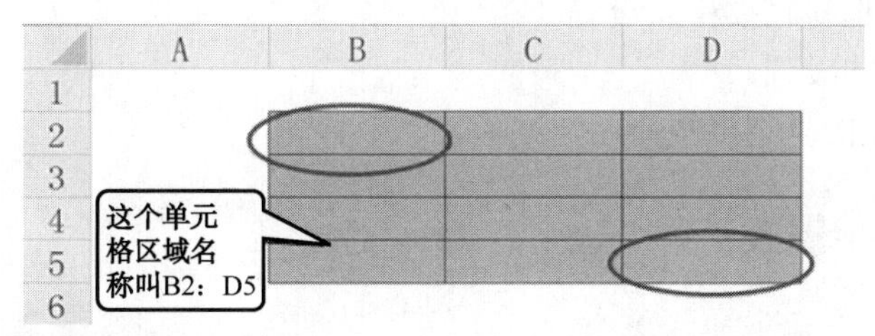

● Excel 2010 文件保存

工作簿文件创建编辑完成之后，必须进行保存。保存工作簿的方法是单击快速访问工具栏中的“保存”按钮，或选择“文件”→“保存”命令。

如果是第一次保存，屏幕上会弹出一个“另存为”对话框，如图 4.3 所示。

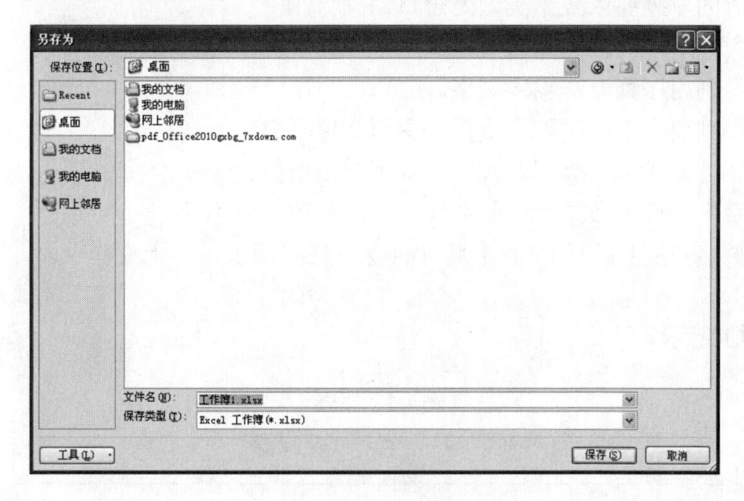

图 4.3 “另存为”对话框

在“保存位置”中选择文档所要放的磁盘位置；在“文件名”框中输入要保存的文件名，如“员工信息表”；在“保存类型”中选择文档所要保存的类型，系统默认的保存类型为“Excel 工作簿”类型。单击“保存”按钮，即完成文件的保存。

提示：如果对文档已进行过保存操作，则在单击“保存”按钮时，系统会直接保存，不会弹出“另存为”对话框。如果要将当前文档保存为其他名字或保存在其他位置，则可以使用“文件”菜单下的“另存为”命令进行保存操作。

第二节　建立数据表

● 学习目标

（1）掌握常规型、文本型、数字型、日期型、货币型、会计专用型数据的输入方法。

（2）掌握小数位数的设置方法。

（3）掌握序列输入方法，掌握 Excel 中填充柄的运用。

（4）掌握表格中行与列的插入、删除。

（5）掌握单元格的合并、删除，行高，列宽。

（6）掌握单元格数据的复制、移动、查找、清除。

（7）掌握数据的字体格式设置。

（8）掌握表格边框与底纹格式设置。

（9）掌握条件格式设置。

（10）掌握工作表的复制、重命名、删除。

项目一　制作快递单据表

● 操作要求

（1）在 Excel 的 Sheet1 工作表的空白处输入如样表所示的数据。

（2）“序号”列要求数据类型是常规，用序列方法输入数字。

（3）“快件单号”列要求数据类型是文本。

（4）“接单时间”列要求数据类型是短日期。

（5）“起点”列用序列方法输入文字。

（6）“终点”列用序列方法输入文字。

（7）“单价”列要求数据类型是货币，保留 2 位小数。

（8）“重量”列要求数据类型是数字，保留 2 位小数。

（9）“总运费”列要求数据类型是会计专用，保留 1 位小数。

（10）以“姓名+项目 1”为文件名将文件保存在桌面上，并上交作业。

● 原表

原表如表 4.1 所示。

表 4.1　原表

	A	B	C	D	E	F	G	H
1	序号	快件单号	接单时间	起点	终点	单价	重量	总运费
2								
3								
4								
5								
6								
7								
8								
9								

● 样表

样表如表 4.2 所示。

表 4.2　样表

	A	B	C	D	E	F	G	H
1	序号	快件单号	接单时间	起点	终点	单价	重量	总运费
2	1	2013111210326	2013/11/12	广州	清远	¥7.00	5.30	¥ 37.1
3	2	2013111310147	2013/11/13	广州	清远	¥7.00	21.00	¥ 147.0
4	3	2013111210569	2013/11/12	杭州	清远	¥8.00	26.15	¥ 209.2
5	4	2013111212345	2013/11/12	杭州	清远	¥8.00	25.60	¥ 204.8
6	5	2013111312698	2013/11/13	杭州	清远	¥8.00	48.40	¥ 387.2
7	6	2013111211267	2013/11/12	上海	清远	¥10.00	12.50	¥ 125.0
8	7	2013111315697	2013/11/13	上海	清远	¥10.00	16.30	¥ 163.0
9	8	2013111411262	2013/11/14	上海	清远	¥10.00	25.26	¥ 252.6

常规类型　文本类型　日期类型　常规类型　货币类型　数字类型　会计专用

● 操作步骤

1. 输入“序号”列内容

（1）选择输入法，在“序号”列中输入：1、2（操作如图 4.4 所示）。

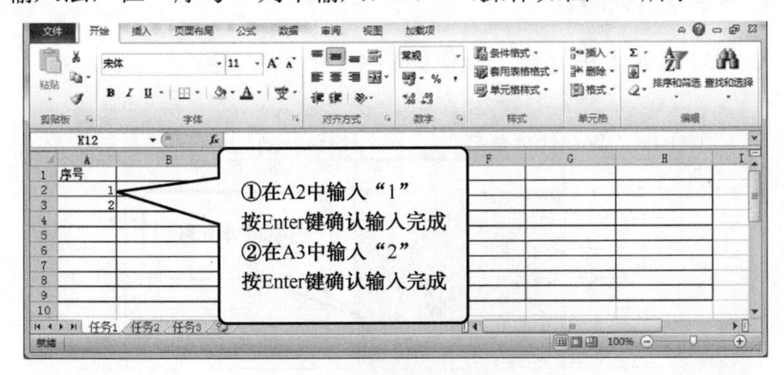

图 4.4　输入

（2）用鼠标选中 A2 和 A3 两个单元格（操作如图 4.5 所示）。

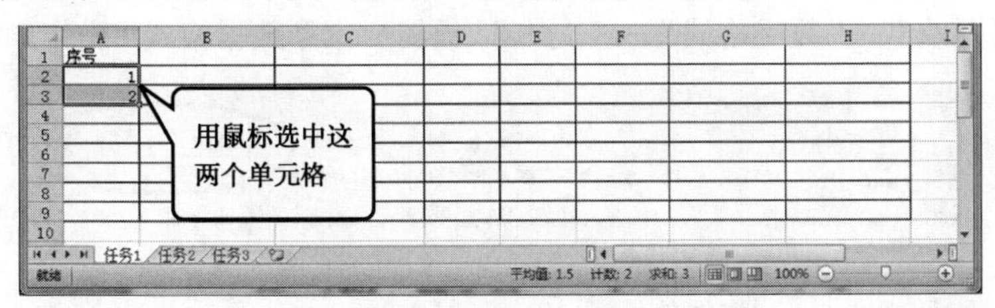

图 4.5　选中单元格

（3）把鼠标指针放在选中区的右下角（填充柄）处，鼠标指针呈现黑色小十字（操作如图 4.6 所示）。

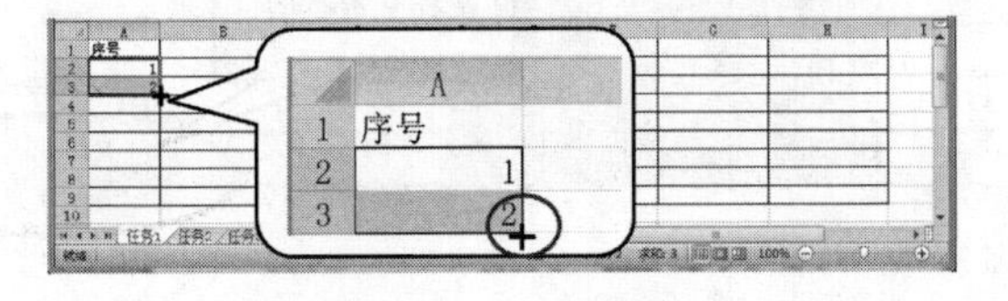

图 4.6　选中填充柄

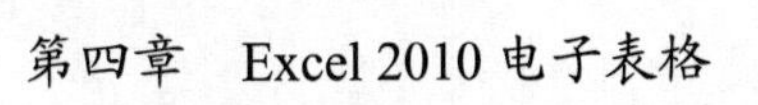

（4）当鼠标指针呈现黑十字后，按住鼠标左键向下拖动鼠标，实现填充序列（操作如图 4.7 所示）。

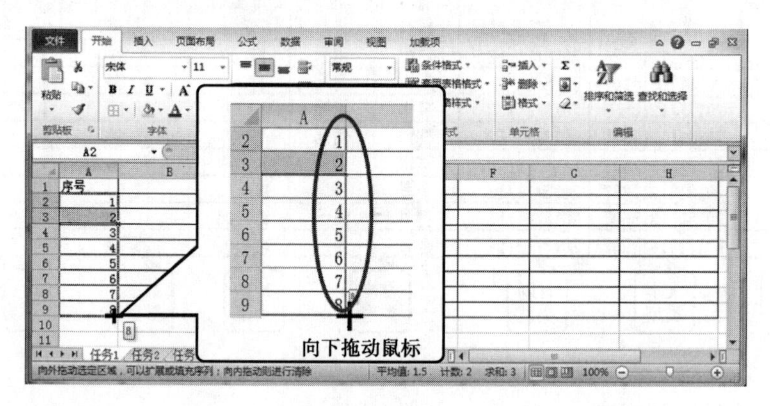

图 4.7　拖动填充柄

2．输入“快件单号”列内容

（1）全选 B2～B9 这 8 个单元格（操作如图 4.8 所示）。

	A	B	C	
1	序号	快件单号	接单时间	起点
2	1			
3	2			
4	3			
5	4			
6	5			
7	6			
8	7			
9	8			

选中8个单元格

图 4.8　选中

（2）单击“开始”→“数字格式”→“文本”，设置文本型数据格式（操作如图 4.9 所示）。

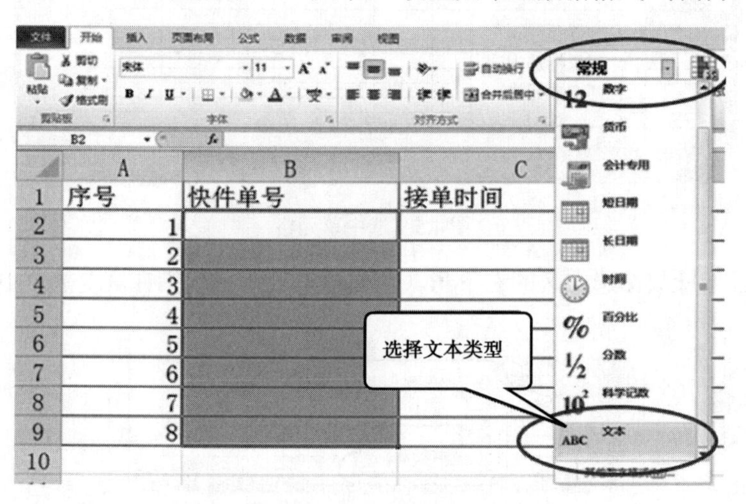

图 4.9　选择类型

（3）在 B2～B10 单元格内输入如图 4.10 所示的文字（操作如图 4.10 所示）。

	A	B	C
1	序号	快件单号	间
2	1	201311120326	
3	2	201311120147	
4	3	201311120569	
5	4	201311120345	
6	5	201311120698	
7	6	201311120326	
8	7	201311120267	
9	8	201311120262	
10			

图 4.10　输入

3．输入“接单时间”列内容

（1）选中 C2～C9 这 8 个单元格，设置日期类型（如图 4.11 所示），并输入如图 4.12 所示的文字。

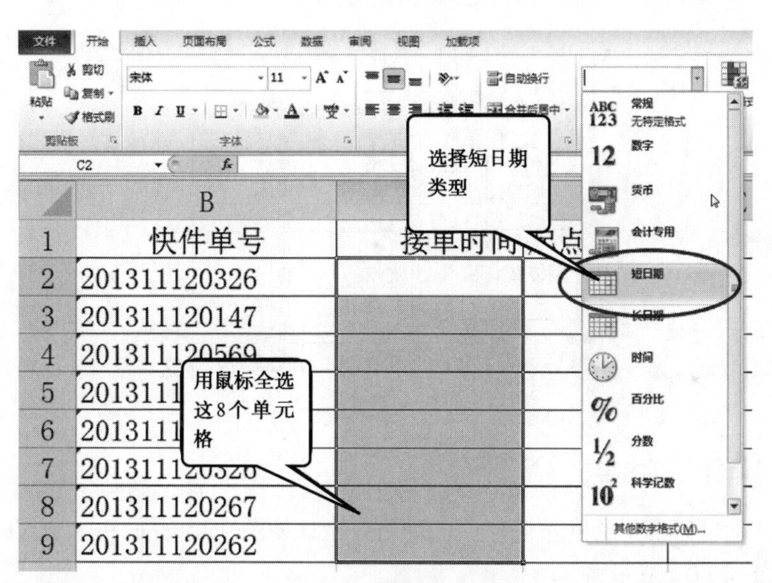

图 4.11　设置日期类型

	A	B	C
1	序号	快件	接单时间
2	1	20131112	2013/11/12
3	2	20131112	2013/11/13
4	3	201311120569	2013/11/12
5	4	201311120345	2013/11/12
6	5	201311120698	2013/11/13
7	6	201311120326	2013/11/12
8	7	201311120267	2013/11/13
9	8	201311120262	2013/11/14

图 4.12　输入日期

4．输入“起点”列和“终点”列内容

（1）全选 D2～E9 这 16 个单元格，设置常规类型（如图 4.13 所示），并输入如图 4.14

所示的文字。

图 4.13　设置常规类型

	C	D	E
1	接单时间	起点	终点
2	2013/11/12	广州	清远
3	2013/11/13	广州	清远
4	2013/11/12	杭州	清远
5	[illegible]	杭州	清远
6	[illegible]3	杭州	清远
7	[illegible]2	上海	清远
8	2013/11/13	上海	清远
9	2013/11/14	上海	清远

可采用拖填充柄方法，输入文字

图 4.14　输入文字

5．输入“单价”列内容

（1）全选 F2～F9 这 8 个单元格，设置货币类型（如图 4.15 所示），输入如图 4.16 所示的数字，并保留 2 位小数。

图 4.15　设置货币类型

	D	E	F
1	起点	终点	单价
2	广州	清远	¥7.00
3	广州	清	¥7.00
4	杭州	清	¥8.00
5	杭州	清远	¥8.00
6	杭州	清远	¥8.00
7	上海	清远	¥10.00
8	上海	清远	¥10.00
9	上海	清远	¥10.00

图 4.16　输入数字

6．输入“重量”列内容

（1）选中 G2～G9 这 8 个单元格，设置数字类型（如图 4.17 所示），并输入如图 4.18 所示的数字，并保留 2 位小数。

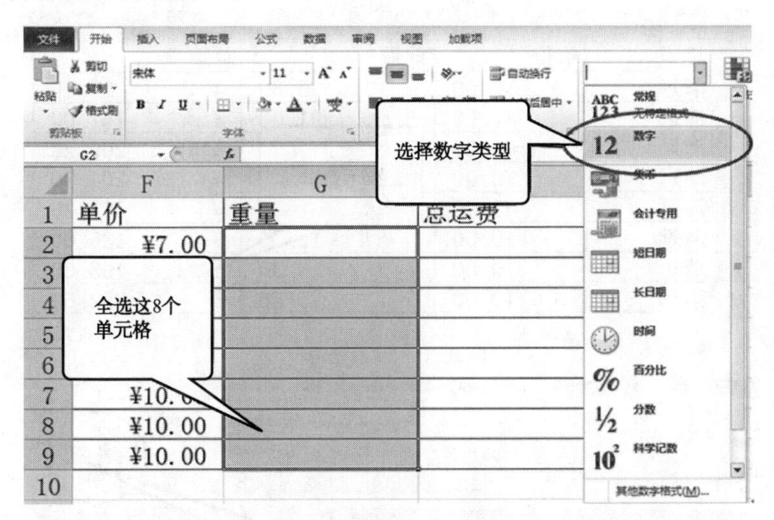

图 4.17　设置数字类型

	F	G	H
1	单价	重量	总运费
2	¥7.00	5.30	
3	¥7.00	21.00	
4		26.15	
5		25.60	
6		48.40	
7	¥10.00	12.50	
8	¥10.00	16.30	
9	¥10.00	25.26	

图 4.18　输入数字

7．输入“总运费”列内容

（1）全选 H2～H9 这 8 个单元格，设置会计专用类型（如图 4.19 所示），并输入如图 4.20 所示的数字，保留 1 位小数（如图 4.21 所示）。

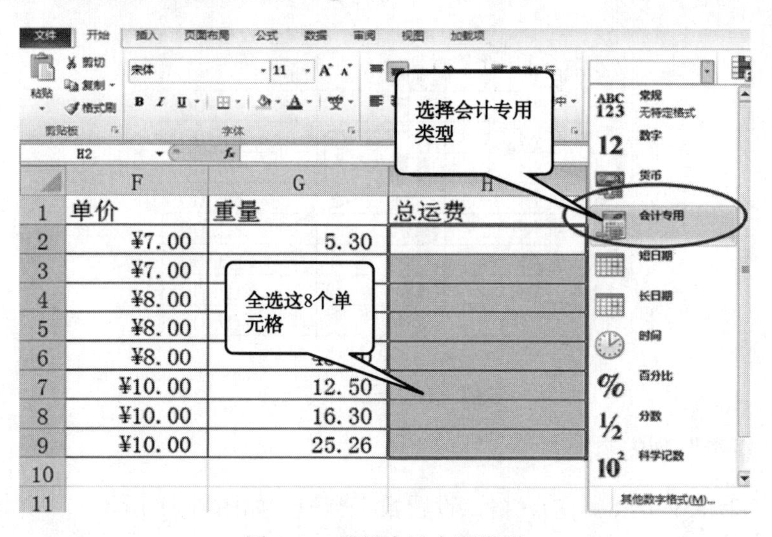

图 4.19　设置会计专用类型

	E	F	G	H
1	终点	单价	重量	总运费
2	清远	¥7.00	5.30	¥ 37.10
3	清远	¥7.00	21.00	¥ 147.00
4	清远	¥8.00	[illegible]	¥ 209.20
5	清远	¥8.00	[illegible]	¥ 204.80
6	清远	¥8.00	[illegible]	¥ 387.20
7	清远	¥10.00	[illegible]	¥ 125.00
8	清远	¥10.00	16.30	¥ 163.00
9	清远	¥10.00	25.26	¥ 252.60

输入数字

图 4.20　输入数字

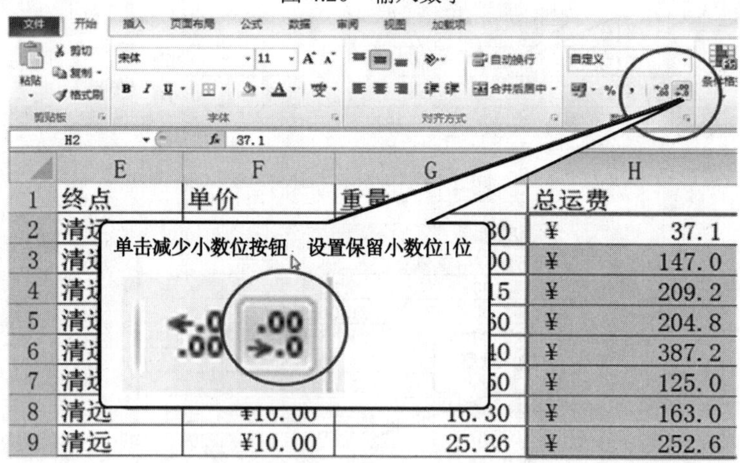

图 4.21　设置小数位数

拓展练习一　制作成绩单

● 操作要求

（1）在 Excel 的 Sheet2 工作表的空白处输入如表 4.3 所示的数据。

（2）以“姓名+项目 1 扩展练习”为文件名保存文件在桌面上，并上交作业。

● **样表**

样表如表 4.3 所示。

表 4.3 样表

科目：	计算机应用基础成绩单						
班级：	计算机2001(8)班				制表日期：	2013-4-8	
教师：					制表时间：	10:30:30am	
			10%	20%	30%	40%	100%
学号	姓名	身份证号码	平时1	平时2	平时3	考试	总评
05801	吴小华	440101198701081611	75	65	80	70	72.50
05802	关伟	430503198607061522	77	82	82	85	82.70
05803	谭卫东	440211198711211863	78	60	60	62	62.60
05804	潘簿和	440309198712210334	65	76	82	80	78.30
05805	胡小茹	430101198809090245	74	66	81	80	76.90
		平均分	73.80	69.80	77.00	75.40	

项目二 编辑快递单据表

● **操作要求**

将 Excel 的 Sheet1 中的数据表编辑成如表 4.5 所示的数据表。

（1）删除表格左边的空白列（删除 A 列）。

（2）在表格前插入一行，在 A1 单元格中输入“11 月单据表”，合并 A1:H1，文字居中。

（3）将 Sheet5 中的数据复制到 Sheet1 数据表的后面。

（4）删除数据表右边的数据（删除 K2:L3 的单元格）。

（5）查找快递单号“201311120263”，并清除其内容。

（6）将“起点”列与“终点”列的内容互换位置。

（7）表格所有行高为 20，第 2、3 列列宽为 15。

（8）表格标题格式设置：黑体，字号 28，加粗，加下划线，字颜色为紫色（标准），文字水平居中、垂直居中对齐（文字中部居中）。

（9）表格第 1 行格式设置：楷体，字号为 16，字颜色为红色（自定义红 230，绿 0，蓝 0），倾斜，底纹“橙色，文字颜色 6，淡色 40%”（主题），文字中部居中。

（10）为 A2:H17 区域添加套用表格格式“表样式深色 3”。

（11）为 A2:H17 区域加上绿色双窄线外边框，绿色单实线内边框。为表格标题添加单元格底纹黄色（标准），底纹图案样式为 6.25%灰色，底纹图案颜色为红色。

（12）在 H3:H17 区域用条件格式将小于 200 的数据设置为黄色字体。

（13）复制 Sheet1 工作表，并将复制后的工作表名改为“11 月备份”，删除工作表 Sheet6。

（14）以“姓名+项目 2”为文件名保存文件在桌面上，并上交作业。

● **原表**

原表如表 4.4 所示。

表 4.4　原表

序号	快件单号	接单时间	起点	终点	单价	重量	总运费		重量	价格
1	201311120326	2013/11/12	广州	清远	¥7.00	5.30	¥37.10		1公斤	¥ 2.00
2	201311120147	2013/11/13	广州	清远	¥7.00	21.00	¥147.00			
3	201311120569	2013/11/12	杭州	清远	¥8.00	26.15	¥209.20			
4	201311120345	2013/11/12	杭州	清远	¥8.00	25.60	¥204.80			
5	201311120698	2013/11/13	杭州	清远	¥8.00	48.40	¥387.20			
6	201311120326	2013/11/12	上海	清远	¥10.00	12.50	¥125.00			
7	201311120267	2013/11/13	上海	清远	¥10.00	16.30	¥163.00			
8	201311120262	2013/11/14	上海	清远	¥10.00	25.26	¥252.60			

● **样表**

样表如表 4.5 所示。

表 4.5　样表

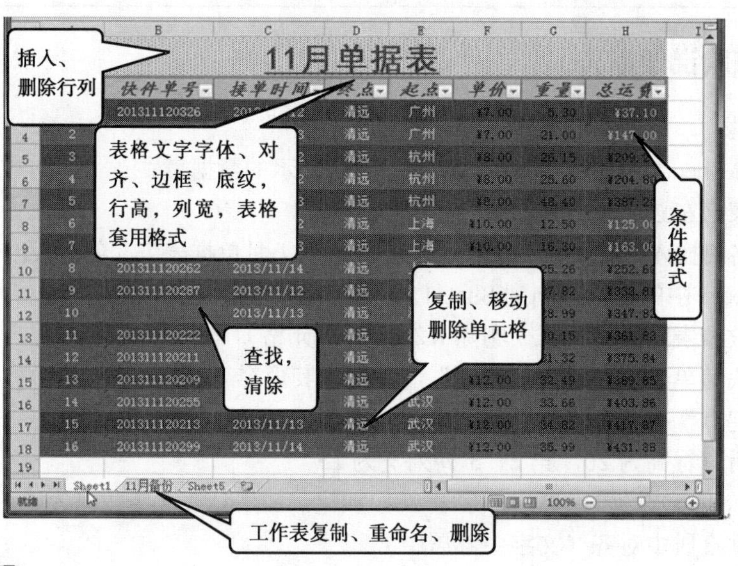

● **操作步骤**

1．删除列

（1）单击 A 列列号，选中 A 列（操作如图 4.22 所示）。

（2）单击“开始”→“删除”→“删除工作表列”，将 A 列删除（操作如图 4.23 所示）。

2．添加表标题

（1）单击第 1 行的行号，选中第 1 行（操作如图 4.24 所示）。

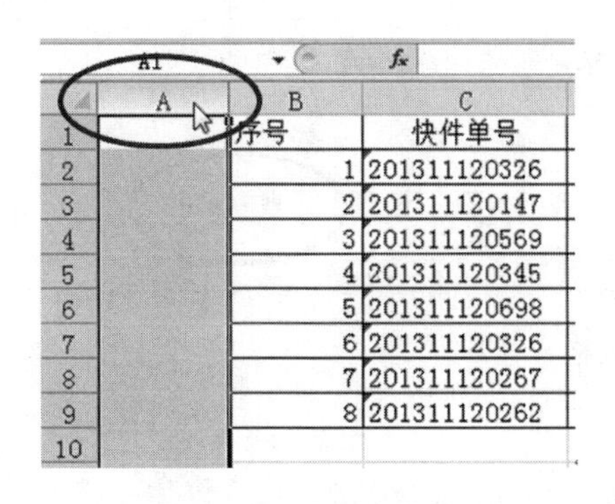

	A	B	C
1		序号	快件单号
2		1	201311120326
3		2	201311120147
4		3	201311120569
5		4	201311120345
6		5	201311120698
7		6	201311120326
8		7	201311120267
9		8	201311120262
10			

图 4.22　选中 A 列

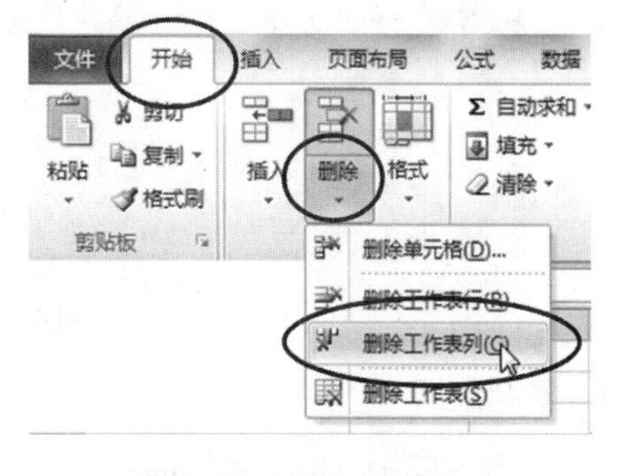

图 4.23　删除 A 列

	A	B	C	D	E	F	G	H
1	序号	快件单号	接单时间	起点	终点	单价	重量	总运费
2	1	201311120326	2013/11/12	广州	清远	¥7.00	5.30	¥37.10
3	2	201311120147	2013/11/13	广州	清远	¥7.00	21.00	¥147.00
4	3	201311120569	2013/11/12	杭州	清远	¥8.00	26.15	¥209.20
5	4	201311120345	2013/11/12	杭州	清远	¥8.00	25.60	¥204.80
6	5	201311120698	2013/11/13	杭州	清远	¥8.00	48.40	¥387.20
7	6	201311120326	2013/11/12	上海	清远	¥10.00	12.50	¥125.00

图 4.24　选中第 1 行

（2）单击“开始”→“插入”→“插入工作表行”（操作如图 4.25 所示）。

（3）输入文字（操作如图 4.26 所示）

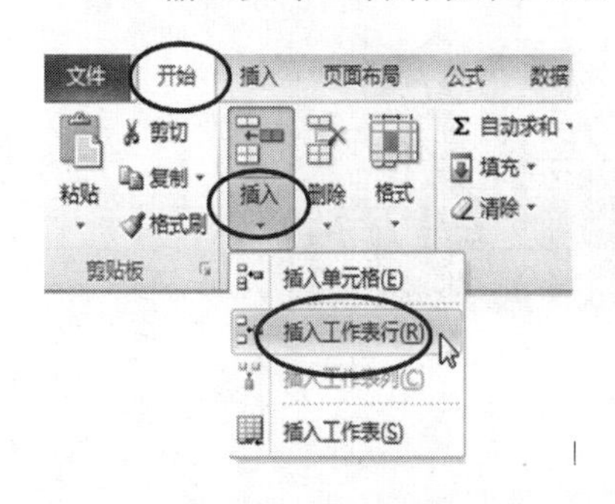

图 4.25　插入行

	A	B	C	D
1	11月单据表			
2	序号	快件单号	接单时间	起点
3		26	2013/11/12	广州
4		47	2013/11/13	广州
5		69	2013/11/12	杭州
6	4	201311120345	2013/11/12	杭州

输入文字“11月单据表”

图 4.26　输入文字

（4）选中 A1～H1 这 8 个单元格（操作如图 4.27 所示）。

	A	B	C	D	E	F	G	H
1	11月单据表							
2	序号	快件单号	接单时间	起点	终点	单价	重量	总运费
3	1	201311120326	2013/11/12	广州	清远	¥7.00	5.30	¥37.10
4	2	201311120147	2013/11/13	广州	清远	¥7.00	21.00	¥147.00
5	3	201311120569	2013/11/12	杭州	清远	¥8.00	26.15	¥209.20
6	4	201311120345	2013/11/12	杭州	清远	¥8.00	25.60	¥204.80
7	5	201311120698	2013/11/13	杭州	清远	¥8.00	48.40	¥387.20
8	6	201311120326	2013/11/12	上海	清远	¥10.00	12.50	¥125.00
9	7	201311120267	2013/11/13	上海	清远	¥10.00	16.30	¥163.00
10	8	201311120262	2013/11/14	上海	清远	¥10.00	25.26	¥252.60

图 4.27　选中单元格

（5）单击“开始”→“合并后居中”，合并单元格（操作如图 4.28 所示）。

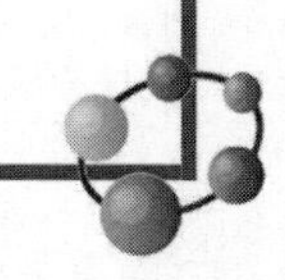

图 4.28　合并单元格

3．复制数据

（1）单击 Sheet5，切换到 Sheet5 工作表（操作如图 4.29 所示）。

	A	B	C	D	E	F	G	H
1	9	201311120287	2013/11/12	沈阳	清远	¥12.00	27.82	¥333.81
2	10	201311120263	2013/11/13	沈阳	清远	¥12.00	28.99	¥347.82
3	11	201311120222	2013/11/12	沈阳	清远	¥12.00	30.15	¥361.83
4	12	201311120211	2013/11/12	沈阳	清远	¥12.00	31.32	¥375.84
5	13	201311120209	2013/11/13	武汉	清远	¥12.00	32.49	¥389.85
6	14	201311120255	2013/11/12	武汉	清远	¥12.00	33.66	¥403.86
7	15	201311120213	2013/11/13	武汉	清远	¥12.00	34.82	¥417.87
8	16	201311120299	2013/11/14	武汉	清远	¥12.00	35.99	¥431.88

Sheet1　Sheet5　Sheet6

图 4.29　切换工作表

（2）全选该数据表的内容（操作如图 4.30 所示）。

	A	B	C	D	E	F	G	H
1	9	201311120287	2013/11/12	沈阳	清远	¥12.00	27.82	¥333.81
2	10	201311120263	2013/11/13	沈阳	清远	¥12.00	28.99	¥347.82
3	11	201311120222	2013/11/12	沈阳	清远	¥12.00	30.15	¥361.83
4	12	201311120211	2013/11/12	沈阳	清远	¥12.00	31.32	¥375.84
5	13	201311120209	2013/11/13	武汉	清远	¥12.00	32.49	¥389.85
6	14	201311120255	2013/11/12	武汉	清远	¥12.00	33.66	¥403.86
7	15	201311120213	2013/11/13	武汉	清远	¥12.00	34.82	¥417.87
8	16	201311120299	2013/11/14	武汉	清远	¥12.00	35.99	¥431.88

图 4.30　选中表格

（3）单击“开始”→“复制”（操作如图 4.31 所示）。
（4）单击 Sheet1，切换回 Sheet1 工作表（操作如图 4.32 所示）

	A	B	C	D	E	F	G	H
1	11月单据表							
2	序号	快件单号	接单时间	起点	终点	单价	重量	总运费
3	1	201311120326	2013/11/12	广州	清远	¥7.00	5.30	¥37.10
4	2	201311120147	2013/11/13	广州	清远	¥7.00	21.00	¥147.00
5	3	201311120569	2013/11/12	杭州	清远	¥8.00	26.15	¥209.20
6	4	201311120345	2013/11/12	杭州	清远	¥8.00	25.60	¥204.80
7	5	201311120698	2013/11/13	杭州	清远	¥8.00	48.40	¥387.20
8	6	201311120326	2013/11/12	上海	清远	¥10.00	12.50	¥125.00
9	7	201311120267	2013/11/13	上海	清远	¥10.00	16.30	¥163.00
10	8	201311120262	2013/11/14	上海	清远	¥10.00	25.26	¥252.60

Sheet1　Sheet5　Sheet6

图 4.31　复制　　　　图 4.32　切换工作表

（5）选中 A11，单击“开始”→“粘贴”，完成复制（操作如图 4.33 所示）。

4．删除 L1:M2 单元格区域

（1）选中 L1:M2 区域（操作如图 4.34 所示）。

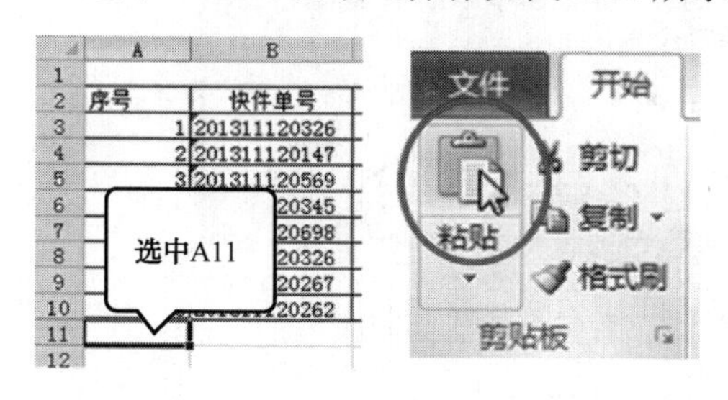

图 4.33　选中单元格并粘贴

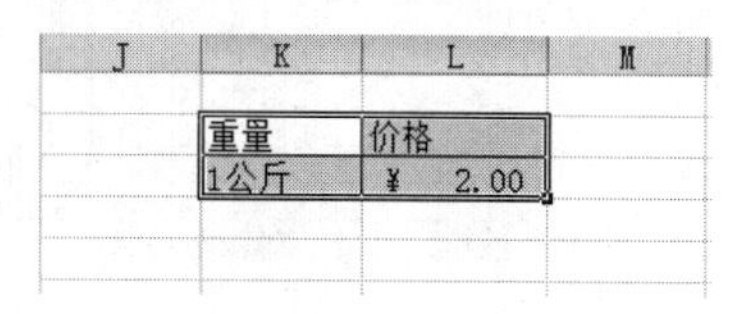

图 4.34　选中单元格

（2）单击“开始”→“删除”→“删除单元格”（操作如图 4.35 所示）

（3）选择“右侧单元格左移”选项，单击“确定”按钮，完成删除（操作如图 4.36 所示）。

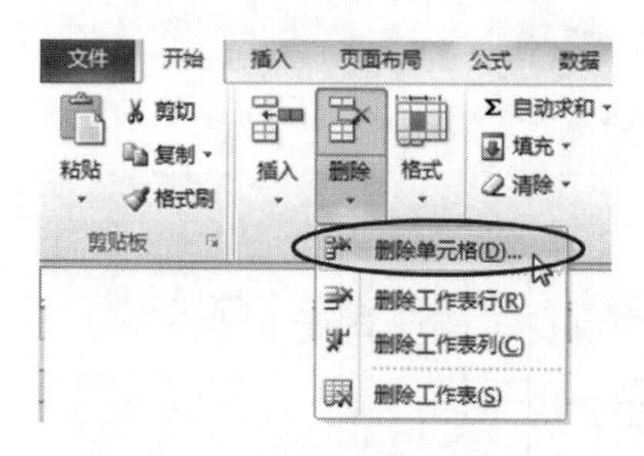

图 4.35　选择“删除单元格”命令　　图 4.36　选择删除选项

5．查找快递单号“201311120263”，并清除其内容

（1）选中“快递单号”列，单击“开始”→“查找和选择”→“查找”（操作如图 4.37 所示）。

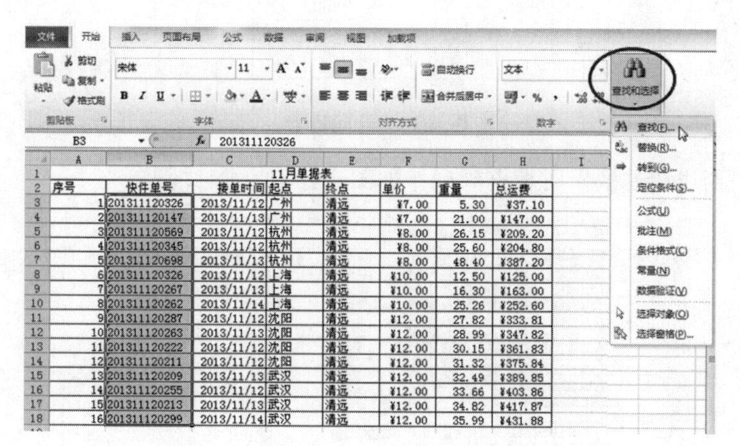

11月单据表

序号	快件单号	接单时间	起点	终点	单价	重量	总运费
1	201311120326	2013/11/12	广州	清远	¥7.00	5.30	¥37.10
2	201311120147	2013/11/13	广州	清远	¥7.00	21.00	¥147.00
3	201311120569	2013/11/12	杭州	清远	¥8.00	26.15	¥209.20
4	201311120345	2013/11/12	杭州	清远	¥8.00	25.60	¥204.80
5	201311120698	2013/11/13	杭州	清远	¥8.00	48.40	¥387.20
6	201311120326	2013/11/12	上海	清远	¥10.00	12.50	¥125.00
7	201311120267	2013/11/13	上海	清远	¥10.00	16.30	¥163.00
8	201311120262	2013/11/14	上海	清远	¥10.00	25.26	¥252.60
9	201311120287	2013/11/12	沈阳	清远	¥12.00	27.82	¥333.81
10	201311120263	2013/11/13	沈阳	清远	¥12.00	28.99	¥347.82
11	201311120222	2013/11/12	沈阳	清远	¥12.00	30.15	¥361.83
12	201311120211	2013/11/12	沈阳	清远	¥12.00	31.32	¥375.84
13	201311120209	2013/11/13	武汉	清远	¥12.00	32.49	¥389.85
14	201311120255	2013/11/12	武汉	清远	¥12.00	33.66	¥403.86
15	201311120213	2013/11/13	武汉	清远	¥12.00	34.82	¥417.87
16	201311120299	2013/11/14	武汉	清远	¥12.00	35.99	¥431.88

图 4.37　查找

（2）在“查找内容”框中输入“201311120263”，单击“查找下一个”按钮，完成查找（操作如图 4.38 所示）

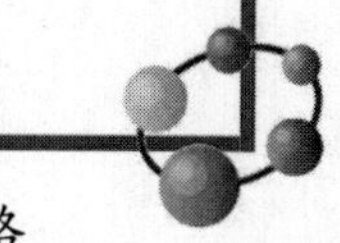

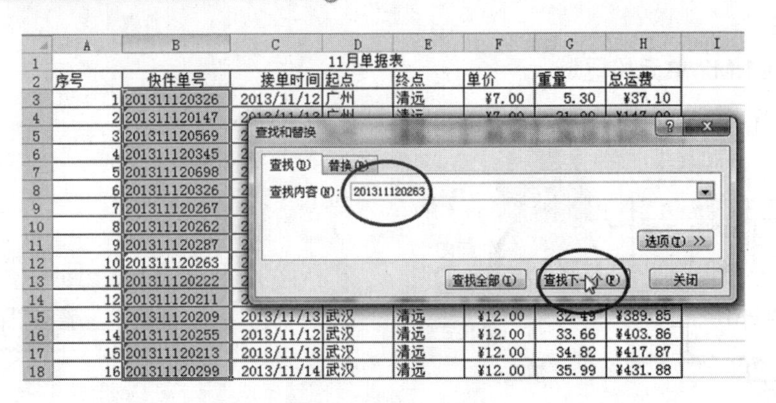

图 4.38　输入查找内容

（3）将查找到的数据选中，单击“开始”→“清除”→“清除内容”，完成清除（操作如图 4.39 所示）。

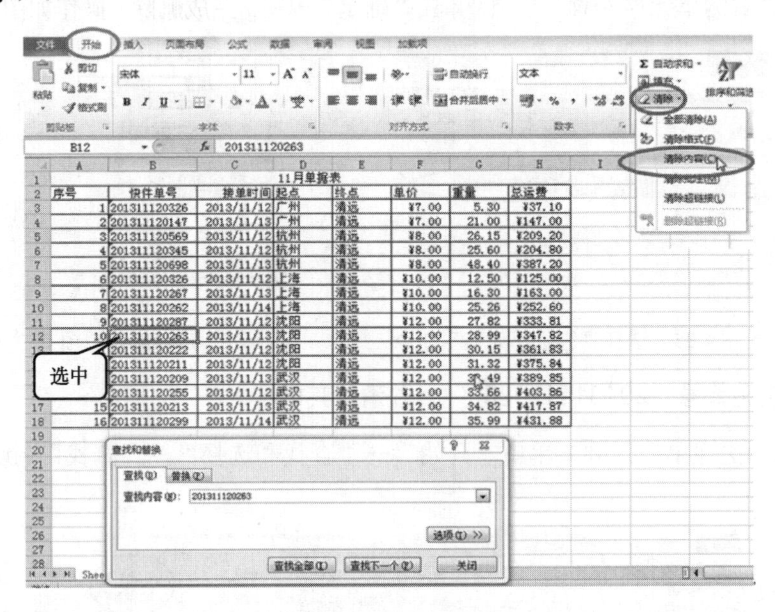

图 4.39　清除内容

（4）关闭“查找和替换”对话框（操作如图 4.40 所示）。

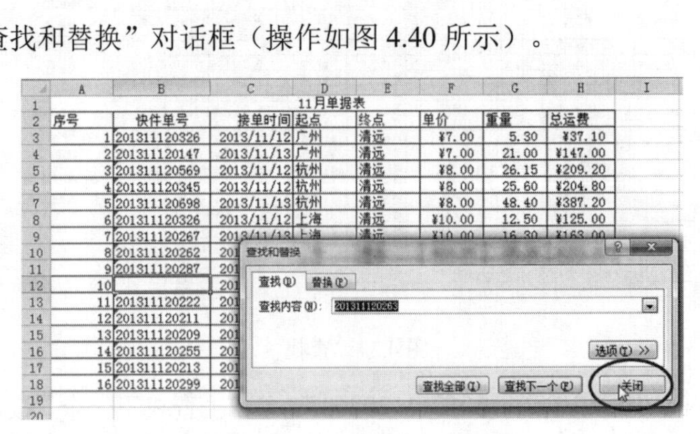

图 4.40　关闭“查找和替换”对话框

6．将“起点”列与“终点”列的内容互换位置

（1）选中“起点”列，单击“开始”→“剪切”（操作如图 4.41 所示）。

	A	B	C	D	E	F	G	H
1				11月单据表				
2	序号	快件单号	接单时间	起点			重量	总运费
3	1	201311120326	2013/11/12	广州			5.30	¥37.10
4	2	201311120147	2013/11/13	广州			21.00	¥147.00
5	3	201311120569	2013/11/12	杭州			26.15	¥209.20
6	4	201311120345	2013/11/12	杭州			25.60	¥204.80
7	5	201311120698	2013/11/13	杭州	清远	¥8.00	48.40	¥387.20
8	6	201311120326	2013/11/12	上海	清远	¥10.00	12.50	¥125.00
9	7	201311120267	2013/11/13	上海	清远	¥10.00	16.30	¥163.00
10	8	201311120262	2013/11/14	上海	清远	¥10.00	25.26	¥252.60
11	9	201311120287	2013/11/12	沈阳	清远	¥12.00	27.82	¥333.81
12	10		2013/11/13	沈阳	清远	¥12.00	28.99	¥347.82
13	11	201311120222	2013/11/12	沈阳	清远	¥12.00	30.15	¥361.83
14	12	201311120211	2013/11/12	沈阳	清远	¥12.00	31.32	¥375.84
15	13	201311120209	2013/11/13	武汉	清远	¥12.00	32.49	¥389.85
16	14	201311120255	2013/11/12	武汉	清远	¥12.00	33.66	¥403.86
17	15	201311120213	2013/11/13	武汉	清远	¥12.00	34.82	¥417.87
18	16	201311120299	2013/11/14	武汉	清远	¥12.00	35.99	¥431.88

图 4.41　剪切

（2）选中“单价”列，在选中区中单击鼠标右键，弹出快捷菜单，选择“插入剪切的单元格”命令（操作如图 4.42 所示）。完成互换后的内容如图 4.43 所示。

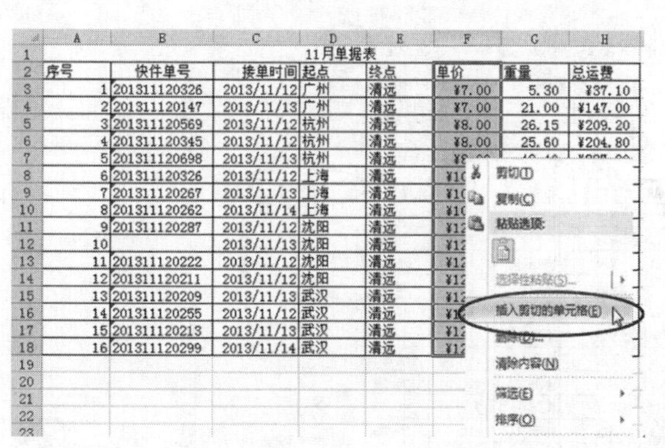

图 4.42　选择“插入剪切的单元格”命令

	A	B	C	D	E	F	G	H
1				11月单据表				
2	序号	快件单号	接单时间	终点	起点	单价	重量	总运费
3	1	201311120326	2013/11/12	清远	广州	¥7.00	5.30	¥37.10
4	2	201311120147	2013/11/13	清远	广州	¥7.00	21.00	¥147.00
5	3	201311120569	2013/11/12	清远	杭州	¥8.00	26.15	¥209.20
6	4	201311120345	2013/11/12	清远	杭州	¥8.00	25.60	¥204.80
7	5	201311120698	2013/11/13	清远	杭州	¥8.00	48.40	¥387.20
8	6	201311120326	2013/11/12	清远	上海	¥10.00	12.50	¥125.00
9	7	201311120267	2013/11/13	清远	上海	¥10.00	16.30	¥163.00
10	8	201311120262	2013/11/14	清远	上海	¥10.00	25.26	¥252.60
11	9	201311120287	2013/11/12	清远	沈阳	¥12.00	27.82	¥333.81
12	10		2013/11/13	清远	沈阳	¥12.00	28.99	¥347.82
13	11	201311120222	2013/11/12	清远	沈阳	¥12.00	30.15	¥361.83
14	12	201311120211	2013/11/12	清远	沈阳	¥12.00	31.32	¥375.84
15	13	201311120209	2013/11/13	清远	武汉	¥12.00	32.49	¥389.85
16	14	201311120255	2013/11/12	清远	武汉	¥12.00	33.66	¥403.86
17	15	201311120213	2013/11/13	清远	武汉	¥12.00	34.82	¥417.87
18	16	201311120299	2013/11/14	清远	武汉	¥12.00	35.99	¥431.88

图 4.43　完成互换后的内容

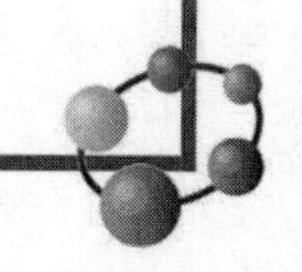

7．表格所有行高为 20，第 2、3 列列宽为 15

（1）选中表格，单击“开始”→“格式”→“行高”，输入行高值为“20”（操作如图 4.44、图 4.45 所示）。

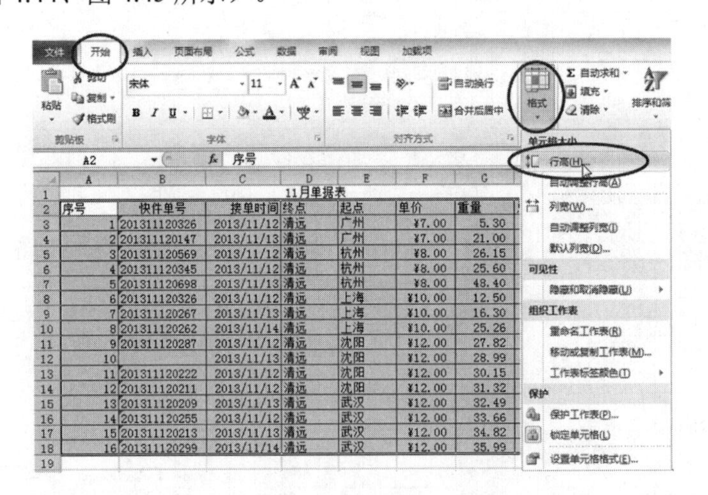

图 4.44　选择“行高”命令　　图 4.45　输入行高值

（2）选中第 2、3 列，单击“开始”→“格式”→“列宽”，输入列宽值为“15”（操作如图 4.46、图 4.47 所示）。

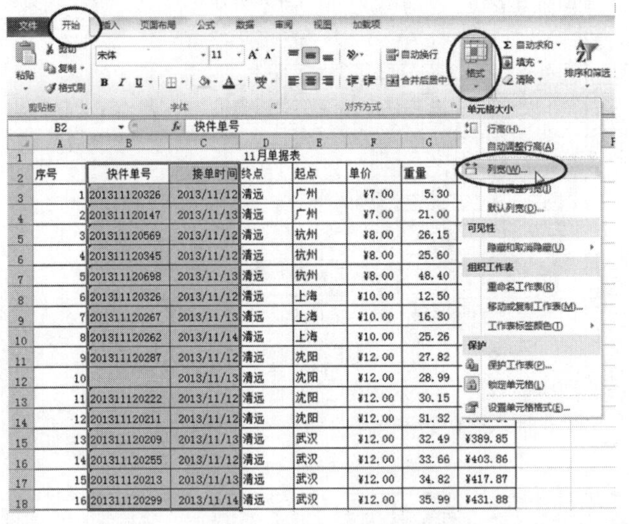

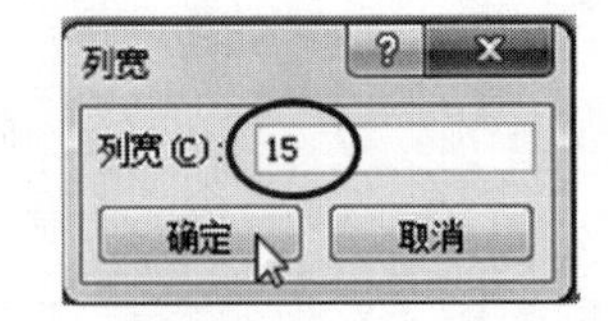

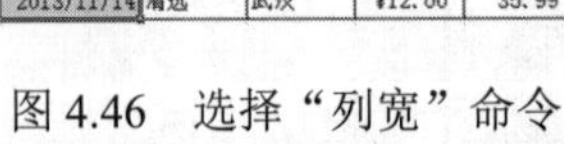
图 4.46　选择“列宽”命令　　图 4.47　输入列宽值

8．表格标题格式设置：黑体，字号为 28，加粗，加下画线，字颜色为紫色（标准），文字水平居中、垂直居中对齐（文字中部居中）

（1）选中标题所在单元格（操作如图 4.48 所示）。

（2）单击“开始”菜单，完成字体、字号、字形、对齐格式的设置（操作如图 4.49 所示）。

	A	B	C	D	E	F	G	H
1	11月单据表							
2	序号	快件单号	接单时间	终点	起点	单	重量	总运费
3	1	201311120326	2013/11/12	清远	广州			¥37.10
4	2	201311120147	2013/11/13	清远	广州			¥147.00
5	3	201311120569	2013/11/12	清远	杭州			¥209.20
6	4	201311120345	2013/11/12	清远	杭州			¥204.80
7	5	201311120698	2013/11/13	清远	杭州	¥8.00	48.40	¥387.20

选中A1：H1

图 4.48　选中单元格

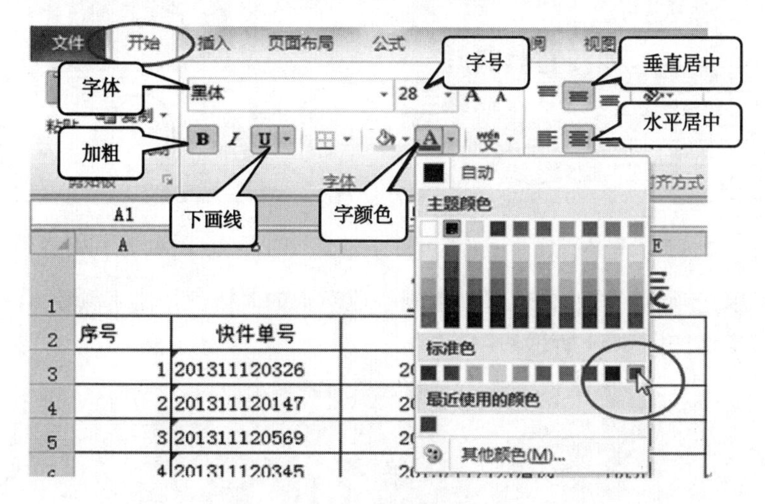

图 4.49　设置格式

9．表格第 1 行格式设置：楷体，字号为 16，倾斜，字颜色为红色（自定义红 230，绿 0，蓝 0），底纹“橙色，文字颜色 6，淡色 40%”（主题），文字中部居中

（1）选中表格第 1 行单元格（操作如图 4.50 所示）

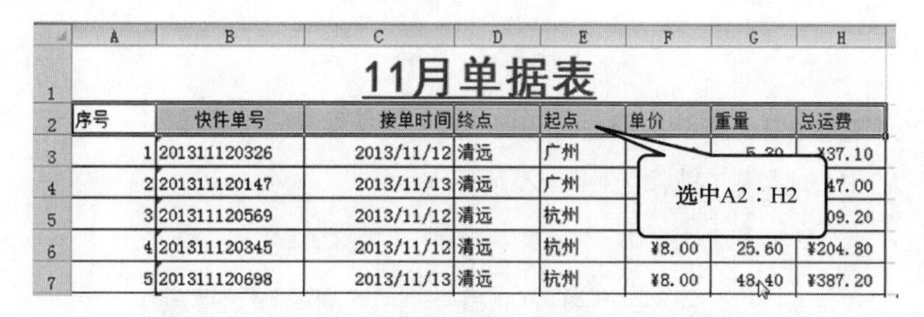

图 4.50　选中单元格

（2）单击“开始”菜单，完成字体、字号、字形、对齐格式的设置（操作如图 4.51 所示）。

图 4.51　设置格式

（3）单击“字体颜色”按钮，选择“其他颜色”（如图 4.52 所示），在“自定义”选项卡中输入色值（操作如图 4.53 所示）。

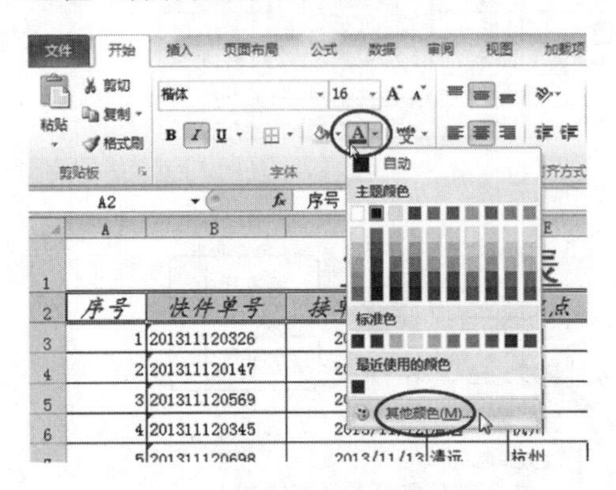

图 4.52　字体颜色

图 4.53　自定义颜色

（4）单击“填充颜色”按钮，选择“主题颜色”中的“橙色，文字颜色 6，淡色 40%”，完成底纹设置（操作如图 4.54 所示）。

图 4.54　底纹

10．为 A2:H18 区域添加套用表格格式“表样式深色 3”

（1）选中 A2:H18 区域（操作如图 4.55 所示）。

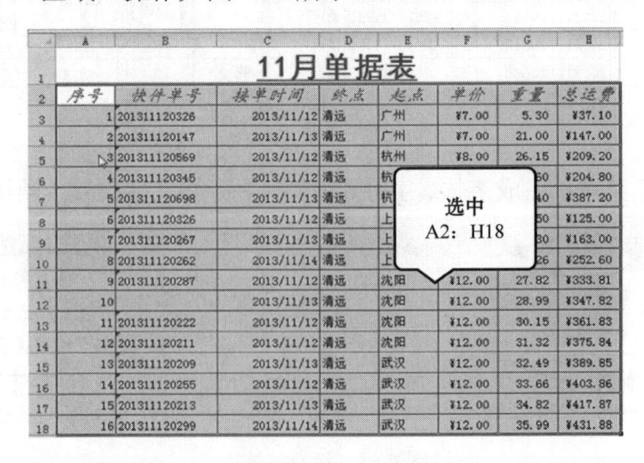

图 4.55　选中区域

（2）单击“开始”→“套用表格格式”→“表样式深色 3”（操作如图 4.56 所示）。

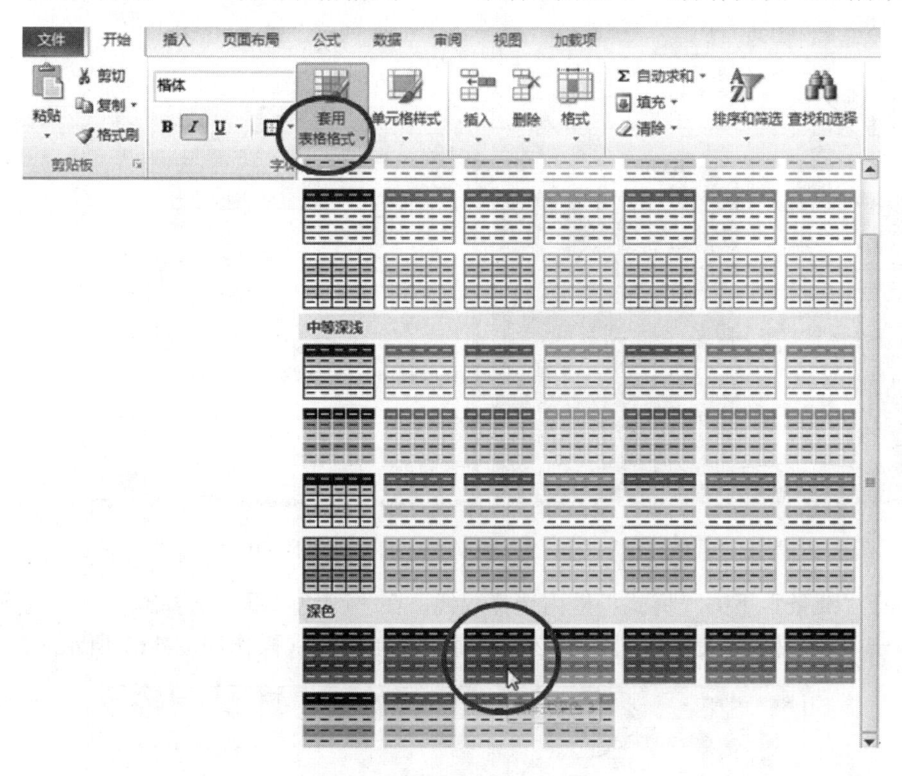

图 4.56　表格套用格式

（3）选择表数据源（如图 4.57 所示），单击“确定”按钮，完成表格套用格式设置，效果如图 4.58 所示。

图 4.57　选择表数据源

	A	B	C	D	E	F	G	H
1	11月单据表							
2								
3	1	201311120326	2013/11/12	清远	广州	¥7.00	5.30	¥37.10
4	2	201311120147	2013/11/13	清远	广州	¥7.00	21.00	¥147.00
5	3	201311120569	2013/11/12	清远	杭州	¥8.00	26.15	¥209.20
6	4	201311120345	2013/11/12	清远	杭州	¥8.00	25.60	¥204.80
7	5	201311120698	2013/11/13	清远	杭州	¥8.00	48.40	¥387.20
8	6	201311120326	2013/11/12	清远	上海	¥10.00	12.50	¥125.00
9	7	201311120267	2013/11/13	清远	上海	¥10.00	16.30	¥163.00
10	8	201311120262	2013/11/14	清远	上海	¥10.00	25.26	¥252.60
11	9	201311120287	2013/11/12	清远	沈阳	¥12.00	27.82	¥333.81
12	10		2013/11/13	清远	沈阳	¥12.00	28.99	¥347.82
13	11	201311120222	2013/11/12	清远	沈阳	¥12.00	30.15	¥361.83
14	12	201311120211	2013/11/12	清远	沈阳	¥12.00	31.32	¥375.84
15	13	201311120209	2013/11/13	清远	武汉	¥12.00	32.49	¥389.85
16	14	201311120255	2013/11/12	清远	武汉	¥12.00	33.66	¥403.86
17	15	201311120213	2013/11/13	清远	武汉	¥12.00	34.82	¥417.87
18	16	201311120299	2013/11/14	清远	武汉	¥12.00	35.99	¥431.88

图 4.58　表格套用格式完成效果

11．为 A2:H18 区域加上绿色双窄线外边框，绿色单实线内边框。为表格标题添加单元格底纹黄色（标准），底纹图案样式为 6.25%灰色，底纹图案颜色为红色

（1）全选 A2:H18 区域，单击“开始”→“边框”→“其他边框”（如图 4.59 所示），打开“边框”对话框（如图 4.60 所示）。

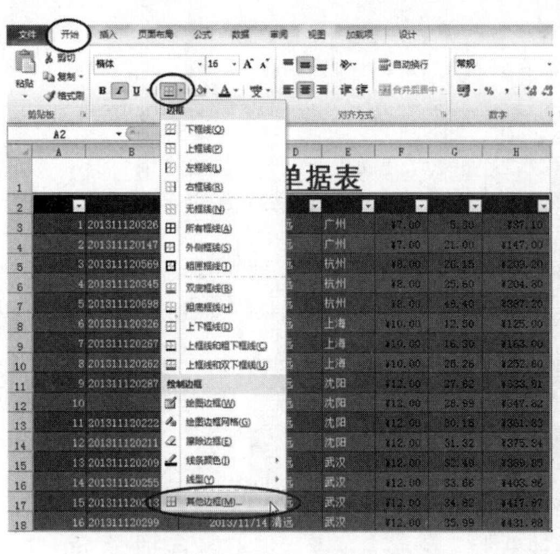

图 4.59 单击“其他边框”

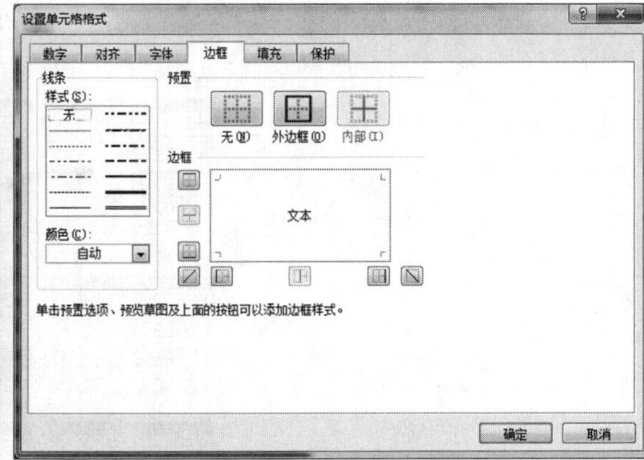

图 4.60 “边框”对话框

（2）在“线条”下的“样式”框内选择双线，在“颜色”框内选择绿色，在“预置”选项组中单击“外边框”（提示：外边框必须是最后才单击）（操作如图 4.61 所示）。

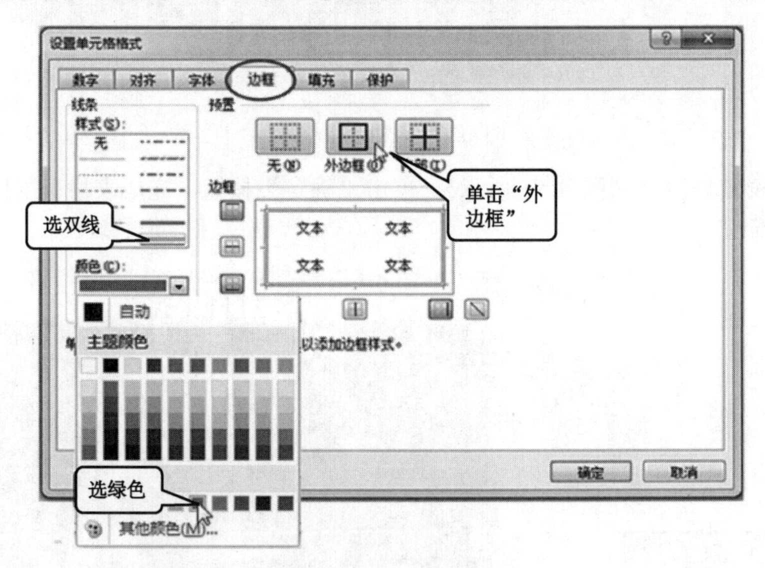

图 4.61 设置外边框

（3）在“线条”下的“样式”框内选择单实线，在“颜色”框内选择绿色，在“预置”选项组中单击“内部”（操作如图 4.62 所示）。

（4）单击“确定”按钮，完成边框设置，效果如图 4.63 所示。

（5）选中“标题”单元格，单击字体展开按钮（如图 4.64 所示），弹出“设置单元格格式”对话框。

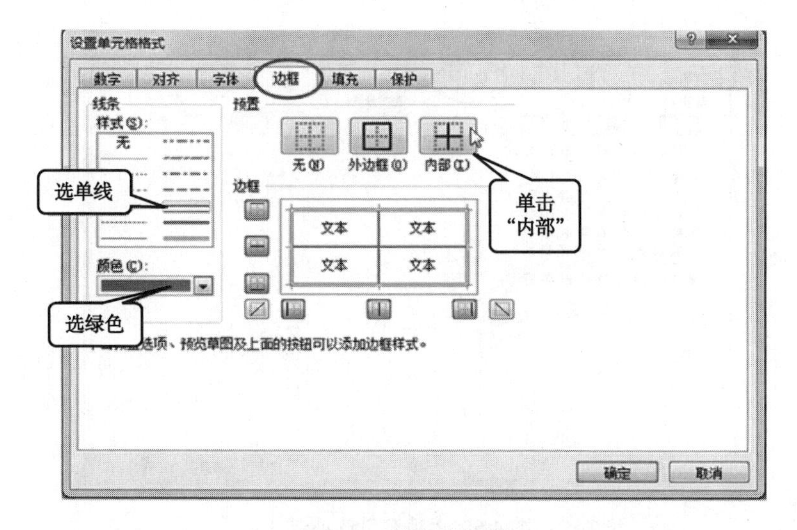

图 4.62　设置内边框

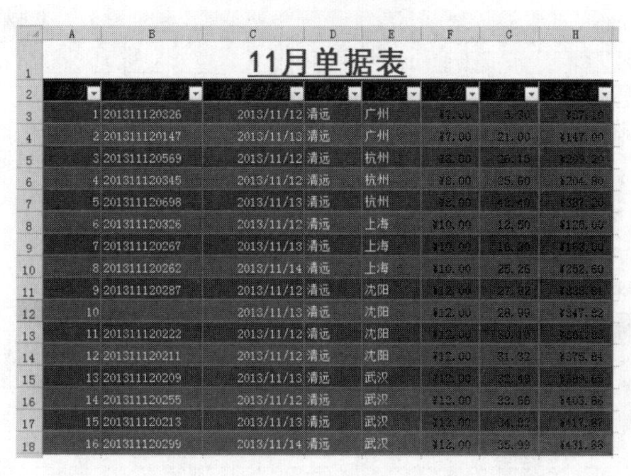

图 4.63　边框完成效果

图 4.64　单击字体展开按钮

（6）单击选择“填充”选项卡，进入底纹设置（操作如图 4.65 所示）。

（7）在“背景色”中选择黄色，在“图案颜色”中选择红色，在“图案样式”中选择“6.25%灰色”（操作如图 4.66 所示）。

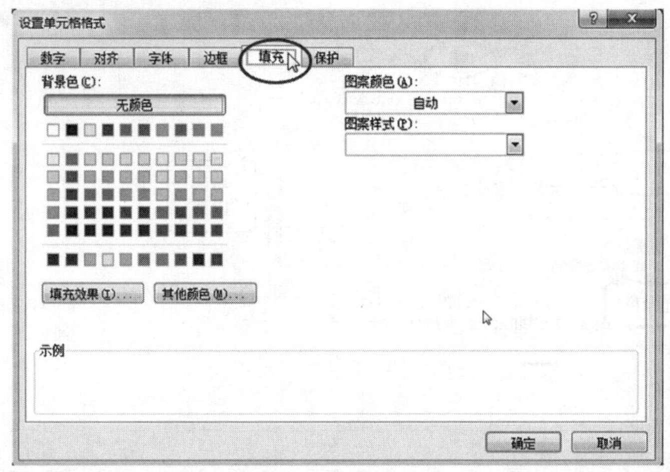

图 4.65 “填充”选项卡

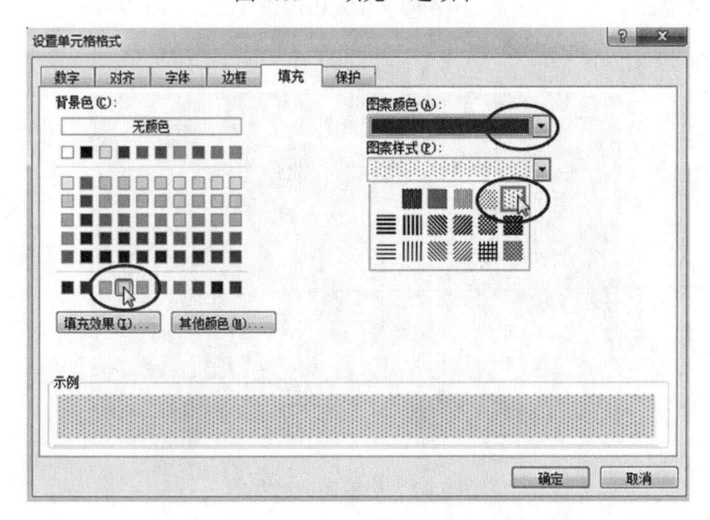

图 4.66 设置底纹

（8）单击“确定”按钮，完成边框与底纹设置，效果如图 4.67 所示。

图 4.67 边框与底纹完成效果

12．在 H3:H18 区域用条件格式将小于 200 的数据设置为黄色字体。

（1）选中 H3:H18 区域，单击“开始”→“条件格式”→“突出显示单元格规则”→“小于”（操作如图 4.68 所示）。

（2）在“为小于以下值的单元格设置格式”下面输入“200”，在“设置为”框中选择“自定义格式”（操作如图 4.69 所示）。

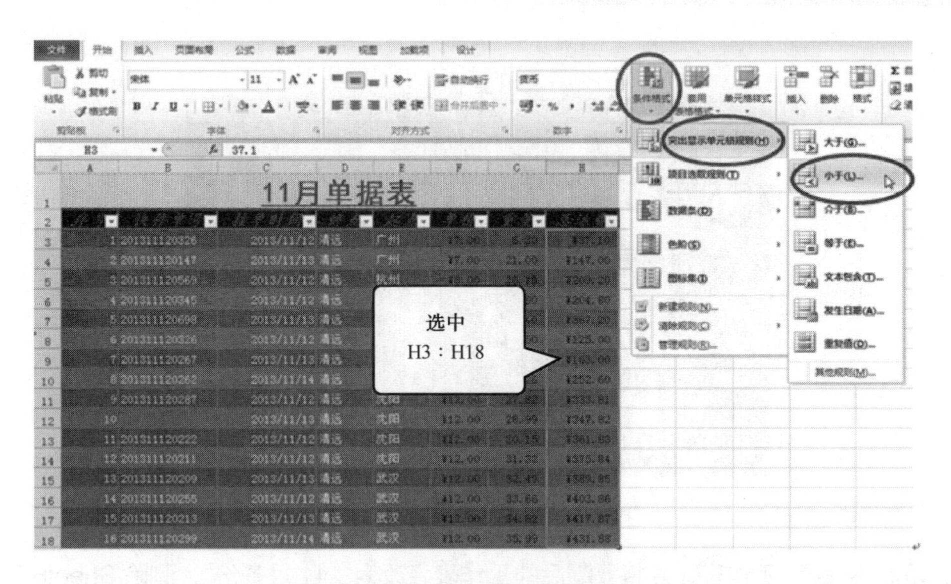

图 4.68 条件格式

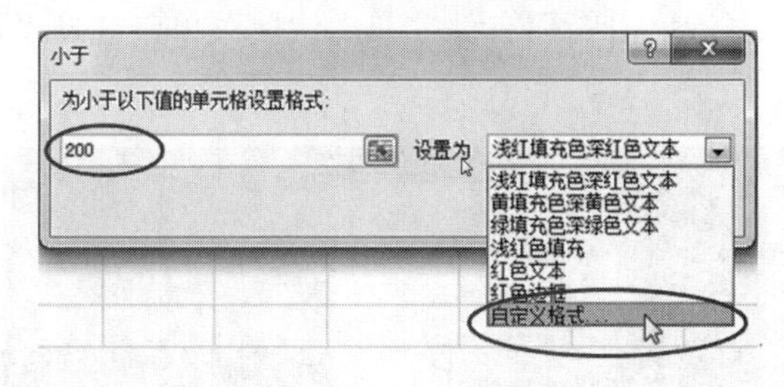

图 4.69 小于框设置

（3）在弹出的“设置单元格格式”对话框中选择“字体”选项卡，在“颜色”框中单击“黄色”（操作如图 4.70 所示）。

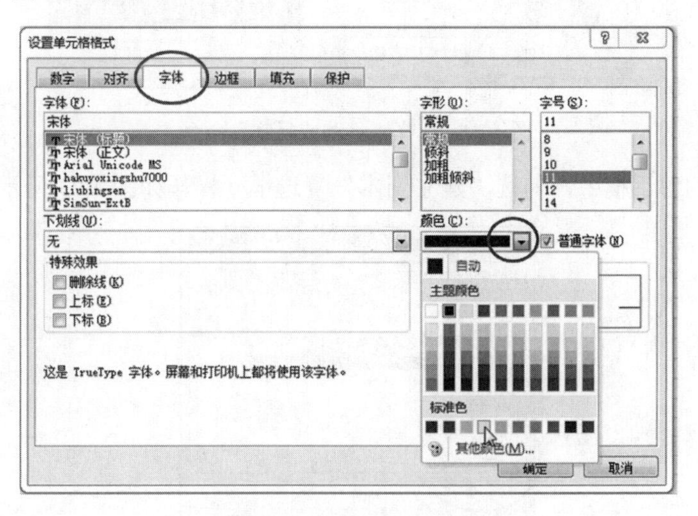

图 4.70 设置黄色字体

（4）单击“确定”按钮，完成条件格式设置，效果如图 4.71 所示。

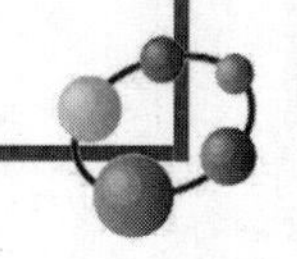

图 4.71　条件格式完成效果

13. 复制 Sheet1 工作表，并将复制后的工作表名改为“11 月备份”，删除 Sheet6 工作表

（1）选中 Sheet1 工作表，单击鼠标右键，弹出快捷菜单，选择“移动或复制”命令（操作如图 4.72 所示）。

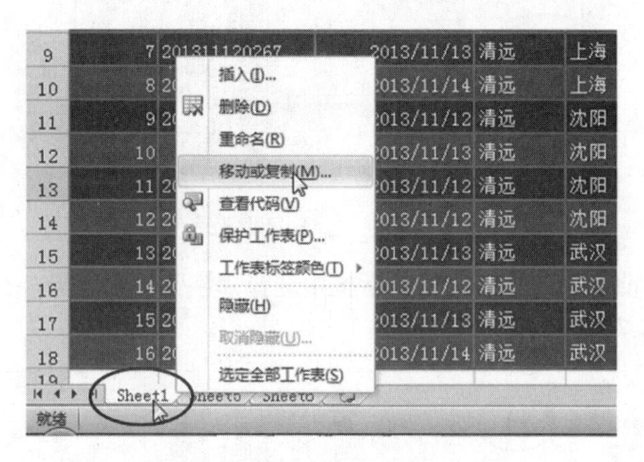

图 4.72　选择“移动或复制”命令

（2）在弹出的对话框中，勾选“建立副本”复选框（操作如图 4.73 所示）。

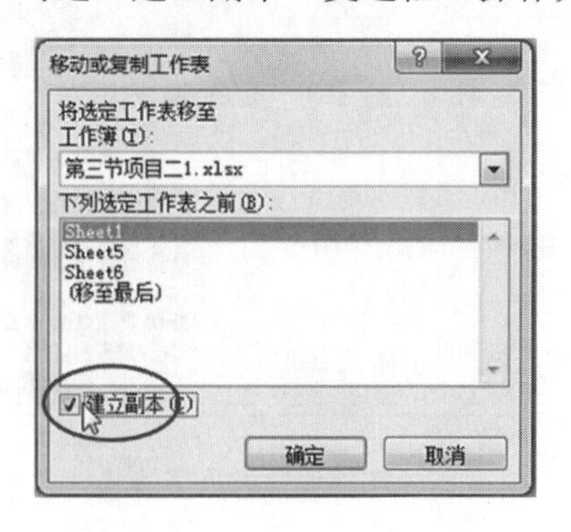

图 4.73　勾选建立副本

（3）单击“确定”按钮，完成复制 Sheet1 工作表，复制的工作表名为 Sheet1（2），效果如图 4.74 所示。

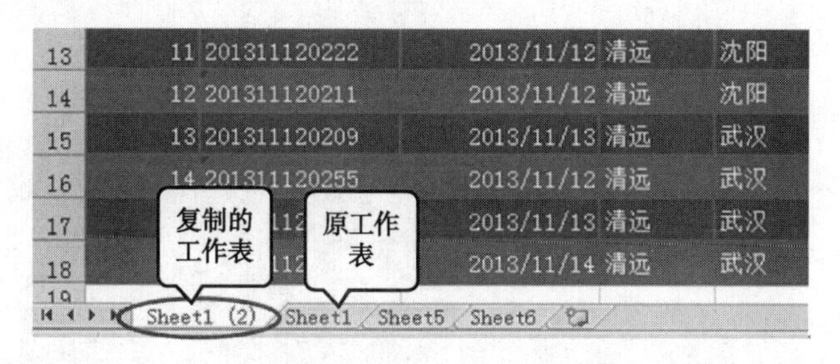

图 4.74　复制工作表完成效果

（4）选中“Sheet1（2）”工作表，单击鼠标右键，弹出快捷菜单，选择“重命名”命令（操作如图 4.75 所示）。

（5）输入新的工作表名“11 月备份”（操作如图 4.76 所示）。

图 4.75　选择“重命名”命令

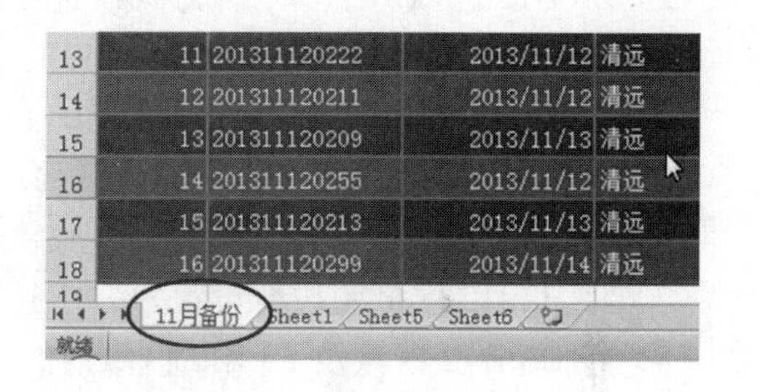

图 4.76　输入新的工作表名

（6）选中“Sheet6”工作表，单击鼠标右键，弹出快捷菜单，选择“删除”命令（操作如图 4.77 所示）。

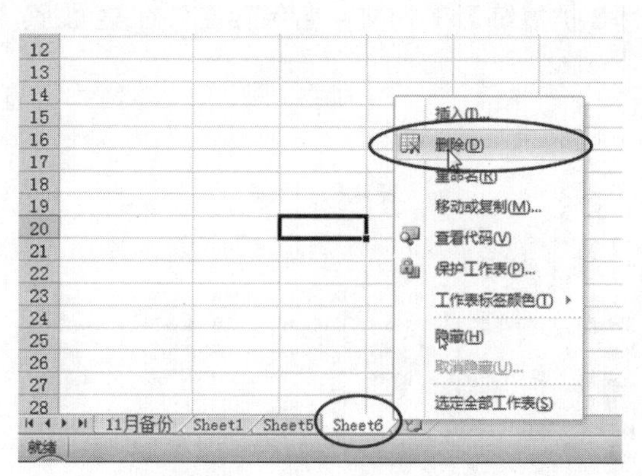

图 4.77　选择“删除”命令

（7）在确认对话框框中单击“删除”按钮，完成工作表删除，效果如图 4.79 所示。

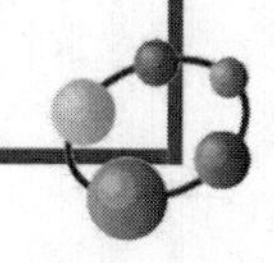

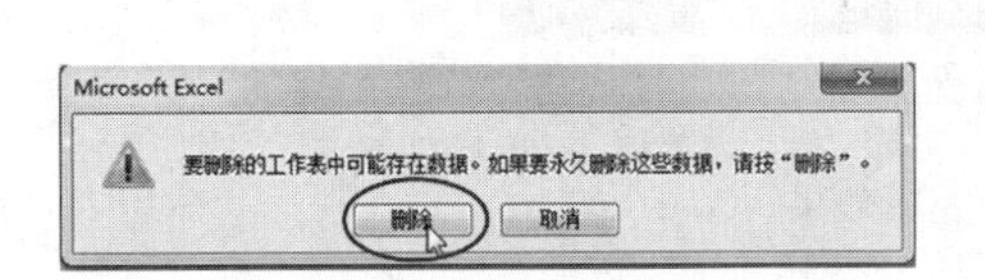

图 4.78　确认删除

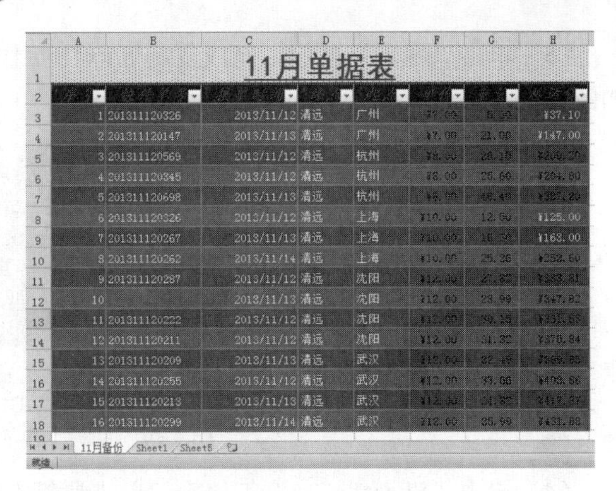

图 4.79　最终效果

拓展练习二　编辑教师情况表

● **操作要求**

（1）将 A1:J1 合并居中。

（2）B3:B12 区域内字体对齐方式设置为：分散对齐。

（3）将 C3:C12 区域及 E3:E12 区域内的字体格式设置为：水平居中。

（4）将 A1 单元格的字体格式设置为：红色、加粗、20 字号、黑体。

（5）将 B2:I2 区域内的字体格式设置为：蓝色、宋体、14 号字、水平居中。

（6）将 A1:J13 区域的背景设置为：底纹—灰色，图案—细的逆对角线，图案颜色自定。

（7）将 B2:I12 区域的边框设置为：外框是粉红色双线，内框是鲜绿色细实线。

（8）将 D3:D12 区域及 F3:F12 区域内的日期格式设置为：yyyy 年 mm 月 dd 日。

（9）将 I3:I12 区域内的数字格式设置为：会计专用、保留 2 位小数、前面带货币符号￥。

（10）把第 1 行的行高设置为 50 磅，第 2～12 行的行高为 20 磅。

（11）将第 B～I 列的列宽设置为：最适合的列宽。

（12）以“姓名+项目 2 扩展练习”为文件名保存文件在桌面上，并上交作业。

● **原表**

原表如表 4.6 所示。

表 4.6　原表

	A	B	C	D	E	F	G	H	I
1	教师基本情况表								
2		姓名	性别	出生年月	年龄	工作日期	党派	职称	基本工资
3		郑含因	女	15633	71	23538	九三	教授	5455
4		陈静	女	24337	47	32007	无	讲师	2225
5		王克南	男	22519	52	30946	民进	讲师	3245
6		卢植茵	女	23913	48	32423	无	讲师	2205
7		林寻	男	17762	65	25734	民盟	副教授	4335
8		李禄	男	16551	68	24518	中共	副教授	4305
9		吴心	女	23587	49	31518	无	讲师	2245
10		李伯仁	男	16891	68	24435	中共	副教授	3335
11		陈醉	男	21869	54	30278	中共	讲师	3265
12		夏雪	女	23117	50	30870	中共	讲师	2245
13									

● 样表

样表如表 4.7 所示。

表 4.7　样表

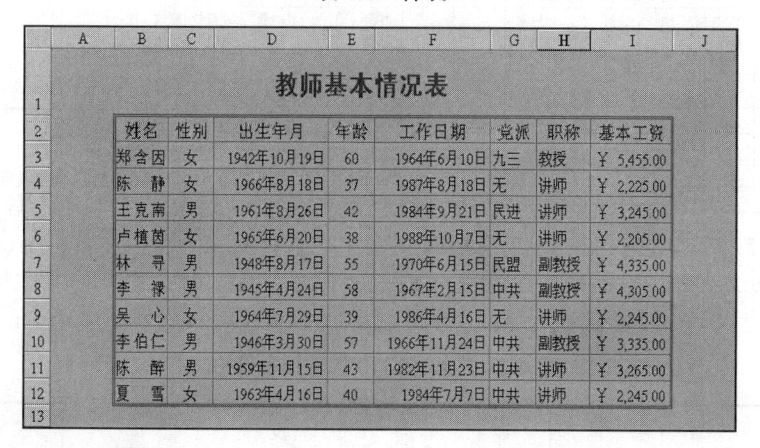

教师基本情况表

姓名	性别	出生年月	年龄	工作日期	党派	职称	基本工资
郑含因	女	1942年10月19日	60	1964年6月10日	九三	教授	￥ 5,455.00
陈　静	女	1966年8月18日	37	1987年8月18日	无	讲师	￥ 2,225.00
王克南	男	1961年8月26日	42	1984年9月21日	民进	讲师	￥ 3,245.00
卢植茵	女	1965年6月20日	38	1988年10月7日	无	讲师	￥ 2,205.00
林　寻	男	1948年8月17日	55	1970年6月15日	民盟	副教授	￥ 4,335.00
李　禄	男	1945年4月24日	58	1967年2月15日	中共	副教授	￥ 4,305.00
吴　心	女	1964年7月29日	39	1986年4月16日	无	讲师	￥ 2,245.00
李伯仁	男	1946年3月30日	57	1966年11月24日	中共	副教授	￥ 3,335.00
陈　醉	男	1959年11月15日	43	1982年11月23日	中共	讲师	￥ 3,265.00
夏　雪	女	1963年4月16日	40	1984年7月7日	中共	讲师	￥ 2,245.00

第三节　公式与函数

● 学习目标

（1）明确公式函数的表示形式和使用方法。

（2）理解相对地址和绝对地址的区别并能够熟练运用。

（3）理解常用函数的含义及参数设置并能够熟练使用，包括 SUM、AVERAGE、MAX、MIN、COUNT、IF、SUMIF、COUNTIF、RANK 等。

（4）能够熟练使用公式函数解决实际问题。

项目一　使用公式计算住宿生一周生活开支情况

● 操作要求

表 4.8 为某班住宿生一周生活开支情况表，请使用公式计算。

（1）计算每个住宿生当周的花费总额（花费总额=伙食费+车费+话费+日常用品+零食费+其他）。

（2）计算每个住宿生当周的生活费节余（周节余=周生活标准－花费总额）。

（3）计算每个住宿生当周的非必要花费（非必要花费=话费+零食费+其他）。

（4）计算非必要花费占花费总额的比例（占花费总额比例=非必要花费/花费总额），并将结果设置成百分比格式，保留 1 位小数。

（5）假设每个住宿生所在家庭的人均月收入为该生一周生活标准的 10 倍，请计算每个住宿生的家庭人均月收入（家庭人均月收入=周生活标准×10）。

● 原表

原表如表 4.8 所示。

表 4.8　原表

	A	B	C	D	E	F	G	H	I	J	K	L	M	N
1	某班住宿生一周生活开支情况表													
2	序号	姓名	周生活标准	伙食费	车费	话费	日常用品	零食费	其他	花费总额	周节余	非必要花费	占花费总额比例	家庭人均月收入
3	1	梁云霞	150	75	10	20	21	8	0					
4	2	俞伟光	100	60	15	10	10	0	0					
5	3	陶洁茹	200	80	12	35	10	27	10					
6	4	唐晓仪	150	70	10	20	24	18	0					
7	5	苏梓宁	200	85	15	18	19	24	8					
8	6	高宇辉	150	62	20	30	12	23	0					
9	7	孟燕菲	200	80	18	40	17	25	20					
10	8	席国锋	150	75	10	10	10	27	0					
11	9	鲁凯鹏	200	70	22	25	21	15	0					
12	10	夏月蓉	200	65	18	30	16	25	15					

公式的一般形式：
=数学表达式
其中数学表达式可包含常量、单元格地址、运算符、括号等，如=1+2、=A3*2、=（A2+2）/5。
常用运算符的含义见表4.9

表 4.9　Excel 2010 的常用运算符

类　别	运 算 符 号	含　义	应 用 示 例
算术运算符	+（加号）	加	1+2
	-（减号）	减	2-1
	-（负号）	负数	-1
	*（星号）	乘	2*3
	/（斜杠）	除	4/2
	^（乘方）	乘幂	3^2
比较运算符	=（等于号）	等于	A1=A2
	>（大于号）	大于	A1>A2
	<（小于号）	小于	A1<A2
	>=（大于等于号）	大于等于	A1>=A2
	<=（小于等于号）	小于等于	A1<=A2
	<>（不等号）	不等于	A1<>A2
文本	&（连字符）	将两个文本连接起来产生连续的文本	“2013” & “年”
引用运算符	:（冒号）	区域运算符，两个引用单元格之间的区域引用	A1:D4
	,（逗号）	联合运算符，将多个引用合并为一个引用	SUM(A1:D1,A2:C2)
	（空格）	交集运算符，两个引用中共有的单元格的引用	A1:D1 A1:B4

● **样表**

样表如表 4.10 所示。

表 4.10　样表

	A	B	C	D	E	F	G	H	I	J	K	L	M	N
1	某班住宿生一周生活开支情况表													
2	序号	姓名	周生活标准	伙食费	车费	话费	日常用品	零食费	其他	花费总额	周节余	非必要花费	占花费总额比例	家庭人均月收入
3	1	梁云霞	150	75	10	20	21	8	0	134	16	28	20.9%	1500
4	2	俞伟光	100	60	15	10	10	0	0	95	5	10	10.5%	1000
5	3	陶洁茹	200	80	12	35	10	27	10	174	26	72	41.4%	2000
6	4	唐晓仪	150	70	10	20	24	18	0	142	8	38	26.8%	1500
7	5	苏梓宁	200	85	15	18	19	24	8	169	31	50	29.6%	2000
8	6	高宇辉	150	62	20	30	12	23	0	147	3	53	36.1%	1500
9	7	孟燕菲	200	80	18	40	17	25	20	200	0	85	42.5%	2000
10	8	席国锋	150	75	10	10	10	27	0	132	18	37	28.0%	1500
11	9	鲁凯鹏	200	70	22	25	21	15	0	153	47	40	26.1%	2000
12	10	夏月蓉	200	65	18	30	16	25	15	169	31	70	41.4%	2000

● **操作步骤**

（1）计算花费总额：单击 J3 单元格，输入公式=D3+E3+F3+G3+H3+I3，按回车键确认，然后拖动填充柄复制公式。

小知识

① 输入公式时，若需要输入某个单元格地址，除手动输入外，也可直接单击相应的单元格，则该单元格地址会自动出现在公式中。

例如本题公式的输入，可先输入=，然后单击 D3 单元格，再输入+，再单击 E3 单元格，依次操作，完成本题公式的输入。

② 填充柄不仅能够复制单元格内容、填充序列，还可以用来复制公式。若需输入的公式一致，分别输入比较麻烦，而通过拖动填充柄可以快速复制公式，公式中的单元格地址会随着复制单元格地址的变化而变化。

例如：J3 单元格中的公式=D3+E3+F3+G3+H3+I3，复制到 J4 单元格中会自动变成=D4+E4+F4+G4+H4+I4。

（2）计算周节余：单击 K3 单元格，输入公式=C3−J3，按回车键确认，然后拖动填充柄复制公式。

（3）计算非必要花费：单击 L3 单元格，输入公式=F3+H3+I3，按回车键确认，然后拖动填充柄复制公式。

（4）计算占花费总额比例：单击 M3 单元格，输入公式=L3/J3，按回车键确认，然后拖动填充柄复制公式。选定单元格区域 M3:M12，打开“设置单元格格式”对话框，在“数字”选项卡中设置“分类”为“百分比”，“小数位数”为“1”，如图 4.80 所示。

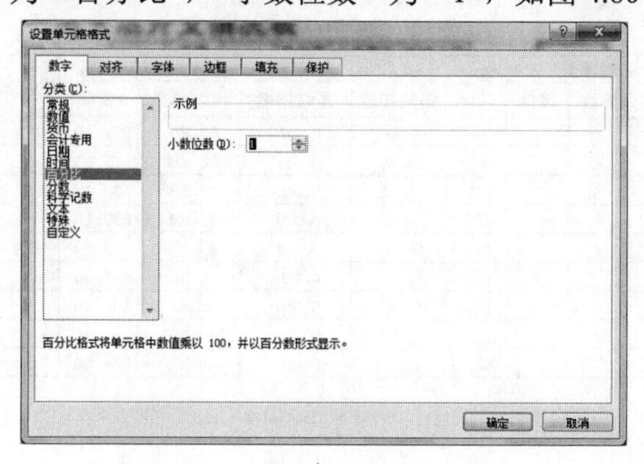

图 4.80　“设置单元格格式”对话框

（5）计算家庭人均月收入：单击 N3 单元格，输入公式=C3*10，按回车键确认，然后拖动填充柄复制公式。

拓展练习一　使用公式计算员工事业津贴

● **操作要求**

某单位给员工发放事业津贴，津贴金额如表 4.11 所示。若员工请假（仅指事假、病假），须按规章制度扣除事业津贴金额（其他类型的请假不作扣除）。请输入公式，计算各人的“扣款”金额、应发金额以及实发金额，规则是：

（1）扣款=病假一天扣除事业津贴金额的 2%，事假一天扣除事业津贴金额的 5%。

（2）应发金额=津贴款－扣款。

（3）实发金额=应发金额+补发款+其他款。

● **原表**

原表如表 4.11 所示。

表 4.11　原表

	A	B	C	D	E	F	G	H	I	J	K	L	M
1	某单位员工津贴发放明细表												
2	编号	姓名	请假天数			事业津贴	扣款			应发金额	补发款	其他款	实发金额
3			病假	事假	其他		病假扣款	事假扣款	扣款总额				
4	1	吴惠北	5			638					122	145	
5	2	陈郭南	2	2		665							
6	3	毛一平	9			531					117		
7	4	姚磊志		4		424							
8	5	曾冲	5	2		449					238		
9	6	傅舟			7	449							
10	7	肖华正			31	406							
11	8	邝雅兰		2		427						112	
12	9	鞠梅兰				334							

● **样表**

样表如表 4.12 所示。

表 4.12　样表

	A	B	C	D	E	F	G	H	I	J	K	L	M
1	某单位员工津贴发放明细表												
2	编号	姓名	请假天数			事业津贴	扣款			应发金额	补发款	其他款	实发金额
3			病假	事假	其他		病假扣款	事假扣款	扣款总额				
4	1	吴惠北	5			638	63.80	0.00	63.80	574.20	122	145	841.20
5	2	陈郭南	2	2		665	26.60	66.50	93.10	571.90			571.90
6	3	毛一平	9			531	95.58	0.00	95.58	435.42	117		552.42
7	4	姚磊志		4		424	0.00	84.80	84.80	339.20			339.20
8	5	曾冲	5	2		449	44.90	44.90	89.80	359.20	238		597.20
9	6	傅舟			7	449	0.00	0.00	0.00	449.00			449.00
10	7	肖华正			31	406	0.00	0.00	0.00	406.00			406.00
11	8	邝雅兰		2		427	0.00	42.70	42.70	384.30		112	496.30
12	9	鞠梅兰				334	0.00	0.00	0.00	334.00			334.00

项目二　使用绝对地址计算某班学生的英语成绩

● 操作要求

表 4.13 为“某班英语科考试成绩表”。每位学生的英语成绩由笔试成绩（占 60%）和听力成绩（占 40%）两部分组成，其各部分成绩的占分比例分别放在 H3 和 H4 单元格中，请引用相应单元格中的占分比比例，在“总成绩”列中设置公式，计算出所有学生的总成绩且只保留 1 位小数。

● 原表

原表如表 4.13 所示。

表 4.13　原表

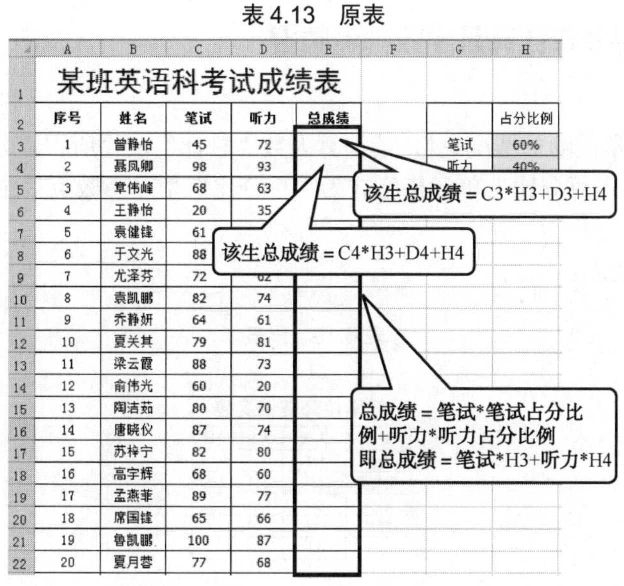

某班英语科考试成绩表

序号	姓名	笔试	听力	总成绩			占分比例
1	曾静怡	45	72			笔试	60%
2	聂凤卿	98	93			听力	40%
3	章伟峰	68	63				
4	王静怡	20	35				
5	袁健锋	61					
6	于文光	88					
7	尤泽芬	72	62				
8	袁凯鹏	82	74				
9	乔静妍	64	61				
10	夏关其	79	81				
11	梁云霞	88	73				
12	俞伟光	60	20				
13	陶洁茹	80	70				
14	唐晓仪	87	74				
15	苏梓宁	82	80				
16	高宇辉	68	60				
17	孟燕菲	89	77				
18	席国锋	65	66				
19	鲁凯鹏	100	87				
20	夏月蓉	77	68				

● 样表

样表如表 4.14 所示。

表 4.14　样表

某班英语科考试成绩表

序号	姓名	笔试	听力	总成绩			占分比例
1	曾静怡	45	72	55.8		笔试	60%
2	聂凤卿	98	93	96.0		听力	40%
3	章伟峰	68	63	66.0			
4	王静怡	20	35	26.0			
5	袁健锋	61	35	50.6			
6	于文光	88	74	82.4			
7	尤泽芬	72	62	68.0			
8	袁凯鹏	82	74	78.8			
9	乔静妍	64	61	62.8			
10	夏关其	79	81	79.8			
11	梁云霞	88	73	82.0			
12	俞伟光	60	20	44.0			
13	陶洁茹	80	70	76.0			
14	唐晓仪	87	74	81.8			
15	苏梓宁	82	80	81.2			
16	高宇辉	68	60	64.8			
17	孟燕菲	89	77	84.2			
18	席国锋	65	66	65.4			
19	鲁凯鹏	100	87	94.8			
20	夏月蓉	77	68	73.4			

● **操作步骤**

（1）单击 E3 单元格，输入公式=C3*H3+D3+H4，然后按 Enter 键确认。

（2）拖动填充柄复制公式即可。

小知识 相对地址：会随着公式的复制而发生变化，其表示形式如 C3、D3，如项目一中步骤（1）所示。

绝对地址：不会随着公式的复制发生变化，其表示形式是在行号和列号前均加上绝对地址符号$，如$H$3、$H$4。

本题中 E3 中公式应为=C3*H3+D3+H4，E4 中公式应为=C4*H3+D4+H4，依此类推，其中 H3 和 H4 单元格随着公式复制不需要发生变化，因此使用绝对地址。

拓展练习二　使用公式计算某学校师资情况

● **操作要求**

表 4.15 为“某学校师资情况表”，请计算人数“总计”及“所占百分比”列（所占百分比=人数/总计），“所占百分比”单元格格式为“百分比”型（小数点后位数为 2）。

● **原表**

原表如表 4.15 所示。

表 4.15　原表

	A	B	C
1	某学校师资情况表		
2	职称	人数	所占百分比
3	教授	125	
4	副教授	436	
5	讲师	562	
6	助教	296	
7	总计		

● **样表**

样表如表 4.16 所示。

表 4.16　样表

	A	B	C
1	某学校师资情况表		
2	职称	人数	所占百分比
3	教授	125	8.81%
4	副教授	436	30.73%
5	讲师	562	39.61%
6	助教	296	20.86%
7	总计	1419	

项目三　使用函数统计学生期中考试成绩

● **操作要求**

表 4.17 为“某班学生期中考试成绩总表”，请使用函数完成以下计算。

（1）计算每个学生的各科成绩总分（提示：使用 SUM 函数）。

（2）计算每个学生的各科成绩平均分（提示：使用 AVERAGE 函数）。

(3) 根据学生平均分的降序顺序确定各学生的排名（提示：使用 RANK 函数）。

(4) 判定各学生的等级，判定规则为：如果平均分在 80 分以上（含 80 分）则等级为优秀，否则为合格（提示：使用 IF 函数）。

(5) 计算每门课程的单科成绩最高分（提示：使用 MAX 函数）。

(6) 计算每门课程的单科成绩最低分（提示：使用 MIN 函数）。

- **原表**

原表如表 4.17 所示。

表 4.17　原表

	A	B	C	D	E	F	G	H	I	J	K
1	某班学生期中考试成绩总表										
2	序号	姓名	语文	数学	体育	英语	计算机	总分	平均分	排名	等级
3	1	梁永锋	63	71	62	53	92				
4	2	黄振文	70	62	63	45	78				
5	3	苏根洪	75	65	73	69	89				
6	4	叶灿棋	65	81	68	45	93				
7	5	朱加伟	65	71	83	60	72				
8	6	朱进飞	66	76	64	53	81				
9	7	何国梁	64	63	64	32	78				
10	8	陈杰毅	70	65	60	70	69				
11	9	潘燕劲	63	64	59	27	75				
12	10	吴文斌	62	46	83	40	80				
13	11	唐卫珍	83	99	82	86	91				
14	12	刘杰贞	76	65	67	71	83				
15	13	梁杏欢	68	86	83	89	75				
16	14	谢泽源	88	76	65	83	91				
17	15	梁楚君	72	97	65	75	78				
18	16	李焕玲	86	88	67	86	94				
19	17	朱华玲	81	87	70	85	78				
20	18	李杏儿	78	84	69	79	69				
21	19	黄家敏	82	88	66	82	89				
22	20	叶汝珍	84	85	64	82	81				
23											
24	单科成绩最高分										
25	单科成绩最低分										

- **样表**

样表如表 4.18 所示。

表 4.18　样表

	A	B	C	D	E	F	G	H	I	J	K
1	某班学生期中考试成绩总表										
2	序号	姓名	语文	数学	体育	英语	计算机	总分	平均分	排名	等级
3	1	梁永锋	63	71	62	53	92	341	68.2	14	合格
4	2	黄振文	70	62	63	45	78	318	63.6	17	合格
5	3	苏根洪	75	65	73	69	89	371	74.2	10	合格
6	4	叶灿棋	65	81	68	45	93	352	70.4	12	合格
7	5	朱加伟	65	71	83	60	72	351	70.2	13	合格
8	6	朱进飞	66	76	64	53	81	340	68	15	合格
9	7	何国梁	64	63	64	32	78	301	60.2	19	合格
10	8	陈杰毅	70	65	60	70	69	334	66.8	16	合格
11	9	潘燕劲	63	64	59	27	75	288	57.6	20	合格
12	10	吴文斌	62	46	83	40	80	311	62.2	18	合格
13	11	唐卫珍	83	99	82	86	91	441	88.2	1	优秀
14	12	刘杰贞	76	65	67	71	83	362	72.4	11	合格
15	13	梁杏欢	68	86	83	89	75	401	80.2	5	优秀
16	14	谢泽源	88	76	65	83	91	403	80.6	4	优秀
17	15	梁楚君	72	97	65	75	78	387	77.4	8	合格
18	16	李焕玲	86	88	67	86	94	421	84.2	2	优秀
19	17	朱华玲	81	87	70	85	78	401	80.2	5	优秀
20	18	李杏儿	78	84	69	79	69	379	75.8	9	合格
21	19	黄家敏	82	88	66	82	89	407	81.4	3	优秀
22	20	叶汝珍	84	85	64	82	81	396	79.2	7	合格
23											
24	单科成绩最高分		88	99	83	89	94				
25	单科成绩最低分		62	46	59	27	69				

● 操作步骤

1．计算各科成绩总分

（1）单击 H3 单元格，单击“公式”选项卡中的“插入函数”按钮（如图 4.81 所示）。

（2）此时，出现“插入函数”对话框，找到要使用的 SUM 函数（如图 4.82 所示），单击“确定”按钮，出现 SUM 函数的“函数参数”对话框（如图 4.83 所示）。

图 4.81　单击“插入函数”按钮

插入函数
搜索函数(S)：
请输入一条简短说明来描述您想做什么，然后单击“转到”
转到(G)
或选择类别(C)：常用函数
选择函数(N)：
SUMIF
RANK
SUM
AVERAGE
IF
HYPERLINK
COUNT
SUM(number1,number2,...)
计算单元格区域中所有数值的和
有关该函数的帮助
确定
取消

图 4.82　“插入函数”对话框

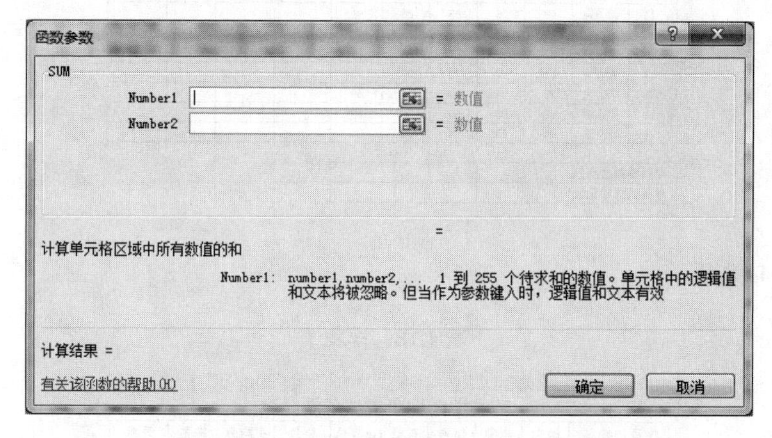

图 4.83　SUM 函数的“函数参数”对话框

（3）在 SUM 函数的“函数参数”对话框中，将光标定位于“Number1”框中，拖动鼠标选择要进行求和运算的单元格区域 C3:G3，此时，如图 4.84 所示。单击“确定”按钮即可计算出该学生的成绩总分。然后拖动填充柄复制公式，完成所有学生成绩总分的计算。

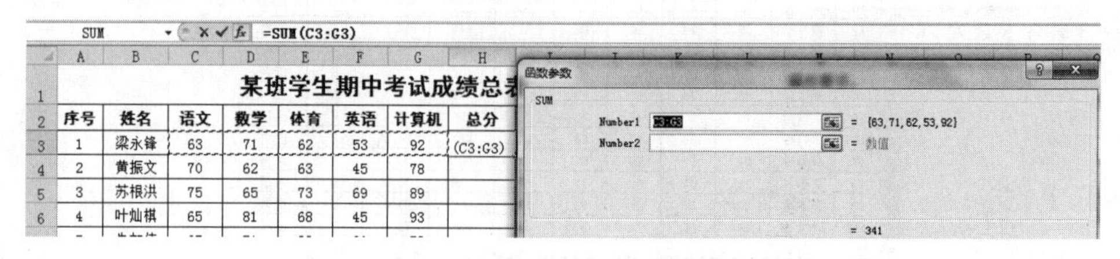

图 4.84　SUM 函数的参数设置

小知识 要插入函数，除了使用“公式”选项卡之外，还可以直接单击数据编辑栏中的“插入函数”按钮 *fx*（如图 4.85 所示）。

图 4.85 单击“插入函数”按钮

2. 用同样的方法完成第 2、5、6 小题的计算

3. 计算学生排名

将光标定位在 J3 单元格中，单击数据编辑栏中的 *fx*，在打开的“插入函数”对话框中找到 RANK 函数，单击“确定”按钮，此时，出现 RANK 函数的“函数参数”对话框，如图 4.86 所示。

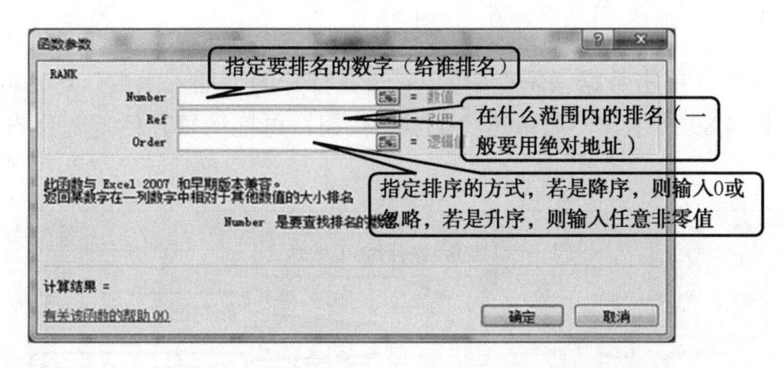

图 4.86 RANK 函数的“函数参数”对话框

此时，设置参数如图 4.87 所示，单击“确定”按钮，然后拖动填充柄复制公式，即可完成所有学生排名计算。

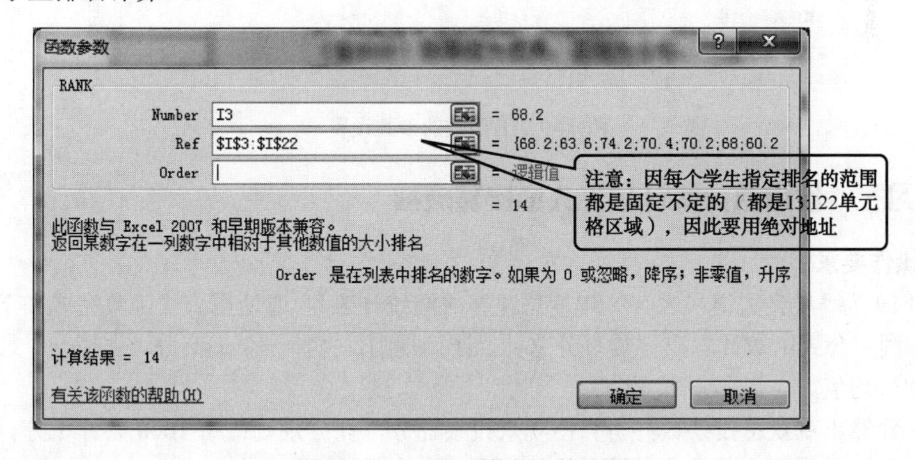

图 4.87 RANK 函数的参数设置

小知识 在“插入函数”对话框中，默认的类别为“常用函数”，其中列出了使用频率最高的一些函数及最近使用过的函数，如果其中没有自己要使用的函数，则选择类别为“全部”（若知识要使用函数所在的类别，也可直接选择相应的类别），此时，所有函数都将列出，在其中找到自己要使用的函数即可。

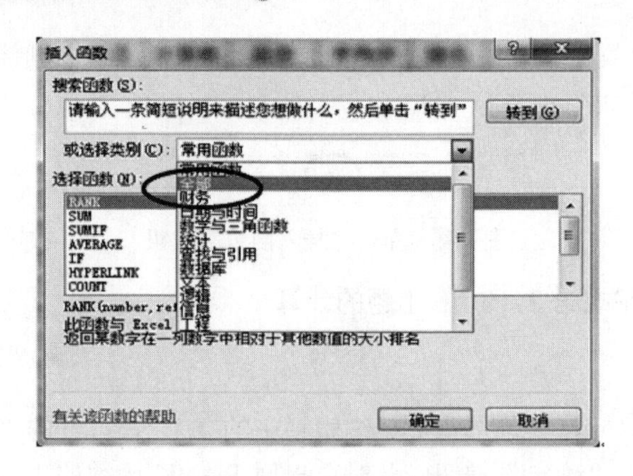

图 4.88 “插入函数”对话框

4．计算等级

单击 K3 单元格，单击数据编辑栏中的 *fx*，在打开的“插入函数”对话框中找到 IF 函数，设置参数如图 4.89 所示，然后单击“确定”按钮，再拖动填充柄复制公式，即可完成等级计算。

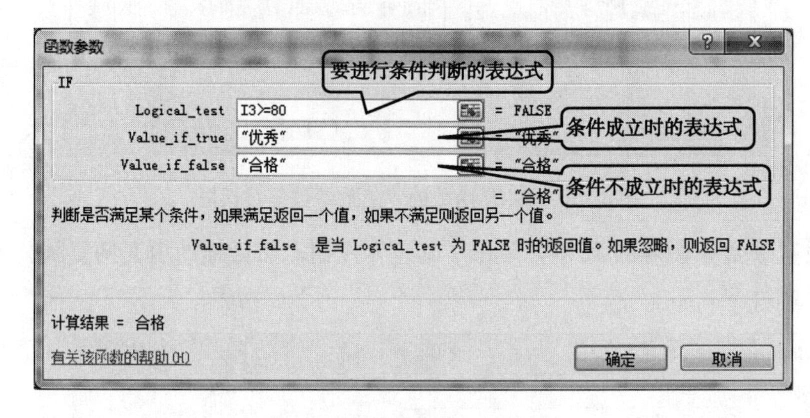

图 4.89 IF 函数的参数设置

拓展练习三 使用函数统计星光大道比赛成绩

● **操作要求**

表 4.19 为“星光大道××××年度总决赛成绩统计表”，请使用公式函数完成如下计算。

（1）利用公式函数计算出评委打分总计，计算规则：去掉一个最高分，去掉一个最低分，其余的取平均值。

（2）计算出观众总投票数并折算出观众投票计分，计分规则：每 1000 票计 1 分。

（3）计算出每位选手的总成绩（结果保留 2 位小数）。

（4）根据选手的总成绩按递减次序进行排名（使用 RANK 函数）。

● **原表**

原表如表 4.19 所示。

表 4.19　原表

星光大道XXXX年度总决赛成绩统计表														
序号	选手姓名	各评委打分						评委打分总计	现场观众投票数	场外观众投票数	观众总投票数	观众打分总计	总成绩	排名
		阎　肃	师胜杰	苏永康	何　晴	杨培安	张晓棠							
1	玖月奇迹	8.8	8.2	9.5	7.1	6.6	7.7		1443	1743				
2	阿宝	9.5	9.9	9.8	8.7	8.0	9.4		1163	1463				
3	石头	8.1	7.9	8.2	9.4	9.5	9.7		1023	1323				
4	二妞	7.6	6.6	8.5	9.1	8.0	8.8		1202	1502				
5	李玉刚	9.9	10.0	9.9	8.8	8.2	9.5		1650	1950				
6	陆海涛	7.5	7.1	8.1	6.5	6.6	6.0		1526	1826				
7	蚂蚁组合	7.4	8.2	7.3	6.5	7.1	6.1		1225	1525				
8	凤凰传奇	8.0	6.6	8.8	9.8	10.0	9.9		1442	1742				
9	张羽	8.2	7.4	8.9	9.7	10.0	9.8		1597	1897				
10	玛丽亚	7.4	6.6	6.6	7.3	7.1	7.7		1650	1950				

● **样表**

样表如表 4.20 所示。

表 4.20　样表

星光大道XXXX年度总决赛成绩统计表													
选手姓名	各评委打分						评委打分总计	现场观众投票数	场外观众投票数	观众总投票数	观众打分总计	总成绩	排名
	阎　肃	师胜杰	苏永康	何　晴	杨培安	张晓棠							
玖月奇迹	8.8	8.2	9.5	7.1	6.6	7.7	7.95	1443	1743	3186	3.186	11.14	6
阿宝	9.5	9.9	9.8	8.7	8.0	9.4	9.35	1163	1463	2626	2.626	11.98	4
石头	8.1	7.9	8.2	9.4	9.5	9.7	8.8	1023	1323	2346	2.346	11.15	5
二妞	7.6	6.6	8.5	9.1	8.0	8.8	8.225	1202	1502	2704	2.704	10.93	7
李玉刚	9.9	10.0	9.9	8.8	8.2	9.5	9.525	1650	1950	3600	3.6	13.13	1
陆海涛	7.5	7.1	8.1	6.5	6.6	6.0	6.925	1526	1826	3352	3.352	10.28	9
蚂蚁组合	7.4	8.2	7.3	6.5	7.1	6.1	7.075	1225	1525	2750	2.75	9.83	10
凤凰传奇	8.0	6.6	8.8	9.8	10.0	9.9	9.125	1442	1742	3184	3.184	12.31	3
张羽	8.2	7.4	8.9	9.7	10.0	9.8	9.15	1597	1897	3494	3.494	12.64	2
玛丽亚	7.4	6.6	6.6	7.3	7.1	7.7	7.1	1650	1950	3600	3.6	10.70	8

项目四　使用函数统计学生身体基本情况

● **操作要求**

表 4.21 为“某班学生身体基本情况表”，请使用函数对该表完成以下计算。

（1）计算该班学生的年龄普遍值和身高普遍值（使用 MODE 函数），并将结果放置于 J3 和 J4 单元格中。

（2）计算出该班学生的平均年龄（使用 AVERAGE 函数），并将结果放置于 J5 单元格中。

（3）分别统计全班总人数、男生人数和女生人数（使用 COUNTA、COUNTIF 函数），并将结果放置于 J6、J7 和 J8 单元格中。

（4）计算男生的平均年龄和女生的平均年龄（使用 SUMIF、COUNTA 函数），并将结果放置于 J9 和 J10 单元格中。

（5）如果学生的身高在 160 以上（含 160），而且体重在 55 以上（含 55），则备注中给出“保持锻炼”信息，否则给出“加强锻炼”信息。（使用 IF、AND 函数）

● **原表**

原表如表 4.21 所示。

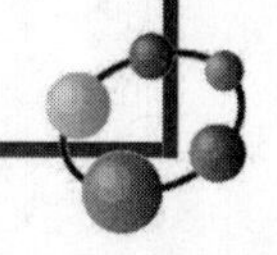

表 4.21　原表

	A	B	C	D	E	F	G	H	I	J
1	某班学生身体基本情况表									
2	学号	姓名	性别	年龄	身高	体重	备注			
3	A1	陈静	女	18	161	53			年龄普遍值	
4	A2	李学文	男	17	179	65			身高普遍值	
5	A3	邓江东	女	19	169	65			平均年龄	
6	A4	丁秋宜	女	18	158	45			全班总人数	
7	A5	冯轩	男	17	170	60			男生人数	
8	A6	冯雨	女	17	160	53			女生人数	
9	A7	高展翔	男	15	169	52			男生平均年龄	
10	A8	古保全	男	16	175	60			女生平均年龄	
11	A9	古琴	女	15	154	47				
12	A10	邝绮娟	女	16	160	45				
13	A11	雷鸣	男	17	173	62				
14	A12	李伯仁	男	18	155	65				
15	A13	李海	男	17	168	68				
16	A14	李雪敏	女	15	165	65				
17	A15	李继红	女	18	163	65				
18	A16	李禄	男	16	179	65				
19	A17	李鹏飞	男	15	165	60				
20	A18	李书召	男	18	177	65				
21	A19	李文如	女	17	147	46				
22	A20	李叶香	女	17	150	54				
23	A21	李真	男	17	156	46				
24	A22	林茅	男	17	192	72				
25	A23	林寻	男	18	168	58				
26	A24	刘华盛	女	16	153	63				
27	A25	刘君毅	女	16	160	64				
28	A26	刘利杭	男	16	177	67				
29	A27	刘毅	女	16	160	50				
30	A28	卢植茵	女	17	165	63				
31	A29	卢志佳	女	18	156	60				
32	A30	马甫仁	男	17	149	60				

● 样表

样表如表 4.22 所示。

表 4.22　样表

	A	B	C	D	E	F	G	H	I	J
1	某班学生身体基本情况表									
2	学号	姓名	性别	年龄	身高	体重	备注			
3	A1	陈静	女	18	161	53	加强锻炼		年龄普遍值	17
4	A2	李学文	男	17	179	65	保持锻炼		身高普遍值	160
5	A3	邓江东	女	19	169	65	保持锻炼		平均年龄	16.8
6	A4	丁秋宜	女	18	158	45	加强锻炼		全班总人数	30
7	A5	冯轩	男	17	170	60	保持锻炼		男生人数	15
8	A6	冯雨	女	17	160	53	加强锻炼		女生人数	15
9	A7	高展翔	男	15	169	52	加强锻炼		男生平均年龄	16.7
10	A8	古保全	男	16	175	60	保持锻炼		女生平均年龄	16.9
11	A9	古琴	女	15	154	47	加强锻炼			
12	A10	邝绮娟	女	16	160	45	加强锻炼			
13	A11	雷鸣	男	17	173	62	保持锻炼			
14	A12	李伯仁	男	18	155	65	加强锻炼			
15	A13	李海	男	17	168	68	保持锻炼			
16	A14	李雪敏	女	15	165	65	保持锻炼			
17	A15	李继红	女	18	163	65	保持锻炼			
18	A16	李禄	男	16	179	65	保持锻炼			
19	A17	李鹏飞	男	15	165	60	保持锻炼			
20	A18	李书召	男	18	177	65	保持锻炼			
21	A19	李文如	女	17	147	46	加强锻炼			
22	A20	李叶香	女	17	150	54	加强锻炼			
23	A21	李真	男	17	156	46	加强锻炼			
24	A22	林茅	男	17	192	72	保持锻炼			
25	A23	林寻	男	18	168	58	保持锻炼			
26	A24	刘华盛	女	16	153	63	加强锻炼			
27	A25	刘君毅	女	16	160	64	保持锻炼			
28	A26	刘利杭	男	16	177	67	保持锻炼			
29	A27	刘毅	女	16	160	50	加强锻炼			
30	A28	卢植茵	女	17	165	63	保持锻炼			
31	A29	卢志佳	女	18	156	60	加强锻炼			
32	A30	马甫仁	男	17	149	60	加强锻炼			

● 操作步骤

（1）计算年龄普遍值：单击 J3 单元格，单击数据编辑栏中的 *fx*，在打开的“插入函数”

对话框中找到 MODE 函数，设置参数如图 4.90 所示。

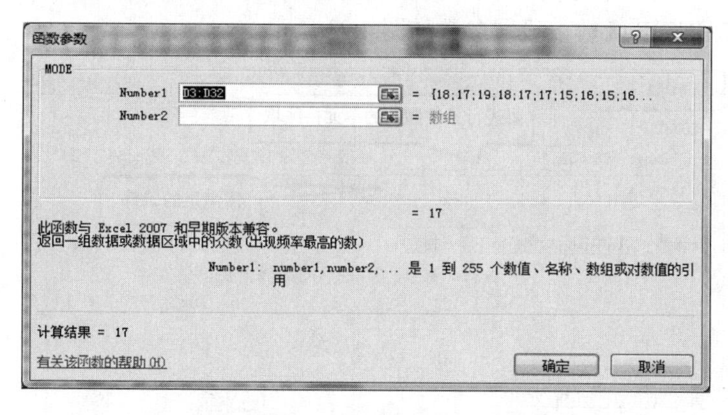

图 4.90　MODE 函数的参数设置

（2）计算身高普遍值：方法如步骤（1）。

（3）计算平均年龄：单击 J5 单元格，单击数据编辑栏中的 f_x，在打开的“插入函数”对话框中找到 AVERAGE 函数，设置参数如图 4.91 所示。

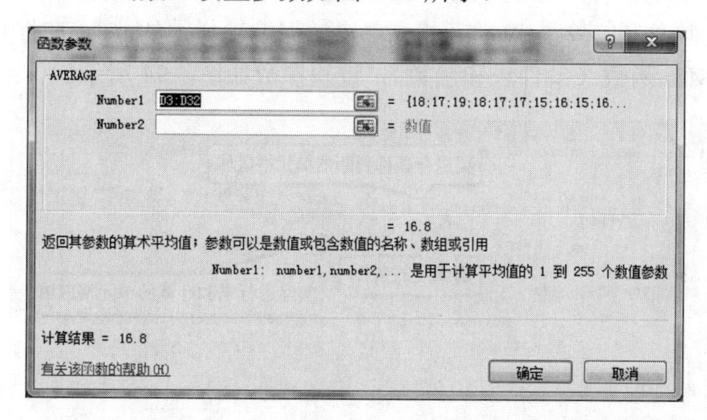

图 4.91　AVERAGE 函数的参数设置

（4）计算全班总人数：单击 J6 单元格，单击数据编辑栏中的 f_x，在打开的“插入函数”对话框中找到 COUNTA 函数，设置参数如图 4.92 所示。

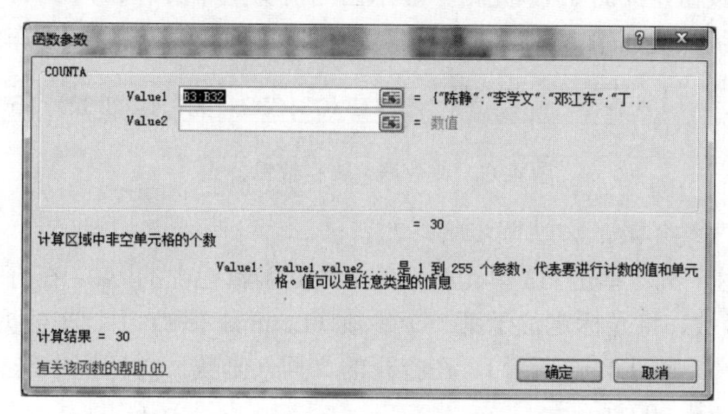

图 4.92　COUNTA 函数的参数设置

（5）统计男生人数：单击 J7 单元格，单击数据编辑栏中的 fx，在打开的“插入函数”对话框中找到 COUNTIF 函数，设置参数如图 4.93 所示。

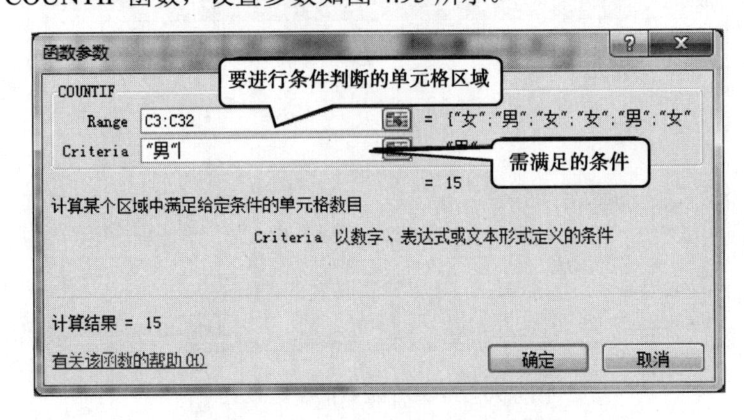

图 4.93　COUNTIF 函数参数设置

（6）计算女生人数：方法同步骤（5）。

（7）计算男生平均年龄：男生平均年龄=男生年龄总和/男生人数。

先计算男生年龄总和：单击 J9 单元格，单击数据编辑栏中的 fx，在打开的“插入函数”对话框中找到 SUMIF 函数（条件求和函数），设置参数如图 4.94 所示。

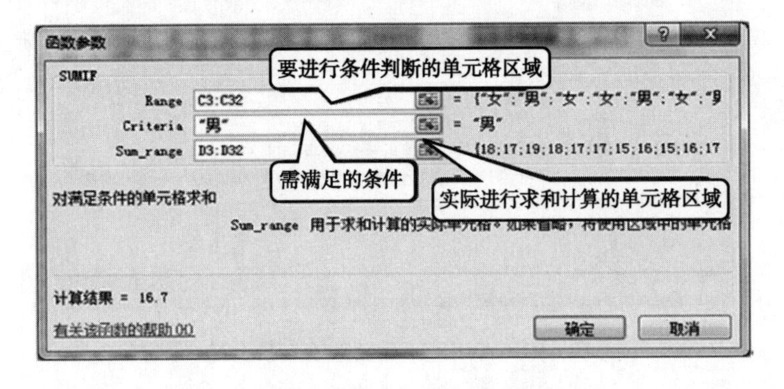

图 4.94　SUMIF 函数参数设置

单击“确定”按钮，此时 J9 单元格中显示出当前男生年龄总和为 251，单击 J9 单元格，在数据编辑栏中的函数后面输入/15（或/J7）（如图 4.95 所示），然后按回车键确认输入。

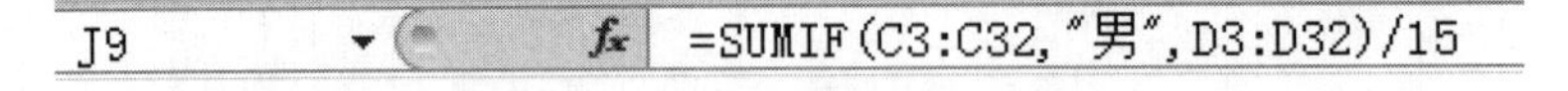

图 4.95　在数据编辑栏编辑公式

（8）计算女生平均年龄：方法同步骤（7）。

（9）计算“备注”列：单击 G3 单元格，单击数据编辑栏中的 fx，在打开的“插入函数”对话框中找到 IF 函数，将光标定位于第一个参数（Logical_test）中，在数据编辑栏的名称框中选择“其他函数”（如图 4.96 所示），在打开的“插入函数”对话框中选择 AND 函数（与函数），设置参数如图 4.97 所示。

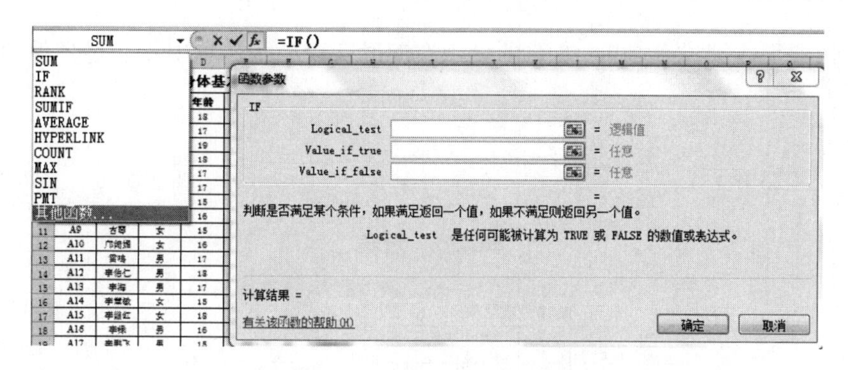

图 4.96　在 IF 函数中嵌套 AND

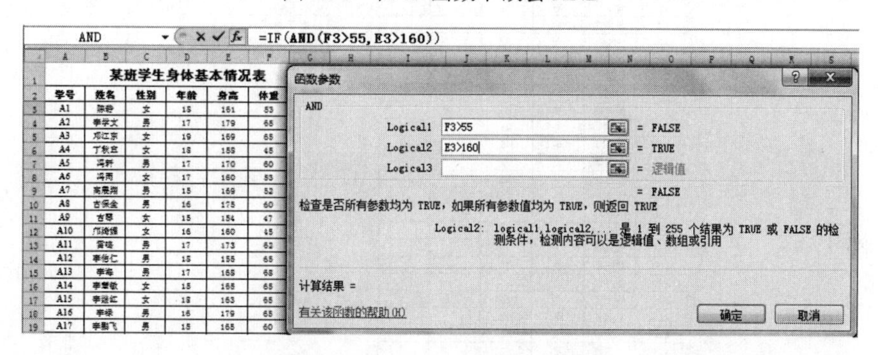

图 4.97　AND 函数的参数设置

此时，在数据编辑栏中的 IF 函数处单击鼠标，则回到 IF 函数的“函数参数”对话框，继续设置参数（如图 4.98 所示），单击“确定”按钮，拖动填充柄复制公式即可。

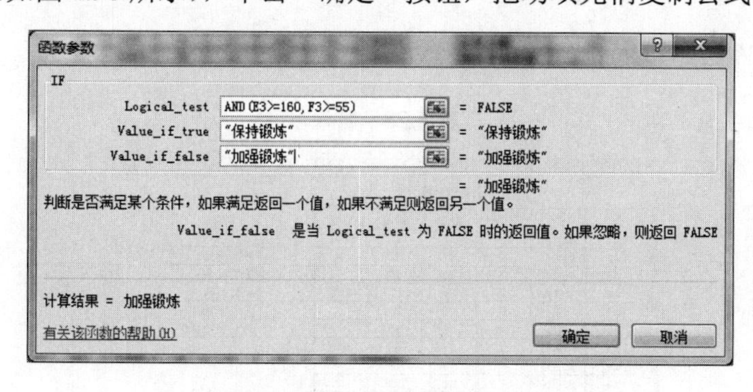

图 4.98　IF 函数的参数设置

拓展练习四　使用函数计算某课程成绩

● **操作要求**

表 4.23 为“某课程成绩表”，请使用函数完成如下计算。

（1）计算所有学生的平均成绩，并将结果置于 I4 单元格中。

（2）分别计算男生人数和女生人数，并将结果置于 I5 和 I6 单元格中。

（3）分别计算男生平均成绩和女生的平均成绩，并将结果置于 I7 和 I8 单元格中。

（4）对所有学生按照成绩的递减次序进行排名。

（5）因该课程成绩排名为前 10 名的学生有奖励，请在备注列中将满足条件的学生备注“奖励”。

● **原表**

原表如表 4.23 所示。

表 4.23　原表

某课程成绩表					
学号	姓名	性别	成绩	排名	备注
A1	乌文渊	男	61		
A2	荆晓东	男	69		
A3	史骏辉	男	79		
A4	施泽坤	男	88		
A5	薛伟明	男	70		
A6	柯品	女	80		
A7	万嘉琳	女	89		
A8	劭伯铭	男	75		
A9	游振国	男	84		
A10	原伟明	男	60		
A11	余丰	男	93		
A12	穆景林	男	45		
A13	薛秀萍	女	68		
A14	范思衡	男	85		
A15	程伯聪	男	93		
A16	高宇辉	男	89		
A17	孟燕菲	女	65		
A18	席国锋	男	97		
A19	鲁凯鹏	男	87		
A20	夏月蓉	女	86		
A21	冯文坚	男	56		
A22	苏德才	男	92		
A23	毛建敏	女	68		
A24	申晨鸿	男	83		
A25	林淑芳	女	84		
A26	万文凯	男	77		
A27	曲建文	男	60		
A28	田晓康	女	73		
A29	鲁盛辉	男	86		
A30	曲安琪	女	49		

平均成绩	
男生人数	
女生人数	
男生平均成绩	
女生平均成绩	

● **样表**

样表如表 4.24 所示。

表 4.23　样表

某课程成绩表					
学号	姓名	性别	成绩	排名	备注
A1	乌文渊	男	61	25	
A2	荆晓东	男	69	21	
A3	史骏辉	男	79	16	
A4	施泽坤	男	88	7	奖励
A5	薛伟明	男	70	20	
A6	柯品	女	80	15	
A7	万嘉琳	女	89	5	奖励
A8	劭伯铭	男	75	18	
A9	游振国	男	84	12	
A10	原伟明	男	60	26	
A11	余丰	男	93	2	奖励
A12	穆景林	男	45	30	
A13	薛秀萍	女	68	22	
A14	范思衡	男	85	11	
A15	程伯聪	男	93	2	奖励
A16	高宇辉	男	89	5	奖励
A17	孟燕菲	女	65	24	
A18	席国锋	男	97	1	奖励
A19	鲁凯鹏	男	87	8	奖励
A20	夏月蓉	女	86	9	奖励
A21	冯文坚	男	56	28	
A22	苏德才	男	92	4	奖励
A23	毛建敏	女	68	22	
A24	申晨鸿	男	83	14	
A25	林淑芳	女	84	12	
A26	万文凯	男	77	17	
A27	曲建文	男	60	26	
A28	田晓康	女	73	19	
A29	鲁盛辉	男	86	9	奖励
A30	曲安琪	女	49	29	

平均成绩	76.4
男生人数	21
女生人数	9
男生平均成绩	77.6
女生平均成绩	73.6

Excel 中的常用函数如表 4.25 所示。

表 4.25　Excel 中的常用函数

函数名	功能	格式	参数描述
SUM	求和	SUM(number1,number2,…)	单元格中的逻辑值和文本将被忽略。但当作为参数输入时，逻辑值和文本有效
AVERAGE	平均值	AVERAGE(number1,number2,…)	参数可以是数值或包含数值的名称、数值或引用
MAX	最大值	MAX(number1,number2,…)	数值、空单元格、逻辑值或文本数值
MIN	最小值	MIN(number1,number2,…)	数值、空单元格、逻辑值或文本数值
IF	条件	IF(logical_test,value_if_true,value_if_false)	Logical_test：任何一个可判断为 true 或 false 的数值或表达式； Value_if_true：当 Logical_test 为 true 时的返回值。如果忽略，则返回 true。IF 函数最多可嵌套七层； Value_if_false：当 Logical_test 为 false 时的返回值。如果忽略，则返回 false
COUNT	统计	COUNT(number1,number2,…)	可以包含或引用各种不同类型数据的参数，但只对数字型数据进行计数
COUNTIF	条件统计	COUNTIF(Range,Criteria)	Range：要计算其中非空单元格数目的区域；Criteria：以数字、表达式或文本形式定义的条件
SUMIF	条件函数	SUMIF(Range,Criteria,Sum_range)	Range：要进行计算的单元格区域 Criteria：以数字、表达式或文本形式定义的条件 Sum_range：用于求和计算的实际单元格。如果省略，将使用区域中的单元格
RANK	排名	RANK(Number,Ref,Order)	Number：是要查找排名的数字 Ref：是一组数或对一个数据列表的引用。非数字值将被忽略 Order：是在列表中排名的数字。如果为 0 或忽略，降序；非零值，升序
MODE	普遍值	MODE(number1,number2,…)	1～255 个数值、名称、数组或对数值的引用
AND	与函数	AND(Logical1,Logical2,…)	1～255 个结果为 TRUE 或 FALSE 的检测条件，检测内容可以是逻辑值、数组或引用
OR	或函数	OR(Logical1,Logical2,…)	1～255 个结果为 TRUE 或 FALSE 的检测条件
ABS	绝对值	ABS(Number)	Number：要对其求绝对值的实数

第四节　图表

● 学习目标

（1）明确图表的组成，包括坐标轴、数据系列、标题、图例、图表区、绘图区等。

（2）熟练掌握创建图表的方法。

（3）掌握如何对已创建的图表进行修改和格式化。

（4）能熟练运用图表对工作表中的数据进行分析和比较。

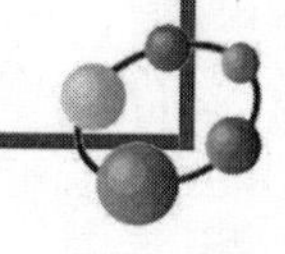

项目一　创建图表

● **操作要求**

表 4.26 为“中国在奥运会中获得奖牌数统计表”，请选取“届别”、“金牌”、“银牌”、“铜牌”四列，创建“带数据标记的折线图”（系列产生在“列”），在图表上方插入图表标题“中国获得奖牌数统计图”，设置横坐标标题为“届别”，标题位置在坐标轴下方，纵坐标轴标题为“奖牌数”，并使用旋转过的标题，图例显示在图表的右侧。将创建的图表插入到工作表的 A12:F26 单元格区域中。

● **原表**

原表如表 4.26 所示。

表 4.26　原表

	A	B	C	D	E	F
1	中国在奥运会中获得奖牌数统计表					
2	届别	地点	金牌	银牌	铜牌	排名
3	23届	洛杉矶	15	8	9	4
4	24届	汉城	5	11	12	11
5	25届	巴塞罗那	16	22	16	4
6	26届	亚特兰大	16	22	12	4
7	27届	悉尼	28	16	15	3
8	28届	雅典	32	17	14	2
9	29届	北京	51	21	28	1
10	30届	伦敦	38	27	23	2

● **样图**

样图如图 4.99 所示。

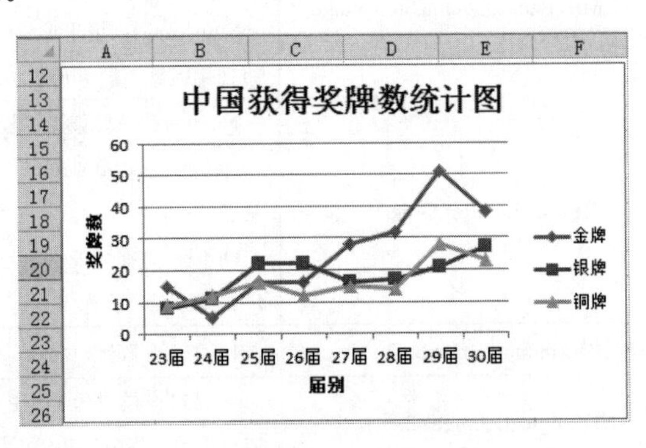

图 4.99　样图

● **操作步骤**

（1）选取中国在奥运会中获得奖牌数统计表的“届别”、“金牌”、“银牌”、“铜牌”四列。

小知识　如果要选取的是连续的单元格区域，则直接拖动鼠标选择即可；而如果要选取的是不连续的多个单元格区域，则需要先拖动鼠标选取其中的一个连续单元格区域，然后按住键盘上的 Ctrl 键不放，再次拖动鼠标选取其他的连续单元格区域，直到所有单元格均被选中。

（2）单击“插入”选项卡的“图表”组的“折线图”中的“带数据标记的折线图”（如图 4.100 所示），则创建出如图 4.101 所示的图表。

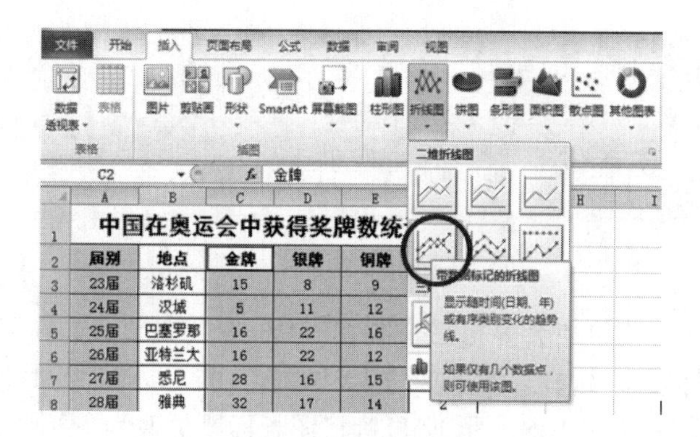

图 4.100　选择图表类型

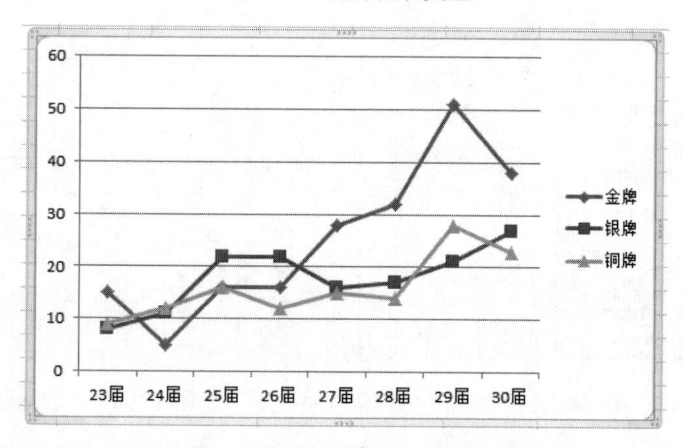

图 4.101　步骤（2）创建的图表效果

小知识　创建图表时，如果不知道所创建图表所属的类别，可直接单击“插入”选项卡的“图表”组右下角的按钮（如图 4.102 所示），打开“插入图表”对话框，选择所需要的图表类型（如图 4.103 所示）。

图 4.102　单击右下角按钮

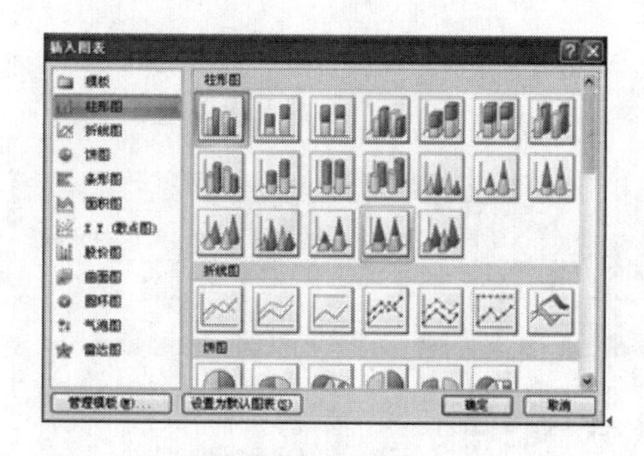

图 4.103　“插入图表”对话框

小知识　“系列产生在行”指的是将数据表的列标题（第一行的标题）作为 X 轴方向的名称，“系列产生在列”指的是将数据表的行标题（第一列的标题）作为 X 轴方向的名称。如果需要切换行列，可单击“图表工具”菜单的“设计”选项卡的“数据”组中的“切换行/列”（如图 4.104 所示）。

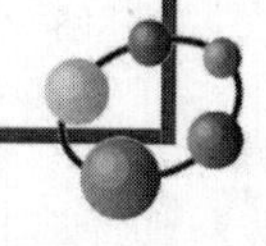

图 4.104　切换行/列

（3）单击图表，此时菜单栏会多出三个图表工具（分别是设计、布局、格式），单击“布局”选项卡的“图表标题”，选择“图表上方”（如图 4.105 所示），此时，图表上方会出现名为“图表标题”的标题（如图 4.106 所示），直接将图表标题更改为“中国获得奖牌数统计图”。

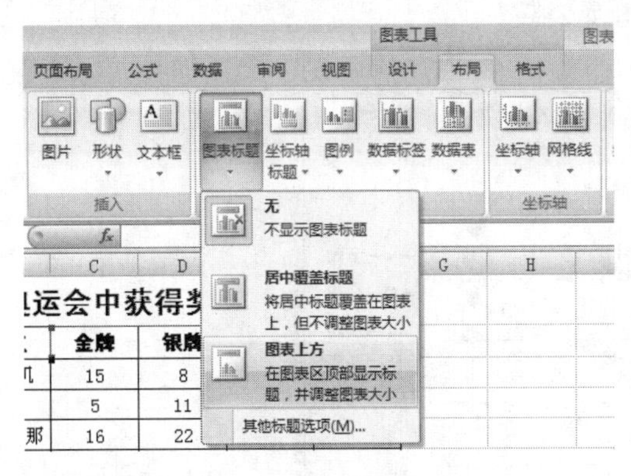

图 4.105　图表标题 1

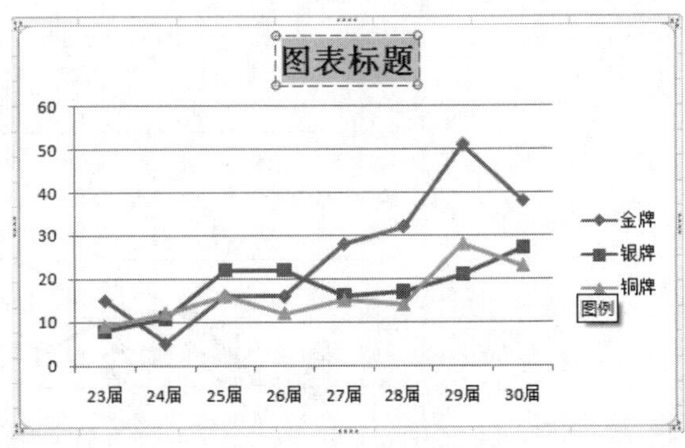

图 4.106　图表标题 2

（4）单击“布局”选项卡的“坐标轴标题”，选择“主要横坐标轴标题”→“坐标轴下方标题”（如图 4.107 所示），直接将出现的“横坐标轴标题”更改为“届别”。用同样的方法，选择“主要纵坐标轴标题”→“旋转过的标题”（如图 4.108 所示），并输入“奖牌数”作为纵坐标轴标题。

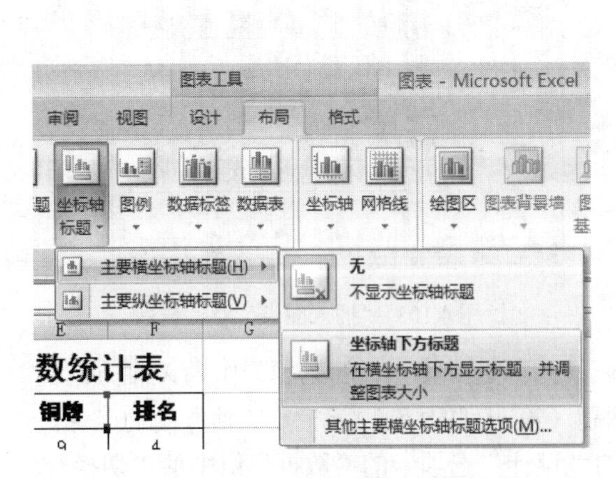

图 4.107　图表坐标轴标题（横坐标）

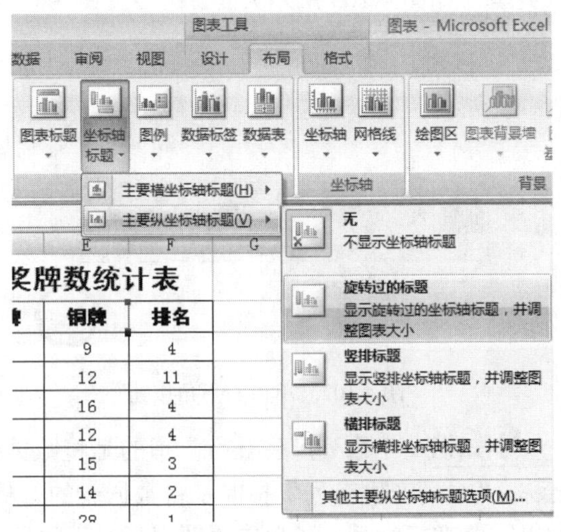

图 4.108　图表坐标轴标题（纵坐标）

小知识　在创建图表完成后，选定图表，此时菜单栏会多出三个图表工具，分别是“设计”、“布局”、“格式”，通过这三个工具可对已创建的图表进行修改和格式化操作。

①“设计”工具（如图 4.109 所示）。可实现操作：更改图表类型、更改系列产生方式（切换行/列）、更改数据源和编辑数据系列、图表布局、图表样式、设置放置图表的位置（移动数据）。

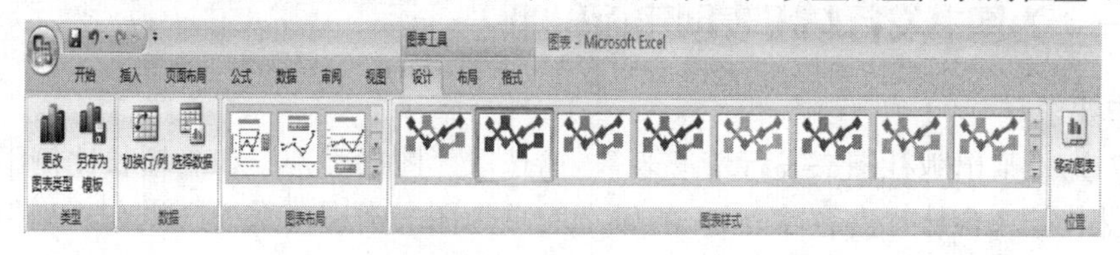

图 4.109 “设计”工具

②“布局”工具（如图 4.110 所示）。可实现操作：设置图表的标题、坐标轴标题（横坐标、纵坐标）、图例、数据标签、坐标轴、网格线、背景（包括绘图区、背景墙、基底）。

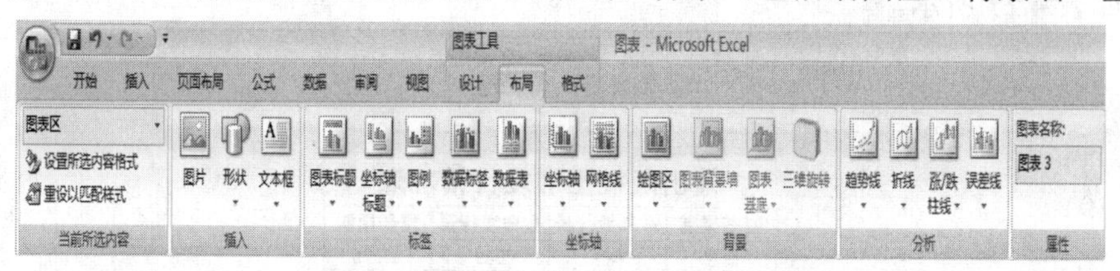

图 4.110 “布局”工具

③“格式”工具（如图 4.111 所示）。可实现操作：设置已选定图表各部分的形状及文本部分的填充、轮廓、效果等样式。

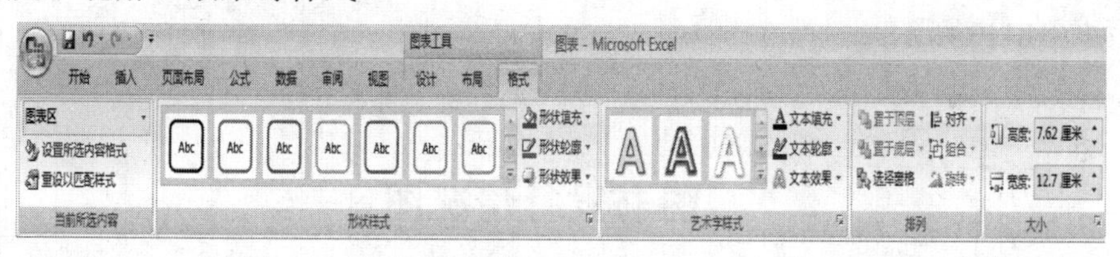

图 4.111 “格式”工具

（5）将创建好的图表移动到 A12:F26 单元格区域，将进行适当的缩放，使其正好放入 A12:F26 单元格区域，如图 4.112 所示。

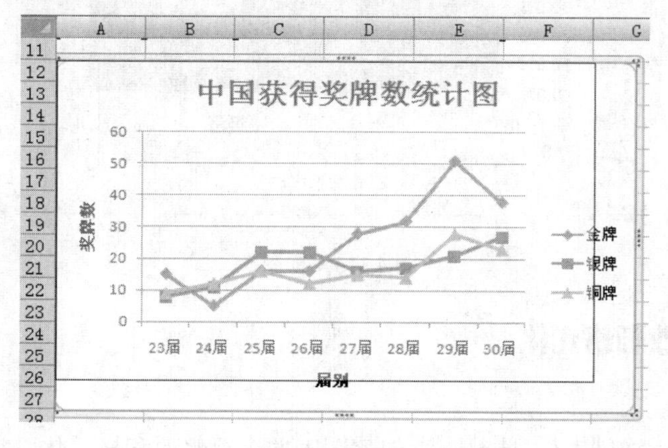

图 4.112 改变图表大小

小知识 单击选定图表，图表的四边及转角位置会出现 8 个尺寸控点（图示：或），此时，将鼠标移动到这些尺寸控点处并拖动鼠标可对图表进行缩放。

拓展练习一　为图书发行情况表创建面积图

● **操作要求**

表 4.27 为“某出版社图书发行情况表”，请选取“图书类别”和“增长比例”两列的内容建立“面积图”（合计行内容除外），*X* 轴上的项为图书类别（系列产生在“列”），图表标题为“图书发行情况图”，图例位置在底部，数据标签为“值”，将图插入到工作表的 A9:D23 单元格区域内。

● **原表**

原表如表 4.27 所示。

表 4.27　原表

	A	B	C	D
1	某出版社图书发行情况表			
2	图书类别	本年发行量	去年发行量	增长比例
3	信息	679	549	23.7%
4	社会	756	438	72.6%
5	经济	502	394	27.4%
6	少儿	358	269	33.1%
7	合计	2295	1650	

● **样图**

样图如图 4.113 所示。

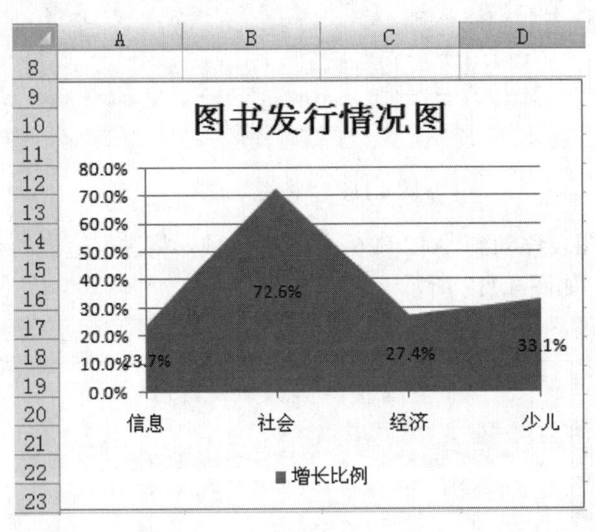

图 4.113　样图

项目二　图表修改和格式化

● **操作要求**

表 4.28 为“学生成绩表”，请对该表创建图表并进行修改和格式化，具体操作要求如下。

（1）选取“学生成绩表”的 A2:D7 单元格区域，创建“堆积圆柱图”，*X* 轴为学生姓名，在图表上方显示图表标题“学生成绩表”，图例置于图表底部。

（2）将图表类型改为“三维簇状柱形图”。

（3）删除图表中的数学和计算机的数据系列；增加计算机的数据系列；把计算机数据系列置于英语数据系列的前面。

（4）在计算机数据系列上添加以值显示的数据标签，取消显示主要横网格线和主要纵网格线。

（5）为整个图表区设置红色、3 磅、带内部下方阴影的圆角边框，内部填充为预设颜色：碧海青天。

（6）给背景墙填充自定义颜色（RGB 值：红色为 250，绿色为 192，蓝色为 144）。

（7）设置数值 *Y* 轴刻度的最小值为 10，主要刻度单位改为 10，与横坐标轴交叉于 10。

● **原表**

原表如表 4.28 所示。

表 4.28　原表

	A	B	C	D
1	学生成绩表			
2	姓名	数学	英语	计算机
3	蒋长厅	83	63	59
4	安宇航	58	63	74
5	学逢	66	90	94
6	艺天民	92	91	51
7	张军	83	76	89

● **样图**

样图如图 4.114 所示。

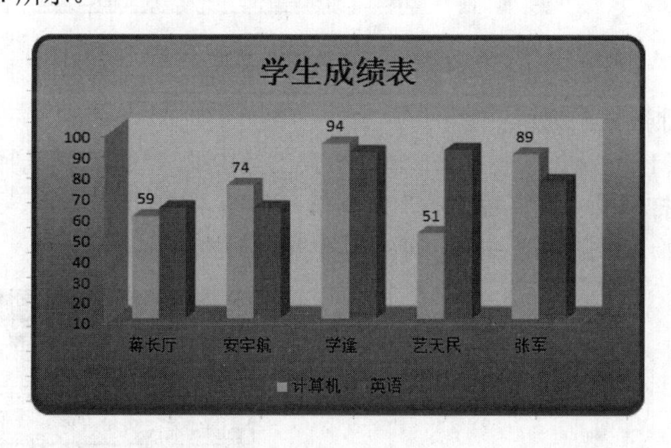

图 4.114　样图

● **操作步骤**

（1）选取“学生成绩表”的 A2:D7 单元格区域，单击“插入”选项卡的“图表”组右下角的 ，在打开的“插入图表”对话框中找到“堆积圆柱图”，在图表上方显示图表标题“学生成绩表”，并将图例置于图表底部（如图 4.115 所示）。

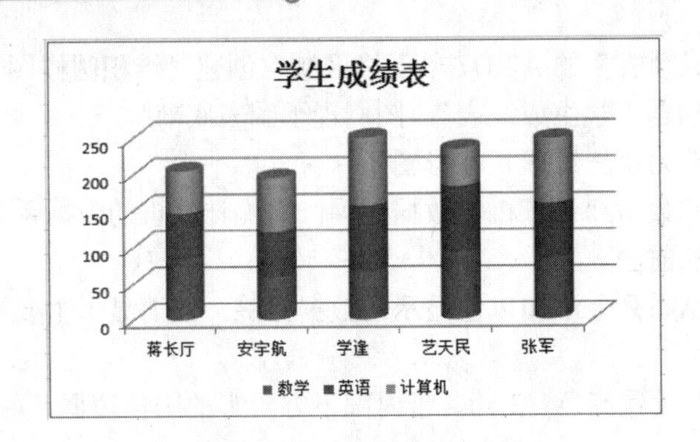

图 4.115　创建堆积圆柱图

（2）选定步骤（1）中创建的图表，单击图表工具中的“设计”，选择更改图表类型，在打开的“更改图表类型”对话框中选择三维簇状柱形图（如图 4.116 所示），单击“确定”按钮。

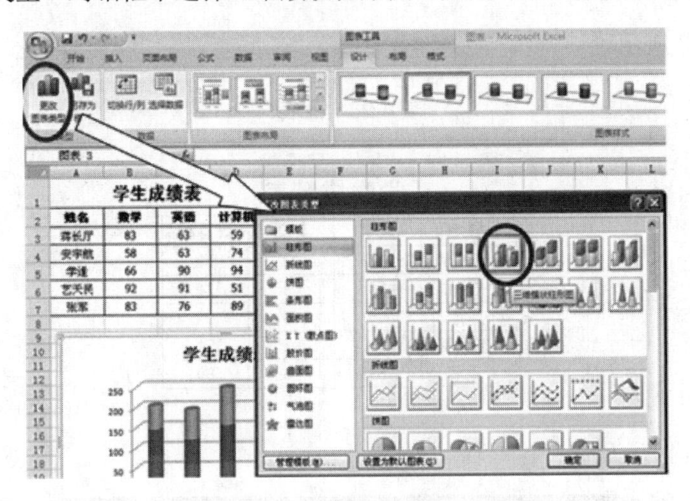

图 4.116　更改图表类型

（3）添加和删除数据系列。

① 选定步骤（1）中创建的图表，单击图表工具中的“设计”，选择“选择数据”（如图 4.117 所示），在打开的“选择数据源”对话框（如图 4.118 所示）中，分别选择“数学”和“计算机”系列，并单击删除按钮，可实现数据系列的删除。

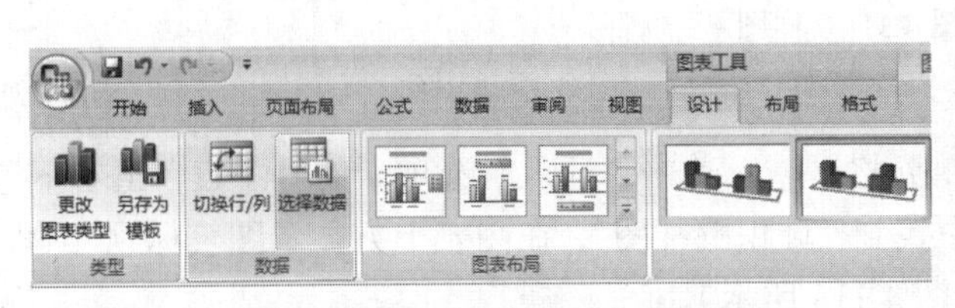

图 4.117　设置数据系列

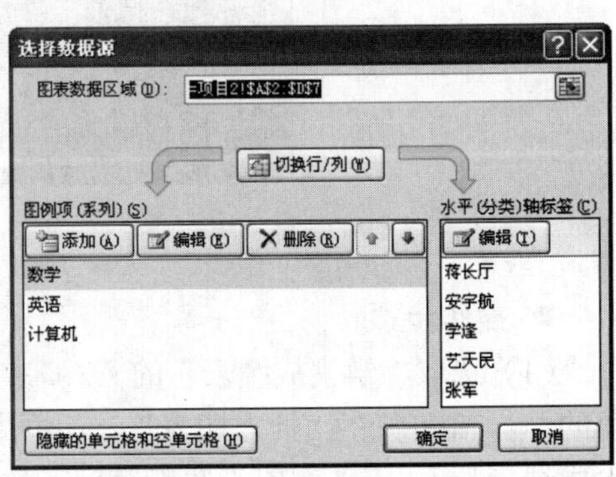

图 4.118　“选择数据源”对话框

小知识 若要删除数据系列，也可直接在图表中单击鼠标选择相应的数据系列，然后按 Delete 键删除。

② 在“选择数据源”对话框中，选择“添加”按钮，在打开的“编辑数据系列”对话框中，将光标定位于“系列名称”中，鼠标单击 D2 单元格，将光标定位于“系列值”中，拖动鼠标选择 D3:D7 单元格区域（如图 4.119 所示），单击“确定”按钮，即可完成数据系列的添加。

③ 在“选择数据源”对话框中，通过[上移/下移按钮]可调整数据系列的顺序。单击“计算机”数据系列，单击“上移”按钮[上移按钮]，即可将“计算机”数据系列置于“英语”数据系列的前面（如图 4.120 所示）。（也可以单击“英语”数据系列，单击“下移”按钮。）

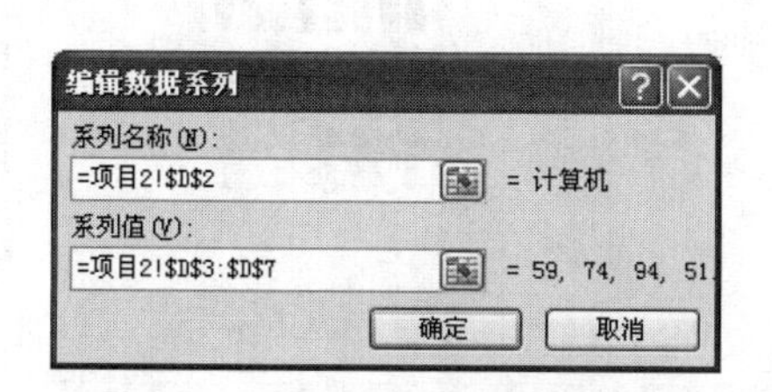

图 4.119　添加数据系列

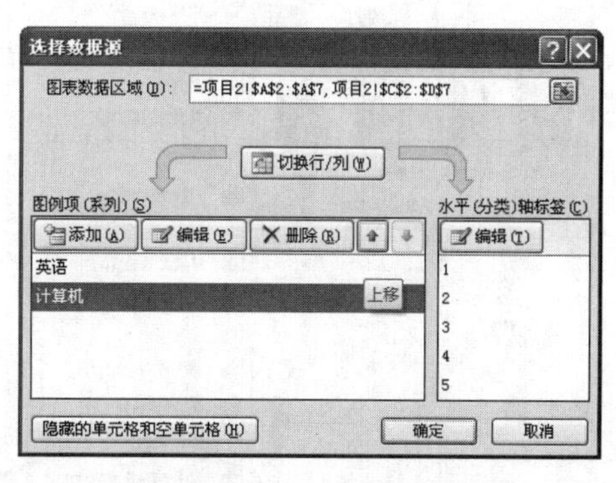

图 4.120　调整数据系列顺序

（4）添加数据标签和取消网格线。

① 单击选定图表中的“计算机”数据系列，选择“图表工具”→“布局”→“数据标签”→“其他数据标签选项”，在打开的“设置数据标签格式”对话框中，勾选“值”（如图 4.121 所示），单击“确定”按钮，此时在图表中的“计算机”数据系列上方出现以值显示的数据标签。

② 选定图表，单击“图表工具”→“布局”→“网格线”→“主要横网络线”→“无”，即可取消显示主要横网格线（如图 4.122 所示），用同样的方法取消主要纵网格线。

图 4.121　设置计算机系列数据标签

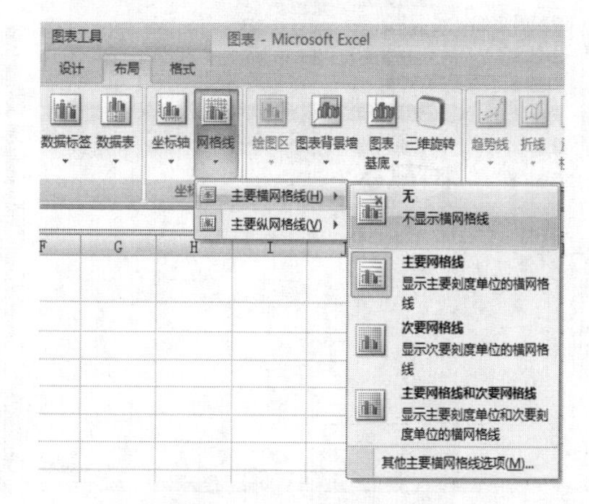

图 4.122　设置主要横网格线

（5）设置图表区格式。在图表的图表区位置单击鼠标右键，选择“设置图表区域格式”

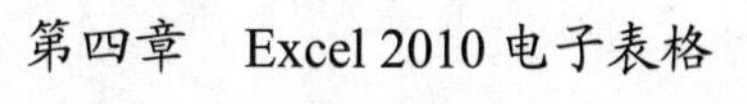

（如图 4.123 所示），在打开的“设置图表区格式”对话框中选择“边框颜色”，设置边框为红色的实线（如图 4.124 所示）；选择“边框样式”，设置边框的宽度为 3 磅，并勾选“圆角”（如图 4.125 所示）；选择“阴影”，单击“预设”右侧的下拉按钮，在打开的列表中选择“内部下方”阴影（如图 4.126 所示，当鼠标指针在“阴影”的“预设”下拉列表中相应位置停留一会儿时，会显示相应的名称）；选择“背景”，单击“渐变填充”，在“预设颜色”中找到“碧海青天”（如图 4.127 所示）。

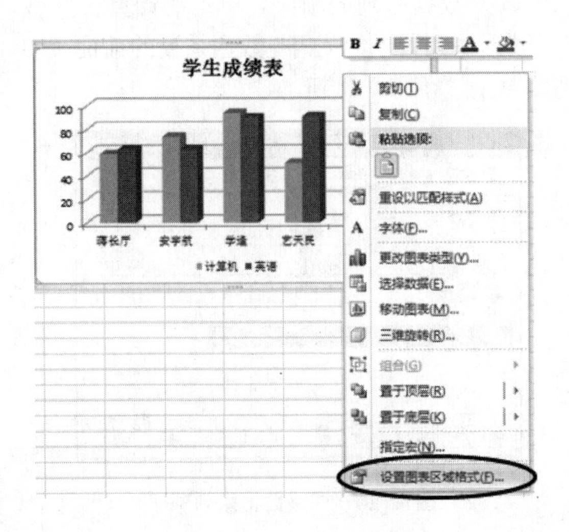

图 4.123　图表区格式

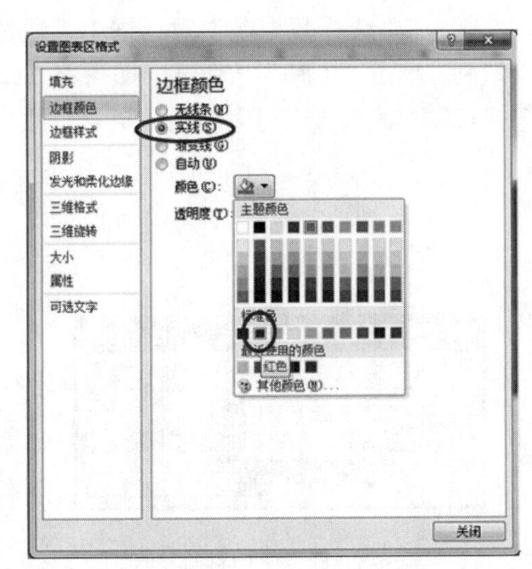

图 4.124　设置图表区格式一

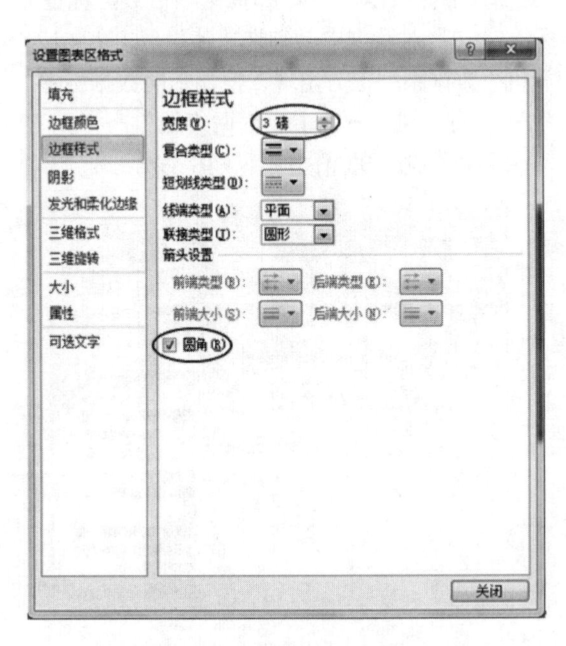

图 4.125　设置图表区格式二

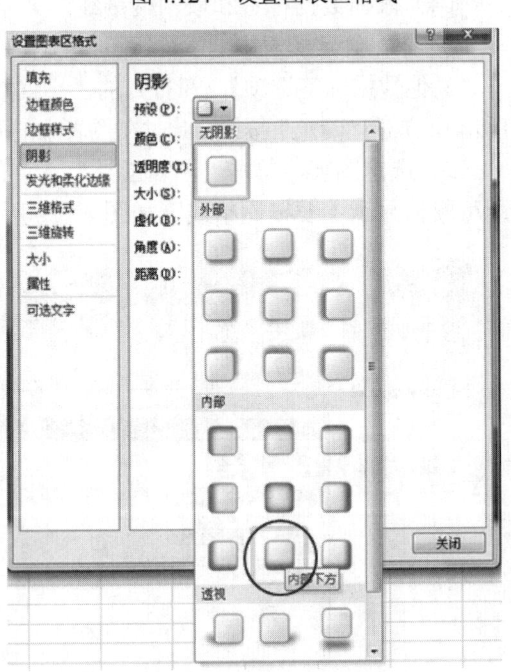

图 4.126　设置图表区格式三

（6）设置背景墙格式。选定图表，单击“图表工具”→“布局”→“背景墙格式”→“其他背景墙选项”（如图 4.128 所示），在打开的“设置背景墙格式”对话框（如图 4.129 所示）中，选择“填充”，单击“纯色填充”，在“填充颜色”中选择“其他颜色”，打开“颜色”对话框，切换到“自定义”选项卡，设置“颜色模式”为“RGB”，“红色”为“250”，“绿色”为“192”，“蓝色”为“144”（如图 4.130 所示）。

图 4.127　设置图表区背景

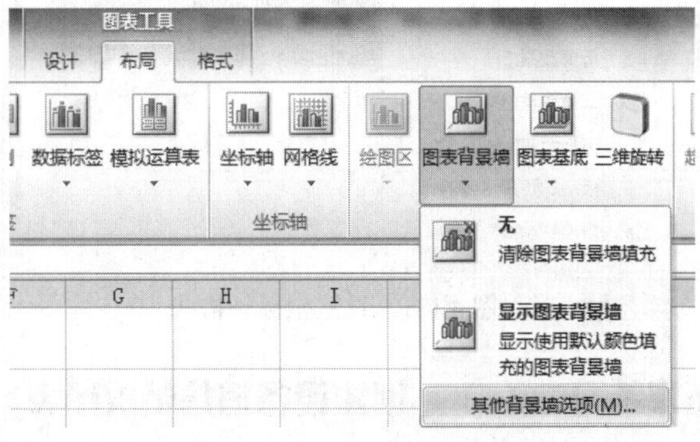

图 4.128　设置背景墙格式

图 4.129　“设置背景墙格式”对话框

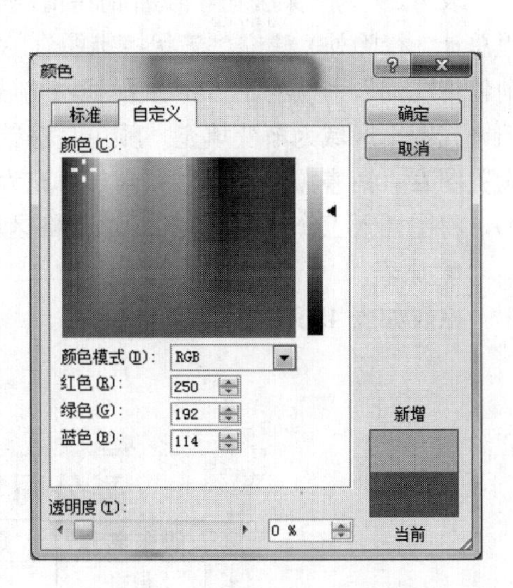

图 4.130　设置自定义颜色

小知识　设置背景墙格式，除上面所述方法外，也可在图表背景墙位置单击鼠标右键，在弹出的右键快捷菜单中选择“设置背景墙格式”。

（7）在数值 *Y* 轴上单击鼠标右键，选择“设置坐标轴格式”（如图 4.131 所示），在打开的“设置坐标轴格式”对话框中，设置刻度最小值为 10，主要刻度单位为 10，与横坐标交叉于 10（如图 4.132 所示）。

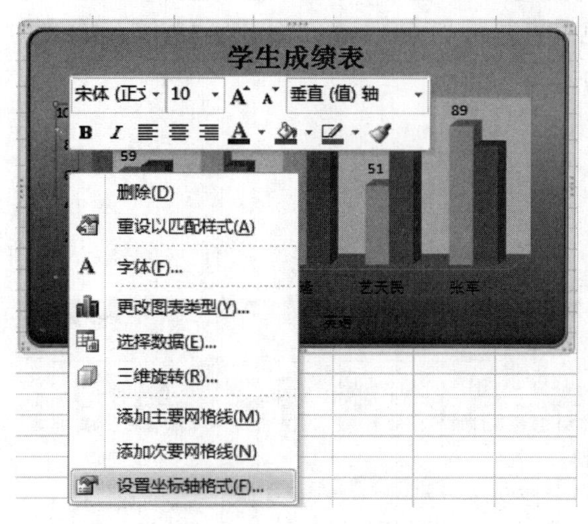

图 4.131　设置坐标轴格式

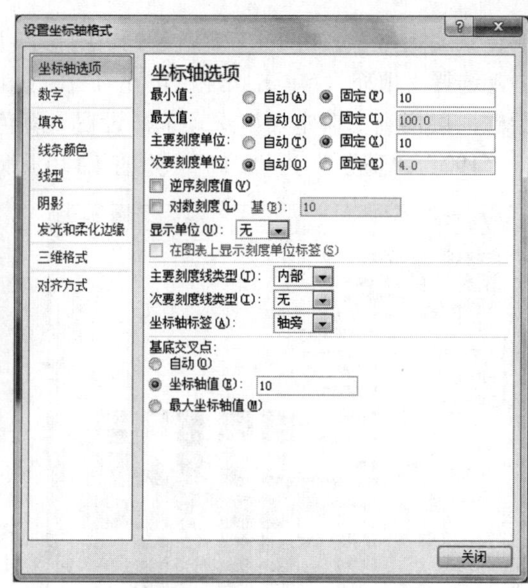

图 4.132　设置坐标轴刻度

拓展练习二（1）　创建设备销售情况图表

● 操作要求

表 4.29 为“某公司年设备销售情况表”，请选取“设备名称”和“销售额”两列的内容（“总计”行除外）建立“簇状棱锥图”，*X* 轴为设备名称，在图表上方插入图表标题为“设备销售情况图”，不显示图例，主要横网格线和主要纵网格线显示主要网格线，设置图表的背景墙格式图案区域为渐变填充，颜色是深紫（RGB 值：红色为 128，绿色为 0，蓝色为 128），设置图表“销售额”数据系列内部填充为金色（RGB 值：红色为 255，绿色为 204，蓝色为 0），将图插入工作表的 A9:E25 单元格区域内。

● 原表

原表如表 4.29 所示。

表 4.29　原表

	A	B	C	D
1	某公司年设备销售情况表			
2	设备名称	数量	单价	销售额
3	微机	36	6580	¥236,880
4	MP3	89	897	¥79,833
5	数码相机	45	3560	¥160,200
6	打印机	53	987	¥52,311
7			总计	¥529,224

● 样图

样图如图 4.133 所示。

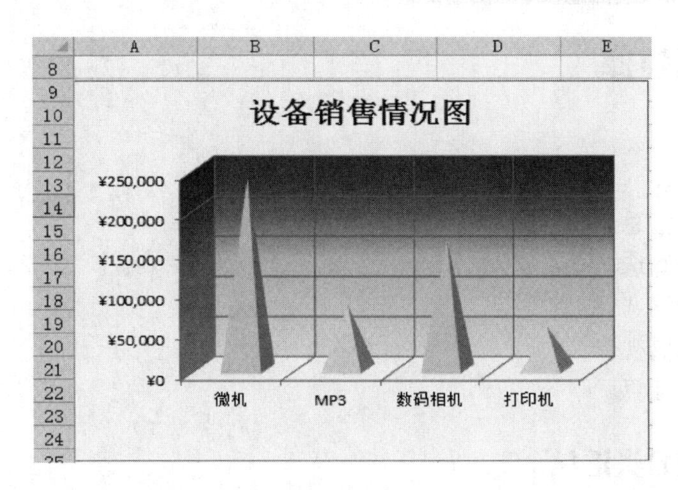

图 4.133　样图

拓展练习二（2）　创建资助额比例图表

● **操作要求**

表 4.30 为“资助额比例表”，请选取“单位”、“资助额”两列数据，建立一个分离型三维饼图的图表，嵌入在数据表格下方（存放在 A7:E19 单元格区域内）。在图表上方插入图表标题为“资助额比例图”，图例位置在底部，设置数据标签为数据标签外，标签选项为“百分比”、“标签中包括图例项标示”两项选项，设置图表的绘图区填充为“纹理：水滴”。

● **原表**

原表如表 4.30 所示。

表 4.30　原表

	B	C	D	E
1	资助额比例表			
2	单位	年收入(单位:万)	资助比例	资助额(单位:万)
3	电力公司	3000	1.0%	30
4	服装厂	2600	0.5%	13
5	机械厂	800	2.0%	16

● **样图**

样图如图 4.134 所示。

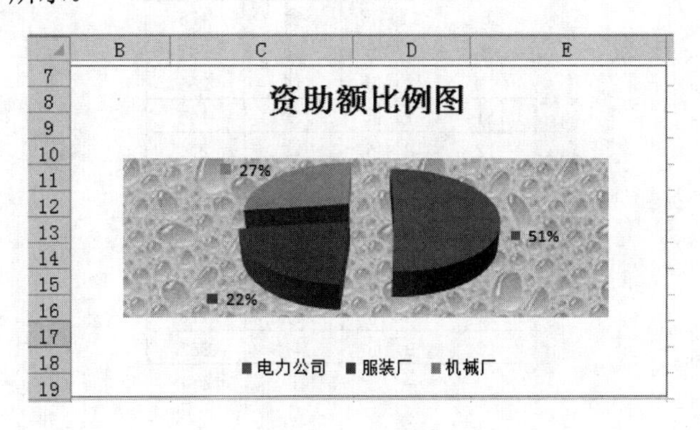

图 4.134　样图

第五节　数据处理

● 学习目标

（1）掌握排序。

（2）掌握分类汇总。

（3）掌握高级筛选。

（4）掌握自动筛选。

（5）掌握数据透视表。

（6）掌握合并计算。

项目一　排序和分类汇总

● 操作要求

（1）将 Sheet1 的表格进行排序：以“时间”为主关键字，升序；以“费用”为次关键字，降序。

（2）将排序后的表格进行分类汇总的统计：分类字段为时间，汇总方式为求和，汇总项为费用，结果显示在下方，数据保留 2 位小数。

（3）以“姓名+项目 1”为文件名保存文件在桌面上，并上交作业。

● 原表

原表如表 4.31 所示。

表 4.31　原表

	A	B	C	D
1	下半年支出表			
2	序号	时间	用途	费用
3	1	10月份	其他	504
4	2	8月份	行	394
5	3	10月份	衣	188
6	4	11月份	其他	313
7	5	12月份	衣	429
8	6	11月份	衣	93
9	7	8月份	住	141
10	8	11月份	食	478
11	9	7月份	衣	243
12	10	7月份	住	269
13	11	7月份	食	405
14	12	8月份	食	274
15	13	9月份	行	22
16	14	12月份	住	52
17	15	9月份	住	216
18	16	12月份	食	504
19	17	10月份	行	415
20	18	9月份	其他	382

● 样表

样表如表 4.32 所示。

表 4.32 样表

	A	B	C	D
1	下半年支出表			
2	序号	时间	用途	费用
3	1	10月份	其他	504
4	17	10月份	行	415
5		10月份	衣	188
	10月份 汇总			1107.00
		11月份	食	478
		11月份	其他	313
9	6	11月份	衣	93
10	11月份 汇总			884.00
11	16	12月份	食	504
11	16	12月份	食	504
12	5	12月份	衣	429
13	14	12月份	住	52
14	12月份 汇总			985.00
15	11	7月份	食	405
16	10	7月份	住	269
17	9	7月份	衣	243
18	7月份 汇总			917.00
19	2	8月份	行	394
20	12	8月份	食	274
21	7	8月份	住	141
22	8月份 汇总			809.00
23	18	9月份	其他	382
24	15	9月份	住	216
25	13	9月份	行	22
26	9月份 汇总			620.00
27		总计		5322.00

● **操作步骤**

（1）将 Sheet1 的表格进行排序：以“时间”为主关键字，升序；以“费用”为次关键字，降序。

① 全选表格内容（注意不要选上表格外的标题文字）。

	A	B	C	D
1	下半年支出表			
2	序号	时间	用途	费用
3	1	10月份	其他	504
4	2	8月份	行	394
5	3	10月份	衣	188
6	4	11月份	其他	313
7	5	12月份	衣	429
8	6	11月份	衣	93
9	7	8月份	住	141
10	8	11月份	食	478
11	9	7月份	衣	243
12	10	7月份	住	269
13	11	7月份	食	405
14	12	8月份	食	274
15	13	9月份	行	22
16	14	12月份	住	52
17	15	9月份	住	216
18	16	12月份	食	504
19	17	10月份	行	415
20	18	9月份	其他	382
21				

图 4.135 选中表格

② 如图 4.136 所示，单击“数据”→“排序”命令，弹出“排序”对话框。

图 4.136　选择排序命令

（3）在“排序”对话框中进行如图 4.137 所示的主要关键字升序的设置。

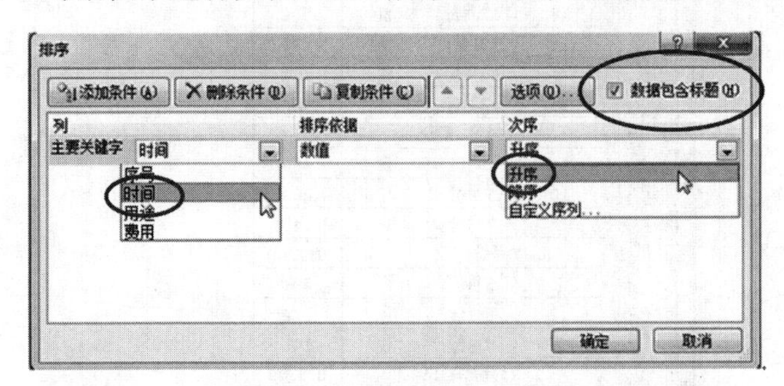

图 4.137　设置主要关键字

④ 如图 4.138 所示，单击“添加条件”按钮，添加次要关键字。

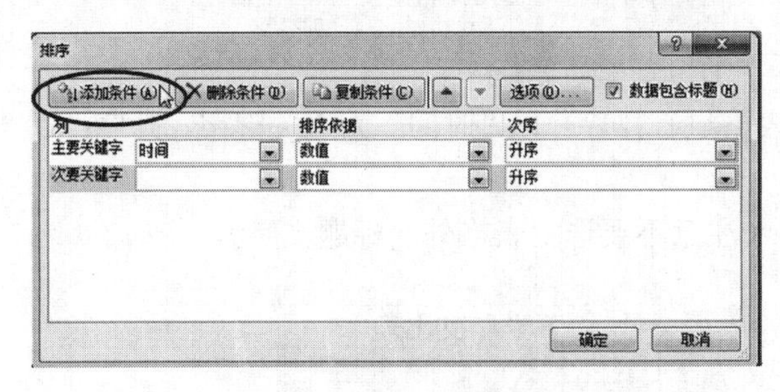

图 4.138　添加次要关键字

⑤ 在“排序”对话框中进行如图 4.139 所示的次要关键字降序设置。

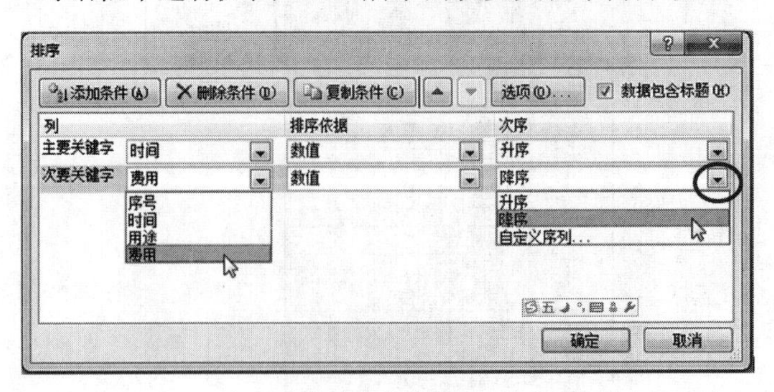

图 4.139　设置次要关键字

⑥ 单击“确定”按钮，完成排序，效果如图 4.140 所示。

	A	B	C	D
1	下半年支出表			
2	序号	时间	用途	费用
3	1	10月份	其他	504
4	17	10月份	行	415
5	3	10月份	衣	188
6	8	11月份	食	478
7	4	11月份	其他	313
8	6	11月份	衣	93
9	16	12月份	食	504
10	5	12月份	衣	429
11	14	12月份	住	52
12	11	7月份	食	405
13	10	7月份	住	269
14	9	7月份	衣	243
15	2	8月份	行	394
16	12	8月份	食	274
17	7	8月份	住	141
18	18	9月份	其他	382
19	15	9月份	住	216
20	13	9月份	行	22

图 4.140　排序完成效果

（2）将排序后的表格进行分类汇总的统计：分类字段为时间，汇总方式为求和，汇总项为费用，结果显示在下方，数据保留 2 位小数。

① 全选 A2:D20 区域，单击“数据→分类汇总”（如图 4.141 所示），弹出“分类汇总”对话框。

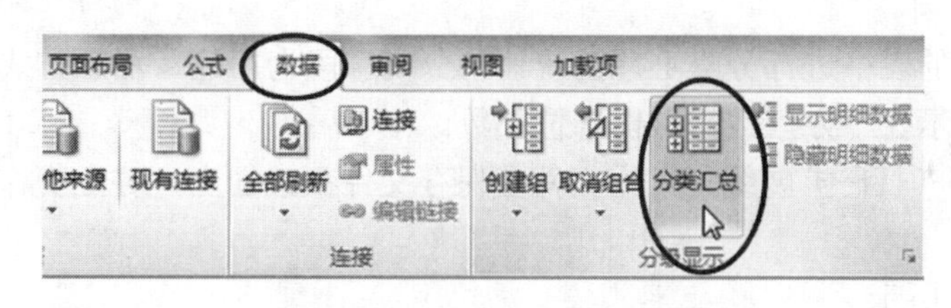

图 4.141　选择分类汇总命令

② 在“分类汇总”对话框中进行如图 4.142 所示的设置。

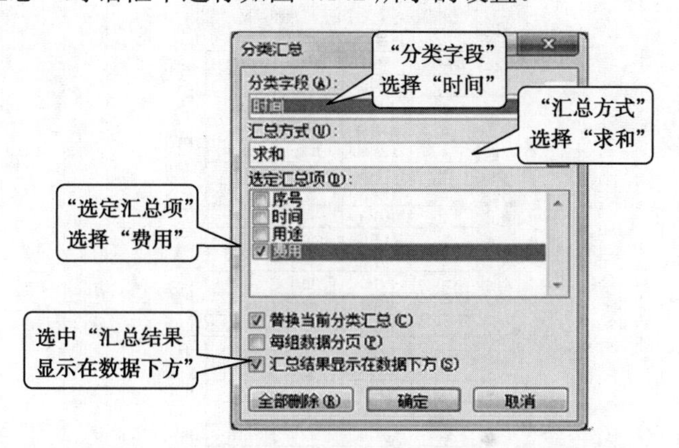

图 4.142　分类汇总设置

③ 单击“确定”按钮，完成分类汇总设置，效果如图 4.143 所示。

行	A	B	C	D
1	下半年支出表			
2	序号	时间	用途	费用
3	1	10月份	其他	504
4	17	10月份	行	415
5	3	10月份	衣	188
6		10月份 汇总		1107.00
7	8	11月份	食	478
8	4	11月份	其他	313
9	6	11月份	衣	93
10		11月份 汇总		884.00
11	16	12月份	食	504
12	5	12月份	衣	429
13	14	12月份	住	52
14		12月份 汇总		985.00
15	11	7月份	食	405
16	10	7月份	住	269
17	9	7月份	衣	243
18		7月份 汇总		917.00
19	2	8月份	行	394
20	12	8月份	食	274
21	7	8月份	住	141
22		8月份 汇总		809.00
23	18	9月份	其他	382
24	15	9月份	住	216
25	13	9月份	行	22
26		9月份 汇总		620.00
27		总计		5322.00

图 4.143　分类汇总完成效果

拓展练习一　统计下半年支出表

● **操作要求**

（1）将 Sheet2 的表格进行排序：以“用途”为主关键字，降序；以“费用”为次关键字，升序。

（2）将排序后的表格进行分类汇总的统计：分类字段为用途，汇总方式为求均值，汇总项为费用，结果显示在下方，数据保留 2 位小数。

（3）以“姓名+项目-扩展练习”为文件名保存文件在桌面上，并上交作业。

● **原表**

原表如表 4.33 所示。

表 4.33　原表

行	A	B	C	D
1	下半年支出表			
2	序号	时间	用途	费用
3	1	10月份	其他	504
4	2	8月份	行	394
5	3	10月份	衣	188
6	4	11月份	其他	313
7	5	12月份	衣	429
8	6	11月份	衣	93
9	7	8月份	住	141
10	8	11月份	食	478
11	9	7月份	衣	243
12	10	7月份	住	269
13	11	7月份	食	405
14	12	8月份	食	274
15	13	9月份	行	22
16	14	12月份	住	52
17	15	9月份	住	216
18	16	12月份	食	504
19	17	10月份	行	415
20	18	9月份	其他	382
21				

● **样表**

样表如表 4.34 所示。

表 4.34　样表

	A	B	C	D
1	下半年支出表			
2	序号	时间	用途	费用
3	14	12月份	住	52
4	7	8月份	住	141
5	15	9月份	住	216
6	10	7月份	住	269
7			住 平均值	169.50
8	6	11月份	衣	93
9	3	10月份	衣	188
10	9	7月份	衣	243
11	5	12月份	衣	429
12			衣 平均值	238.25
13	13	9月份	行	22
14	2	8月份	行	394
15	17	10月份	行	415
16			行 平均值	277
17	12	8月份	食	274
18	11	7月份	食	405
19	8	11月份	食	478
20	16	12月份	食	504
21			食 平均值	415.25
22	4	11月份	其他	313
23	18	9月份	其他	382
24	1	10月份	其他	504
25			其它 平均值	399.67
26			总计平均值	295.67

项目二　筛选数据

● 操作要求

（1）在 Sheet1 工作表中用高级筛选筛选出电冰箱销售排名前十名的数据，条件区在表格 A1:H2 区域，筛选结果在以 A43 为左上角的区域。

（2）用自动筛选筛选出第 3、4 季度手机销售额在 10 万～40 万元的数据。

（3）以“姓名+项目 2”为文件名保存文件在桌面上，并上交作业。

● 原表

原表如表 4.35 所示。

表 4.35　原表

	A	B	C	D	E	F	G	H
1	分店名称	季度	产品型号	产品名称	单价（元）	数量	销售额（万元）	销售排名
2	第1分店	1	D01	电冰箱	2750	35	9.63	29
3	第1分店	1	D02	电冰箱	3540	12	4.25	35
4	第1分店	1	K01	空调	2340	43	10.06	28
5	第1分店	1	K02	空调	4460	8	3.57	36
6	第1分店	1	S01	手机	1380	87	12.01	22
7	第1分店	1	S02	手机	3210	56	17.98	11
8	第1分店	2	D01	电冰箱	2750	45	12.38	21
9	第1分店	2	D02	电冰箱	3540	23	8.14	32
10	第1分店	2	K01	空调	2340	79	18.49	8
11	第1分店	2	K02	空调	4460	68	30.33	3
12	第1分店	2	S01	手机	1380	91	12.56	20
13	第1分店	2	S02	手机	3210	34	10.91	25
14	第2分店	1	D01	电冰箱	2750	65	17.88	12
15	第2分店	1	D02	电冰箱	3540	75	26.55	4
16	第2分店	1	K01	空调	2340	33	7.72	33
17	第2分店	1	K02	空调	4460	24	10.70	26
18	第2分店	1	S01	手机	1380	65	8.97	31
19	第2分店	1	S02	手机	3210	96	30.82	2
20	第2分店	2	D01	电冰箱	2750	72	19.80	6
21	第2分店	2	D02	电冰箱	3540	36	12.74	17
22	第2分店	2	K01	空调	2340	54	12.64	19
23	第2分店	2	K02	空调	4460	37	16.50	13
24	第2分店	2	S01	手机	1380	73	10.07	27
25	第2分店	2	S02	手机	3210	43	13.80	15

● **样表**

样表如表 4.36 所示。

表 4.36　样表

	A	B	C	D	E	F	G	H
1	分店名称	季度	产品型号	产品名称	单价（元）	数量	销售额（万元）	销售排名
2				电冰箱				<=10
3								
4	分店名称	季度	产品型号	产品名称	单价（元）	数量	销售额（万元）	销售排名
15	第1分店	4	S01	手机	1380	91	12.56	20
22	第2分店	3	S02	手机	3210	96	30.82	2
27	第2分店	3	S01	手机	1380	73	10.07	27
41								
42								
43	分店名称	季度	产品型号	产品名称	单价（元）	数量	销售额（万元）	销售排名
44	第2分店	1	D02	电冰箱	3540	75	26.55	4
45	第2分店	2	D01	电冰箱	2750	72	19.80	6
46	第3分店	1	D01	电冰箱	2750	66	18.15	10
47	第3分店	4	D02	电冰箱	3540	64	22.66	5

条件区

自动筛选

高级筛选

● **操作步骤**

（1）用高级筛选筛选出电冰箱销售排名前十名的数据，条件区在表格 A1:H2 区域，筛选结果在以 A43 为左上角的区域。

① 在表格前插入三行空白行：首先选中表格前三行，如图 4.144 所示。

	A	B	C	D	E	F	G	H
1	分店名称	季度	产品型号	产品名称	单价（元）	数量	销售额（万元）	销售排名
2	第1分店	1	D01	电冰箱	2750	35	9.63	29
3	第1分店	3	D02	电冰箱	3540	12	4.25	35
4	第1分店	1	K01	空调	2340			28

选中A1：H3

图 4.144　选中三行

② 单击“开始”→“插入”→“插入工作表行”，完成在表格前插入三行，如图 4.145 所示。

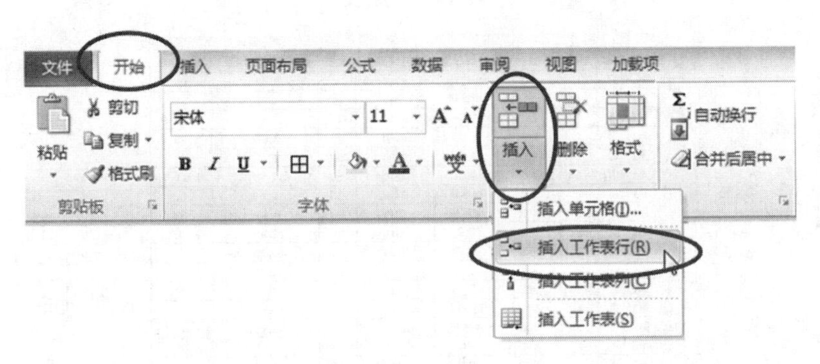

图 4.145　插入三行

③ 在第 1、2 行输入如图 4.146 所示的条件区。

④ 如图 4.147 所示，单击“数据”→“排序和筛选”→“高级”，打开“高级筛选”对话框（如图 4.148 所示）。

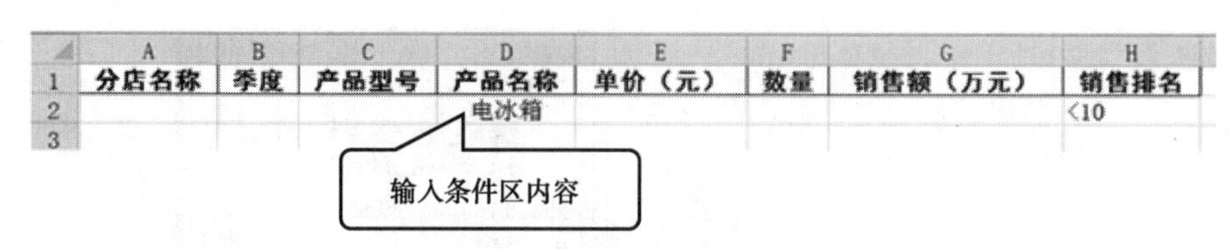

图 4.146　条件区输入

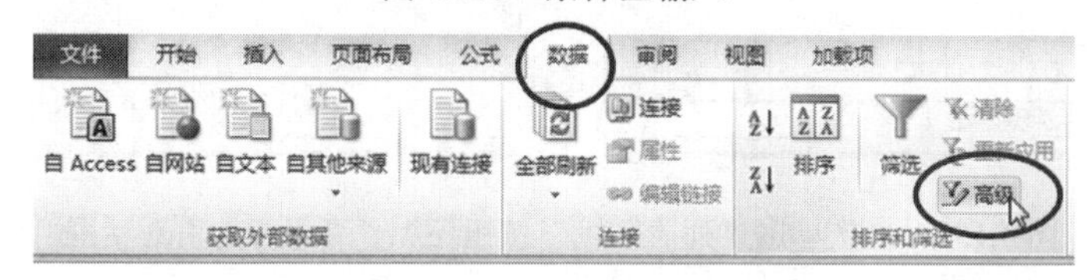

图 4.147　选择“高级”命令

⑤ 在“高级筛选”对话框中单击“列表区域”按钮（如图 4.149 所示），选择 A4:H40 区域（如图 4.150 所示），再次单击列表区域按钮还原“高级筛选”对话框（如图 4.151 所示）。

图 4.148　“高级筛选”对话框

图 4.149　单击“列表区域”按钮

图 4.150　选择列表区域

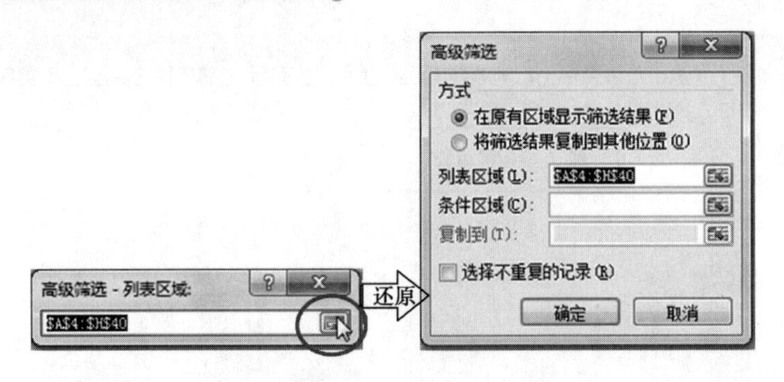

图 4.151　再次单击“列表区域”按钮还原“高级筛选”对话框

⑥ 在“高级筛选”对话框中单击“条件区域”按钮（如图 4.152 所示），选择 A1:H2 区域（如图 4.153 所示），再次单击“条件区域”按钮还原“高级筛选”对话框（如图 4.154 所示）。

图 4.152　单击条件区域按钮

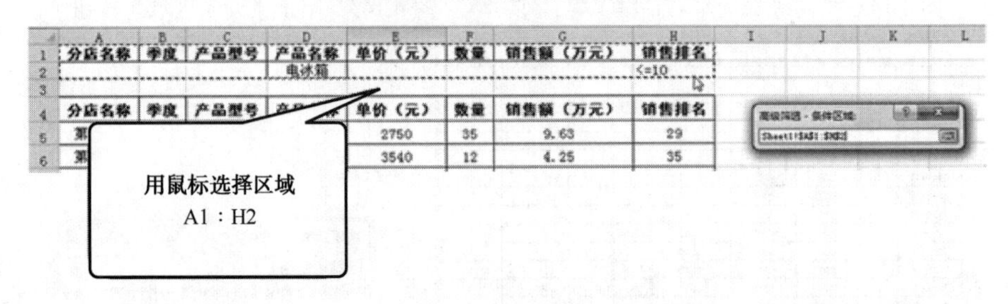

图 4.153　选择条件区域

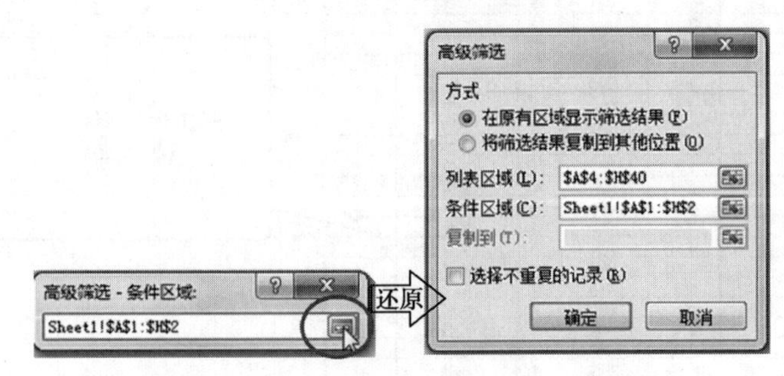

图 4.154　再次单击“条件区域”按钮还原“高级筛选”对话框

⑦ 在“高级筛选”对话框中单击“方式”→“将筛选结果复制到其他位置”，如图 4.155 所示。

⑧ 在“高级筛选”对话框中单击“复制到”按钮（如图 4.156 所示），选择 A43 单元格区域（如图 4.157 所示），再次单击“复制到”按钮还原“高级筛选”对话框（如图 4.158 所示）。

图 4.155　选择方式

图 4.156　单击“复制到”按钮

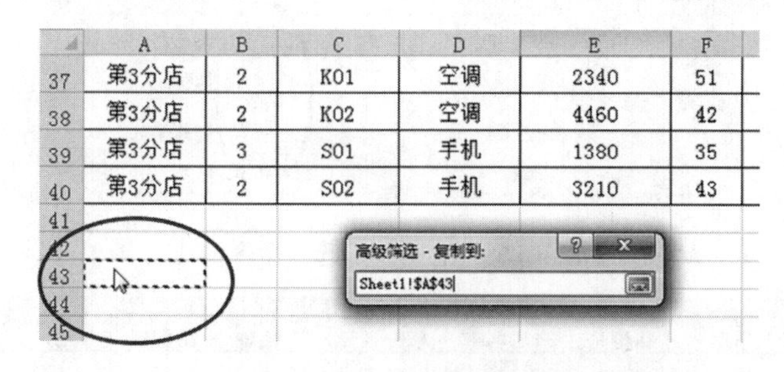

图 4.157　选择复制到区域

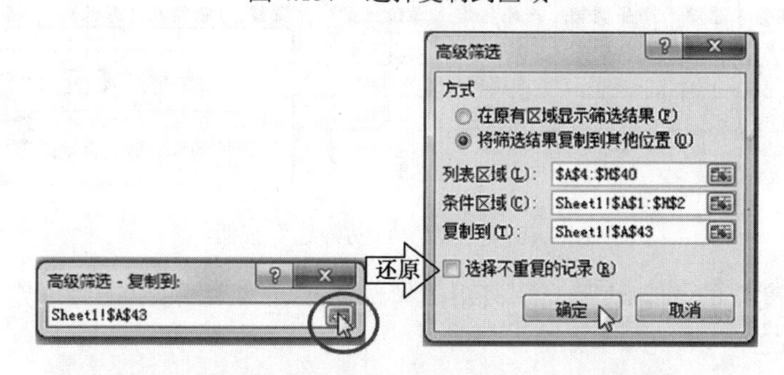

图 4.158　再次单击“复制到”按钮还原“高级筛选”对话框

⑨ 单击“确定”按钮，完成高级筛选，效果如图 4.159 所示。

	A	B	C	D	E	F	G	H
42								
43	**分店名称**	**季度**	**产品型号**	**产品名称**	**单价（元）**	**数量**	**销售额（万元）**	**销售排名**
44	第2分店	1	D02	电冰箱	3540	75	26.55	4
45	第2分店	2	D01	电冰箱	2750	72	19.80	6
46	第3分店	1	D01	电冰箱	2750	66	18.15	10
47	第3分店	4	D02	电冰箱	3540	64	22.66	5
48								

图 4.159　高级筛选完成效果

（2）用自动筛选筛选出第 3、4 季度手机销售额为 10 万～40 万元的数据。

① 选中表格中任一个单元格，如图 4.160 所示。

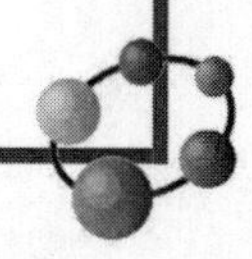

图 4.160　选中单元格

② 如图 4.161 所示，单击“数据”→“排序和筛选”→“筛选”，每列字段名右侧都出现“自动筛选”按钮，如图 4.162 所示。

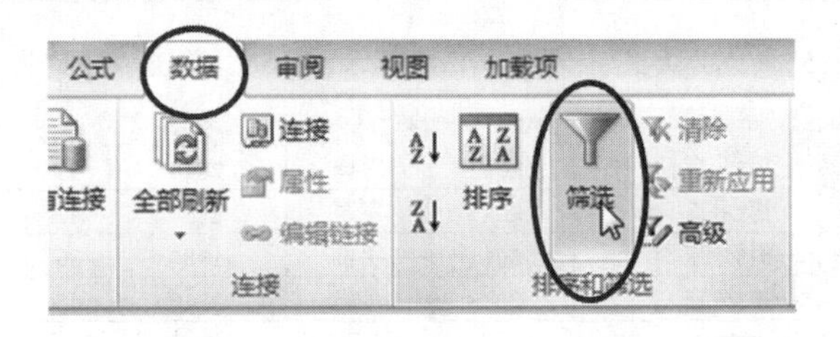

图 4.161　选择“筛选”命令

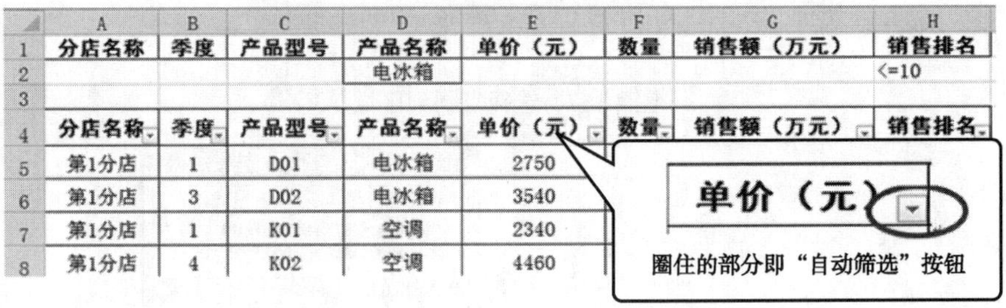

	A	B	C	D	E	F	G	H
1	分店名称	季度	产品型号	产品名称	单价（元）	数量	销售额（万元）	销售排名
2				电冰箱				<=10
3								
4	分店名称	季度	产品型号	产品名称	单价（元）	数量	销售额（万元）	销售排名
5	第1分店	1	D01	电冰箱	2750			
6	第1分店	3	D02	电冰箱	3540			
7	第1分店	1	K01	空调	2340			
8	第1分店	4	K02	空调	4460			

单价（元）
圈住的部分即“自动筛选”按钮

图 4.162　出现“自动筛选”按钮

③ 单击“季度”的“自动筛选”按钮，勾选“3”、“4”，再单击“确定”按钮，完成季度筛选，如图 4.163 所示。

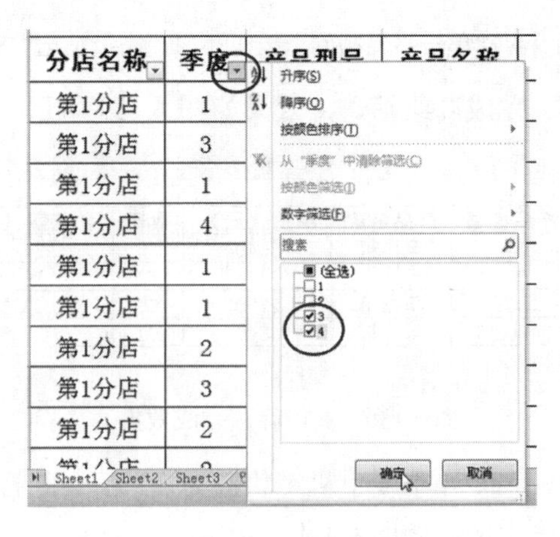

图 4.163　季度筛选

④ 单击“产品名称”的“自动筛选”按钮，勾选“手机”，再单击“确定”按钮，完成产品名称的筛选，如图 4.164 所示。

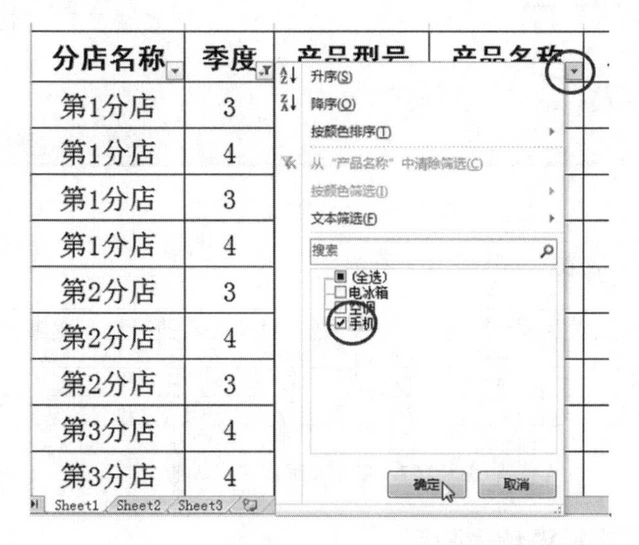

图 4.164　筛选产品名称

⑤ 单击“销售额”的“自动筛选”按钮，选择“数字筛选”→“自定义筛选”，如图 4.165 所示。

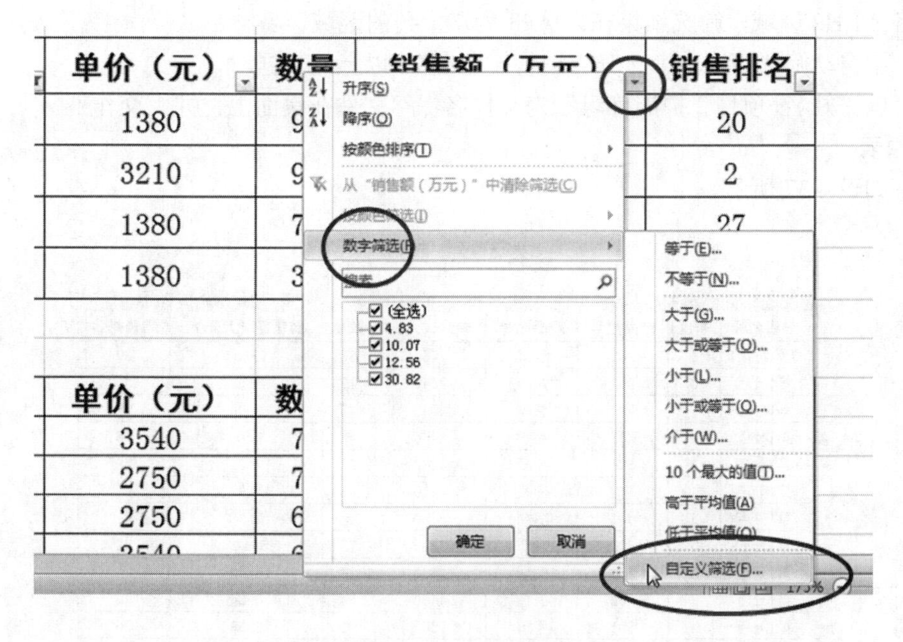

图 4.165　筛选销售额

⑥ 在“自定义自动筛选方式”对话框中设置如图 4.166 所示的条件，再单击“确定”按钮，完成销售额的筛选。

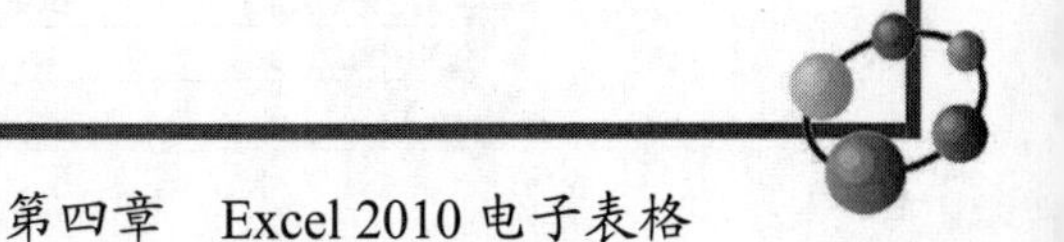

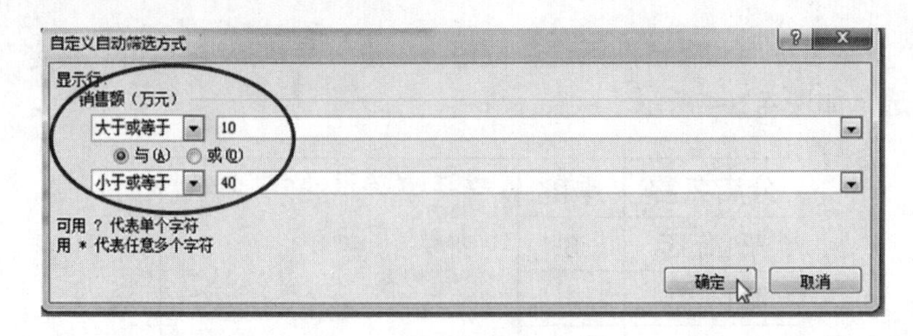

图 4.166　设置自定义筛选

⑦ 自定义筛选完成效果如图 4.167 所示。

4	分店名称	季度	产品型号	产品名称	单价（元）	数量	销售额（万元）	销售排名
15	第1分店	4	S01	手机	1380	91	12.56	20
22	第2分店	3	S02	手机	3210	96	30.82	2
27	第2分店	3	S01	手机	1380	73	10.07	27

图 4.167　自定义筛选完成效果

拓展练习二　筛选店铺销售表数据

● **操作要求**

（1）在 Sheet2 工作表中用高级筛选筛选出第 1 分店单价在 3000 元及以上的数据，条件区在表格 A1:H2 区域，筛选结果在以 A43 为左上角的区域。

（2）用自动筛选筛选出第 2 分店销售排名在 20 以上的数据。

（3）以“姓名+项目 2 扩展练习”为文件名保存文件在桌面上，并上交作业。

● **原表**

原表如表 4.37 所示。

表 4.37　原表

	A	B	C	D	E	F	G	H
1	分店名称	季度	产品型号	产品名称	单价（元）	数量	销售额（万元）	销售排名
2	第1分店	1	D01	电冰箱	2750	35	9.63	29
3	第1分店	3	D02	电冰箱	3540	12	4.25	35
4	第1分店	1	K01	空调	2340	43	10.06	28
5	第1分店	4	K02	空调	4460	8	3.57	36
6	第1分店	1	S01	手机	1380	87	12.01	22
7	第1分店	1	S02	手机	3210	56	17.98	11
8	第1分店	2	D01	电冰箱	2750	45	12.38	21
9	第1分店	3	D02	电冰箱	3540	23	8.14	32
10	第1分店	2	K01	空调	2340	79	18.49	8
11	第1分店	2	K02	空调	4460	68	30.33	3
12	第1分店	4	S01	手机	1380	91	12.56	20
13	第1分店	2	S02	手机	3210	34	10.91	25
14	第2分店	1	D01	电冰箱	2750	65	17.88	12
15	第2分店	1	D02	电冰箱	3540	75	26.55	4
16	第2分店	1	K01	空调	2340	33	7.72	33
17	第2分店	2	K02	空调	4460	24	10.70	26
18	第2分店	1	S01	手机	1380	65	8.97	31
19	第2分店	3	S02	手机	3210	96	30.82	2
20	第2分店	2	D01	电冰箱	2750	72	19.80	6

● **样表**

样表如表 4.38 所示。

表 4.38　样表

	A	B	C	D	E	F	G	H
1	分店名称	季度	产品型号	产品名称	单价（元）	数量	销售额（万元）	销售排名
2	第1分店				>=3000			
3								
4	**分店名称**	**季度**	**产品型号**	**产品名称**	**单价（元）**	**数量**	**销售额（万元）**	**销售排名**
19	第2分店	1	K01	空调	2340	33	7.72	33
20	第2分店	2	K02	空调	4460	24	10.70	26
21	第2分店	1	S01	手机	1380	65	8.97	31
27	第2分店	3	S01	手机	1380	73	10.07	27
41								
42								
43	**分店名称**	**季度**	**产品型号**	**产品名称**	**单价（元）**	**数量**	**销售额（万元）**	**销售排名**
44	第1分店	3	D02	电冰箱	3540	12	4.25	35
45	第1分店	4	K02	空调	4460	8	3.57	36
46	第1分店	1	S02	手机	3210	56	17.98	11
47	第1分店	3	D02	电冰箱	3540	23	8.14	32
48	第1分店	2	K02	空调	4460	68	30.33	3
49	第1分店	2	S02	手机	3210	34	10.91	25
50								

项目三　创建数据透视表

● **操作要求**

（1）为 Sheet1 工作表建立一个数据透视表：分页是年份，行标签是时间，列标签是用途，数值是费用总和。

（2）以“姓名+项目 3”为文件名保存文件在桌面上，并上交作业。

● **原表**

原表如表 4.39 所示。

表 4.39　原表

	A	B	C	D
1	**家庭下半年支出表**			
2	**年份**	**时间**	**用途**	**费用**
3	2013年	10月份	旅游	504
4	2013年	7月份	住	269
5	2014年	7月份	旅游	298
6	2014年	10月份	行	412
7	2014年	12月份	食	452
8	2013年	9月份	行	22
9	2014年	8月份	旅游	248
10	2014年	10月份	旅游	84
11	2014年	11月份	衣	460
12	2013年	11月份	旅游	313
13	2013年	8月份	食	274
14	2013年	11月份	食	478
15	2013年	9月份	住	216
16	2014年	8月份	行	235
17	2013年	8月份	行	394
18	2014年	10月份	衣	350
19	2014年	11月份	食	264
20	2013年	7月份	食	405

Sheet1　Sheet12　Sheet3

● **样表**

样表如表 4.40 所示。

表 4.40　样表

家庭下半年支出表

年份	时间	用途	费用
2013年	10月份	旅游	504
2013年	7月份	住	269
2014年	7月份	旅游	298
2014年	10月份	行	412
2014年	12月份	食	452
2013年	9月份	行	22
2014年	8月份	旅游	248
2014年	10月份	旅游	84
2014年	11月份	衣	460
2013年	11月份	旅游	313
2013年	8月份	食	274
2013年	11月份	食	478
2013年	9月份	住	216
2014年	8月份	行	235
2013年	8月份	行	394
2014年	10月份	衣	350
2014年	11月份	食	264
2013年	7月份	食	405

年份	（全部）					
求和项：费用	列标签					
行标签	行	旅游	食	衣	住	总计
10月份	827	588		538		1953
11月份		313	742	553	388	1996
12月份			956	855	151	1962
7月份		298	429	658	269	1654
8月份	629	248	274	424	141	1716
9月份	22	382	500		423	1327
总计	1478	1829	2901	3028	1372	10608

数据透视表

Sheet1　Sheet12　Sheet3

● **操作步骤**

（1）为 Sheet1 工作表建立一个数据透视表：分页是年份，行标签是时间，列标签是用途，数值是费用总和。

① 选中表格中任一个单元格，如图 4.168 所示。

② 如图 4.169 所示，单击“插入”→“数据透视表”→“数据透视表”，打开创建“数据透视表”对话框。

家庭下半年支出表

年份	时间	用途	费用
2013年	10月份	旅游	504
2013年	7月份	住	269
2014年	7月份	旅游	298
2014年	10月份	行	412
2014年	12月份	食	452
2013年	9月份	行	22
2014年	8月份	旅游	248

图 4.168　选中

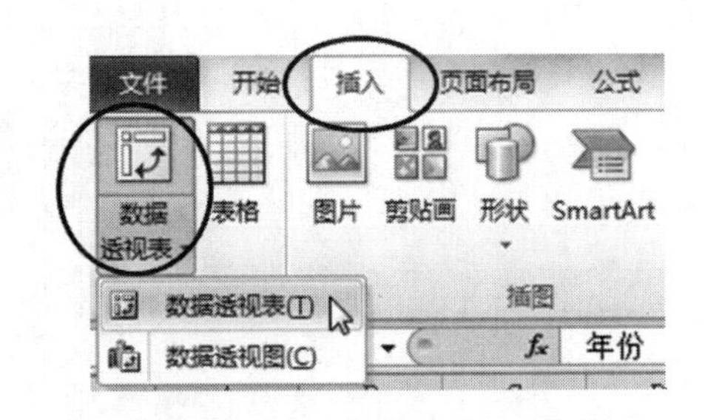

图 4.169　数据透视表命令

③ 在“创建数据透视表”对话框中，单击“表/区域”按钮（如图 4.170 所示），选择 A2:D38 单元格区域（如图 4.171 所示），再次单击“表/区域”按钮还原“创建数据透视表”对话框，如图 4.172 所示。

图 4.170　单击“表/区域”按钮

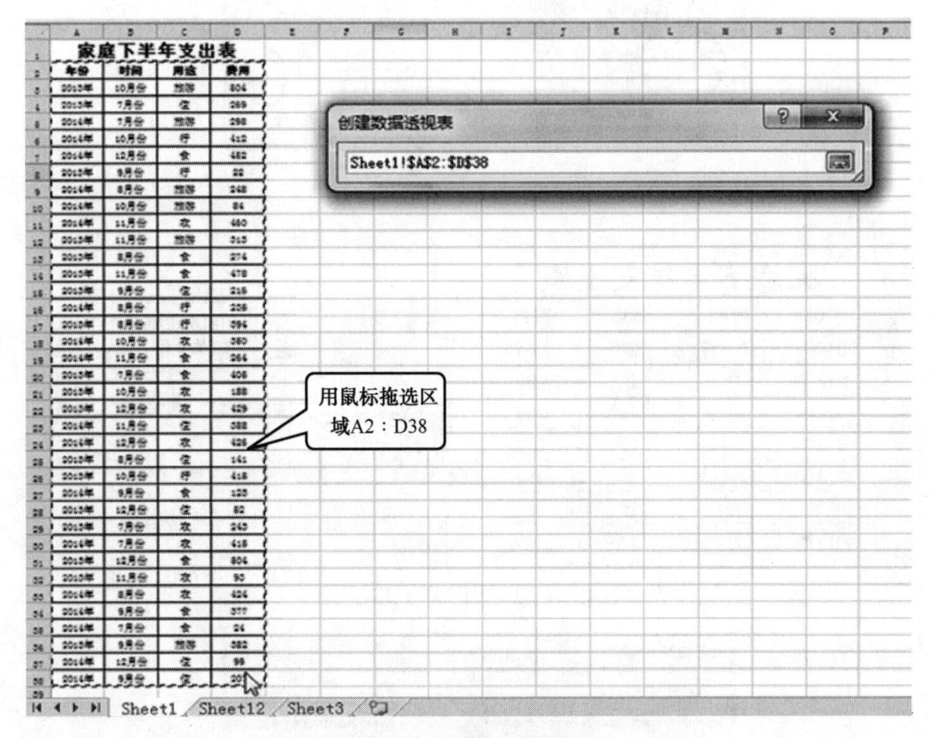

图 4.171　选择数据区域

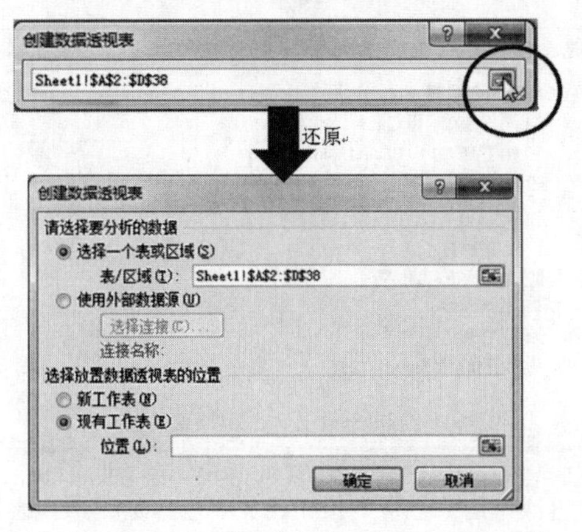

图 4.172　再次单击“表/区域”按钮还原“创建数据透视表”对话框

④ 在“创建数据透视表”对话框中，选择“现有工作表”选项，并单击“位置”按钮（如图 4.173 所示），选择 F3 单元格区域（如图 4.174 所示），再单击“位置”按钮还原“创建数据透视表”对话框，如图 4.175 所示。

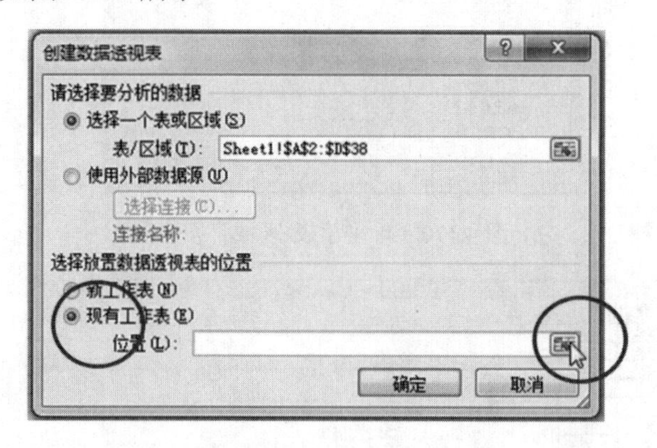

图 4.173　单击“位置”按钮

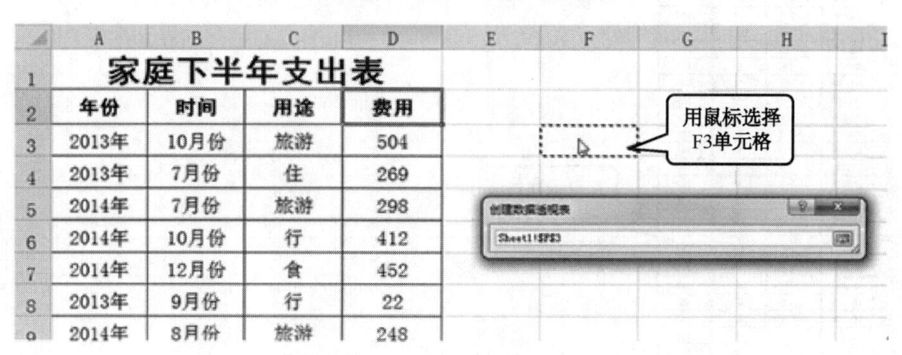

	A	B	C	D
1	家庭下半年支出表			
2	年份	时间	用途	费用
3	2013年	10月份	旅游	504
4	2013年	7月份	住	269
5	2014年	7月份	旅游	298
6	2014年	10月份	行	412
7	2014年	12月份	食	452
8	2013年	9月份	行	22
9	2014年	8月份	旅游	248

图 4.174　选择 F3 单元格区域

图 4.175　再次单击“位置”按钮还原“创建数据透视表”对话框

⑤ 单击对话框中的“确定”按钮，完成插入数据透视表，如图 4.176 所示。

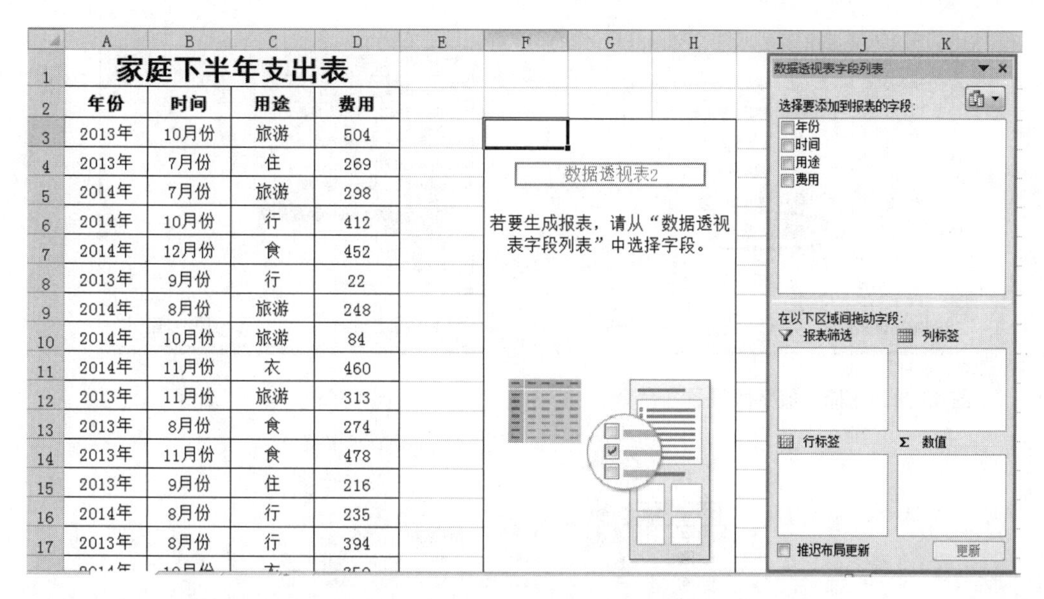

家庭下半年支出表			
年份	时间	用途	费用
2013年	10月份	旅游	504
2013年	7月份	住	269
2014年	7月份	旅游	298
2014年	10月份	行	412
2014年	12月份	食	452
2013年	9月份	行	22
2014年	8月份	旅游	248
2014年	10月份	旅游	84
2014年	11月份	衣	460
2013年	11月份	旅游	313
2013年	8月份	食	274
2013年	11月份	食	478
2013年	9月份	住	216
2014年	8月份	行	235
2013年	8月份	行	394

图 4.176　完成插入数据透视表

⑥ 在右侧的“数据透视表字段列表”中，用鼠标拖动“年份”字段到“报表筛选”框中，将“时间”字段拖到“行标签”框中，将“用途”拖到“列标签”框中，将“费用”字段拖到“数值”框中，如图 4.177 所示。

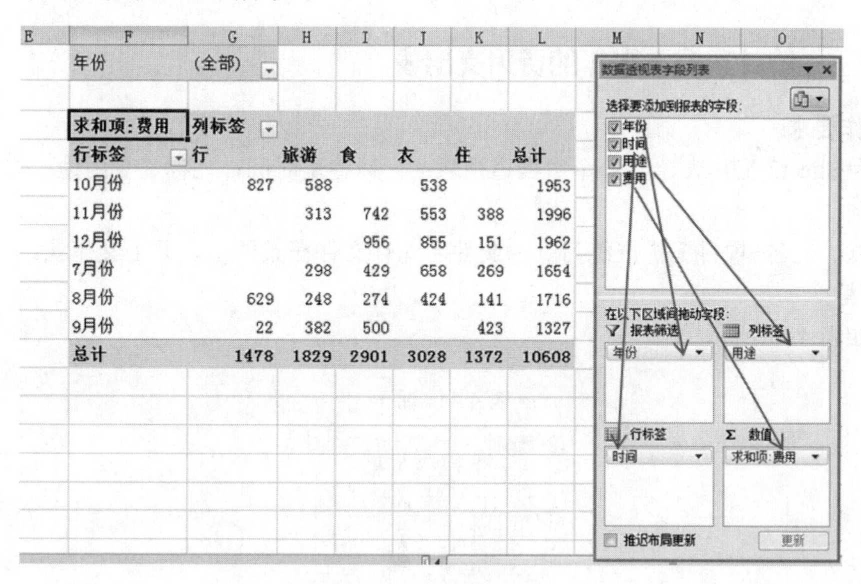

年份	(全部)					
求和项:费用	列标签					
行标签	行	旅游	食	衣	住	总计
10月份	827	588		538		1953
11月份		313	742	553	388	1996
12月份			956	855	151	1962
7月份		298	429	658	269	1654
8月份	629	248	274	424	141	1716
9月份	22	382	500		423	1327
总计	1478	1829	2901	3028	1372	10608

图 4.177　拖动字段

⑦ 单击“数值”框中的“求和项：费用”，弹出快捷菜单，选择“值字段设置”命令，如图 4.178 所示。

⑧ 在“值字段设置”对话框中，选择“求和”（如图 4.179 所示），再单击“确定”按钮，完成统计函数选择的设置。

⑨ 数据透视表最终效果如图 4.180 所示。

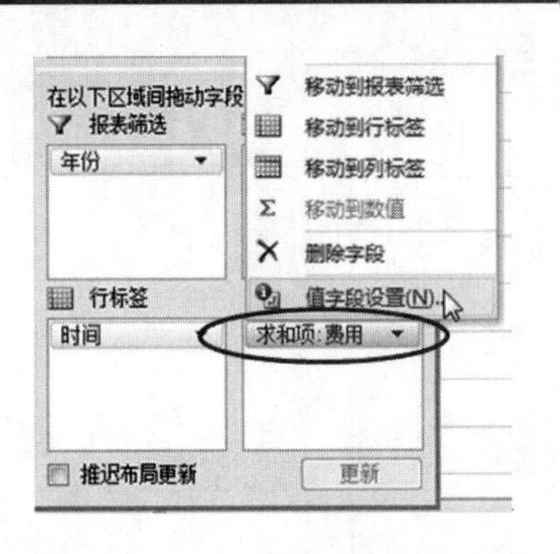

图 4.178　选择“值字段设置”命令

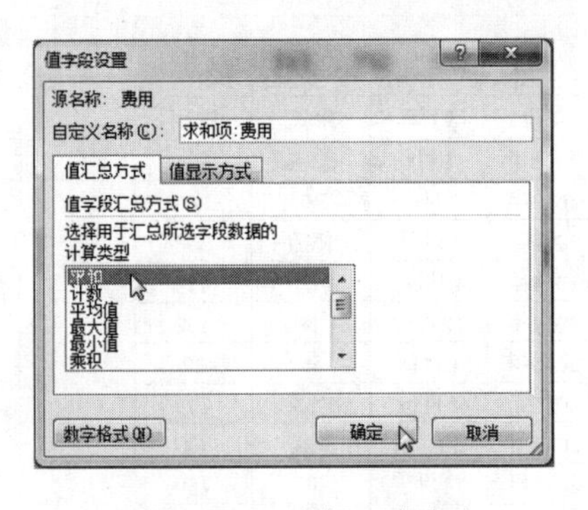

图 4.179　选择“求和”

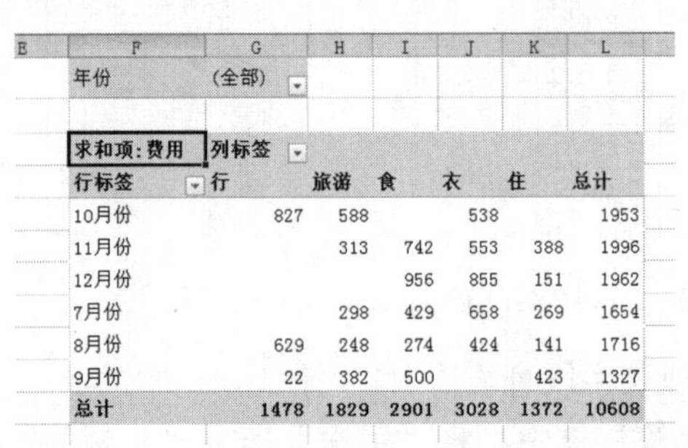

年份	(全部)					
求和项:费用	列标签					
行标签	行	旅游	食	衣	住	总计
10月份	827	588		538		1953
11月份		313	742	553	388	1996
12月份			956	855	151	1962
7月份		298	429	658	269	1654
8月份	629	248	274	424	141	1716
9月份	22	382	500		423	1327
总计	1478	1829	2901	3028	1372	10608

图 4.180　数据透视表最终效果

拓展练习三　统计家庭下半年的费用支出表

● **操作要求**

（1）为 Sheet2 工作表建立一个数据透视表：行标签是时间，列标签是用途，数值是费用平均值。

（2）以“姓名+项目 3 扩展练习”为文件名保存文件在桌面上，并上交作业。

● **原表**

原表如表 4.41 所示。

表 4.41　原表

下半年支出表

序号	时间	用途	费用
1	10月份	其他	504
2	8月份	行	394
3	10月份	衣	188
4	11月份	其他	313
5	12月份	衣	429
6	11月份	衣	93
7	8月份	住	141
8	11月份	食	478
9	7月份	衣	243
10	7月份	住	269
11	7月份	食	405
12	8月份	食	274
13	9月份	行	22
14	12月份	住	52
15	9月份	住	216
16	12月份	食	504
17	10月份	行	415
18	9月份	其他	382

● 样表

样表如表 4.42 所示。

表 4.42　样表

平均值项:费用	列标签					
行标签	其他	食	行	衣	住	总计
10月份	504.00		415.00	188.00		369.00
11月份	313.00	478.00		93.00		294.67
12月份		504.00		429.00	52.00	328.33
7月份		405.00		243.00	269.00	305.67
8月份		274.00	394.00		141.00	269.67
9月份	382.00			22.00	216.00	206.67
总计	399.67	415.25	277.00	238.25	169.50	295.67

项目四　合并计算

● 操作要求

（1）在“汇总”工作表中建立一个用于合并计算的表格框架。

（2）合并计算“第一分店”和“第二分店”两个表格的数据的总和。

（3）以“姓名+项目 4”为文件名保存文件在桌面上，并上交作业。

● 原表

原表如表 4.43 所示。

表 4.43　原表

第一分店销售额			
产品名称	1月	2月	3月
电冰箱	12	36	25
洗衣机	89	45	28
电饭煲	39	16	17

第二分店销售额			
产品名称	1月	2月	3月
电冰箱	88	45	63
洗衣机	13	56	20
电饭煲	11	39	3

● 样表

样表如表 4.44 所示。

表 4.44　样表

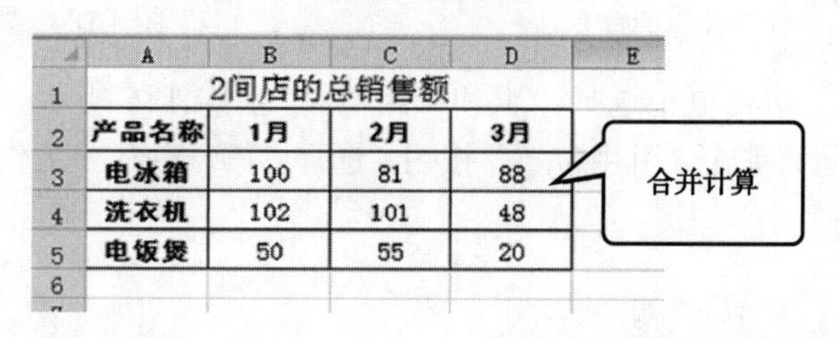

2间店的总销售额			
产品名称	1月	2月	3月
电冰箱	100	81	88
洗衣机	102	101	48
电饭煲	50	55	20

● **操作步骤**

（1）在“汇总”工作表中建立一个用于合并计算的表格框架。

① 单击“汇总”工作表。

② 在“汇总”工作表中输入如图 4.181 所示的表格框架。

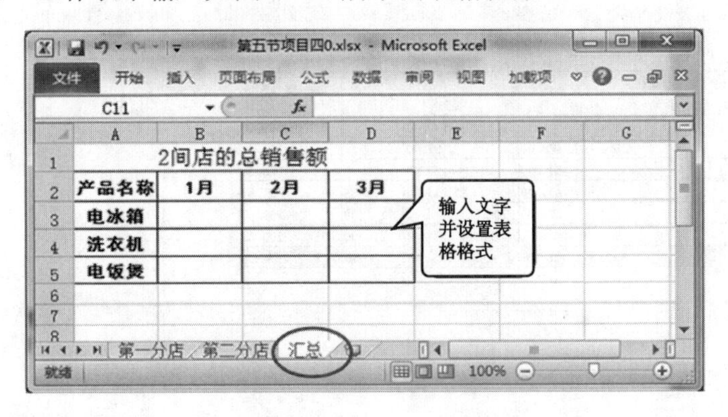

图 4.181　输入表格框架

（2）合并计算“第一分店”和“第二分店”两个表格的数据。

① 选择 B3:D5 单元格区域，如图 4.182 所示。

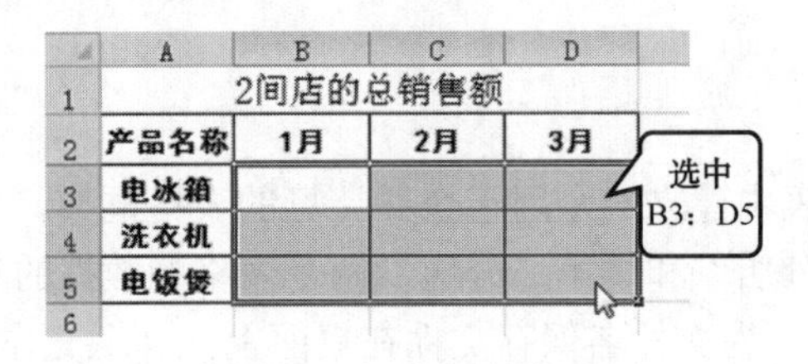

图 4.182　选中区域

② 如图 4.183 所示，单击“数据”→“合并计算”，弹出“合并计算”对话框，如图 4.184 所示。

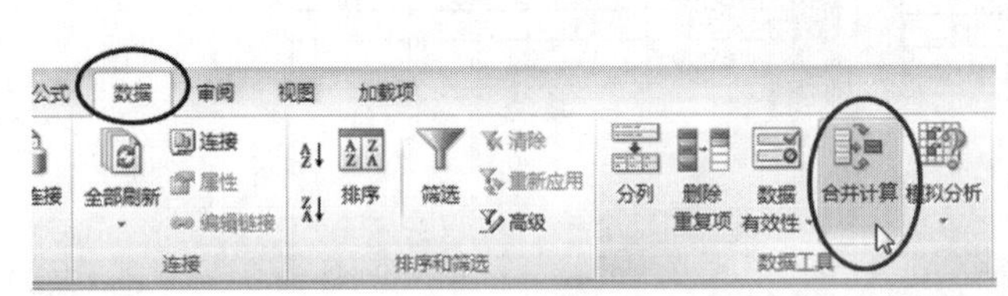

图 4.183　合并计算命令

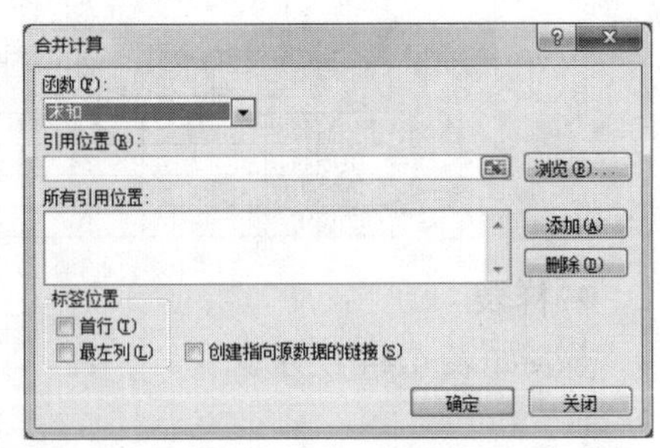

图 4.184　“合并计算”对话框

③ 在“合并计算”对话框中选择“求和”函数，如图 4.185 所示。

④ 如图 4.186 所示，单击“引用位置”按钮，选择“第一分店”工作表中的 B3:D5 区域，如图 4.187 所示。

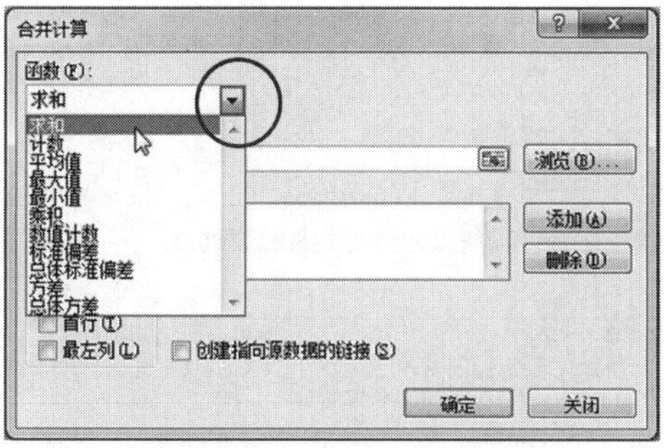

图 4.185　选择“求和”函数 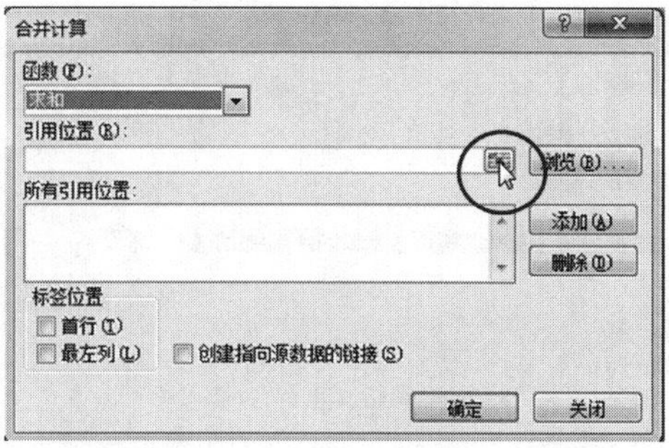　　　　图 4.186　单击“引用位置”按钮

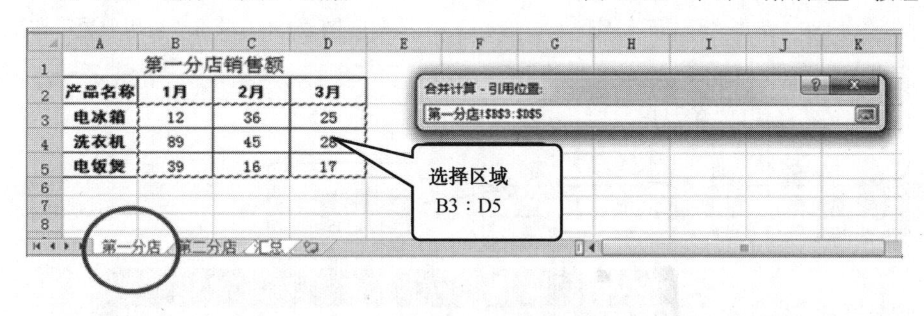

图 4.187　选择区域

⑤ 单击“引用位置”按钮，还原“合并计算”对话框，如图 4.188 所示。

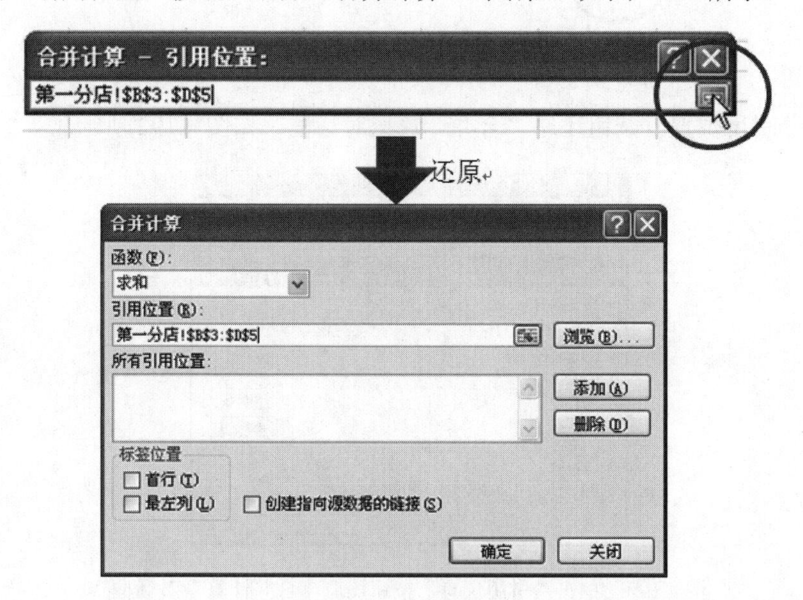

图 4.188　单击“引用位置”按钮还原“合并计算”对话框

⑥ 单击“添加”按钮，将第一分店的引用区域添加到“所有引用位置”框内，如图 4.189 所示。

⑦ 如图 4.190 所示，单击“引用位置”按钮，选择“第二分店”工作表中的 B3:D5 区域，如图 4.191 所示。

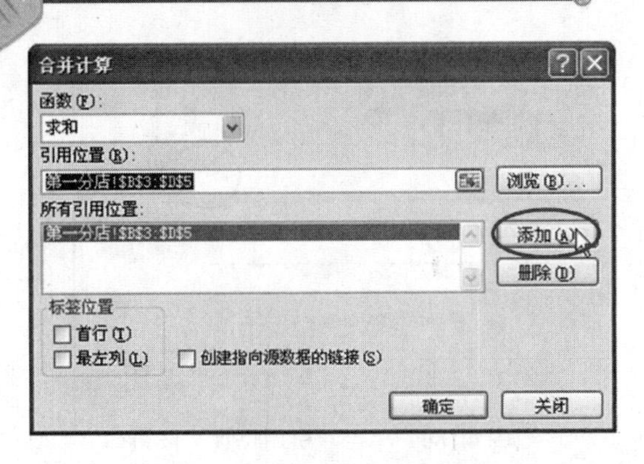

图 4.189　单击“添加”按钮

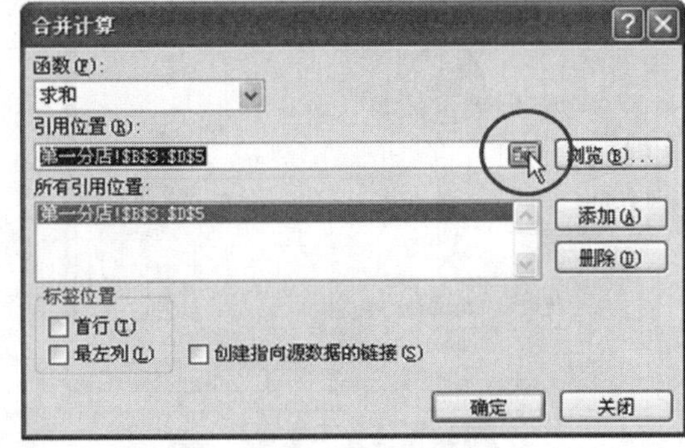

图 4.190　单击“引用位置”按钮

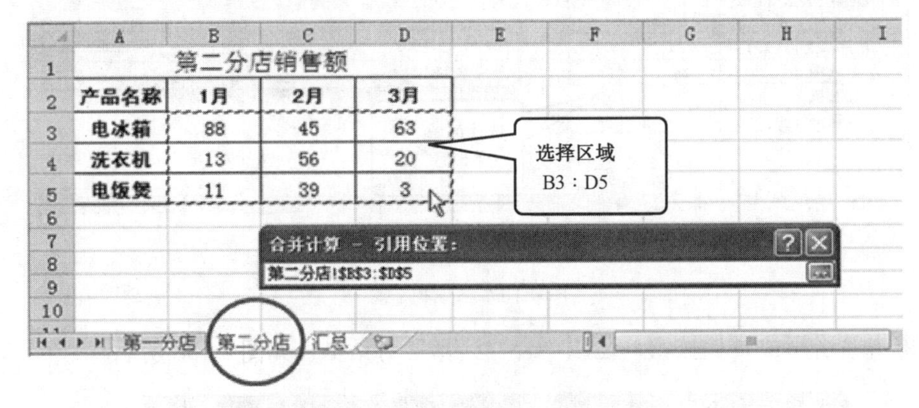

图 4.191　选择区域

⑧ 单击“引用位置”按钮还原“合并计算”对话框，如图 4.192 所示。

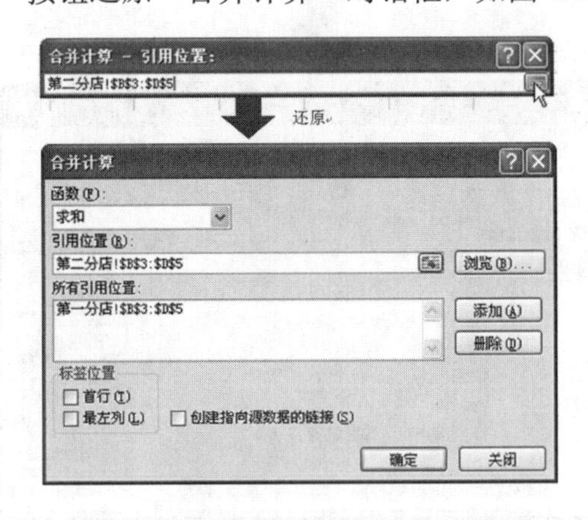

图 4.192　单击“引用位置”按钮还原“合并计算”对话框

⑨ 单击“添加”按钮，将第二分店的引用区域添加到“所有引用位置”框内，如图 4.193 所示。

⑩ 单击“确定”按钮，完成合并计算，如图 4.194 所示。

⑪ 合并计算最终效果如图 4.195 所示。

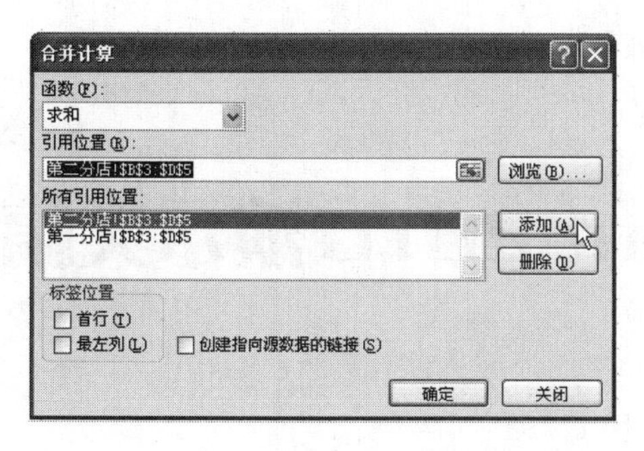

图 4.193　单击“添加”按钮

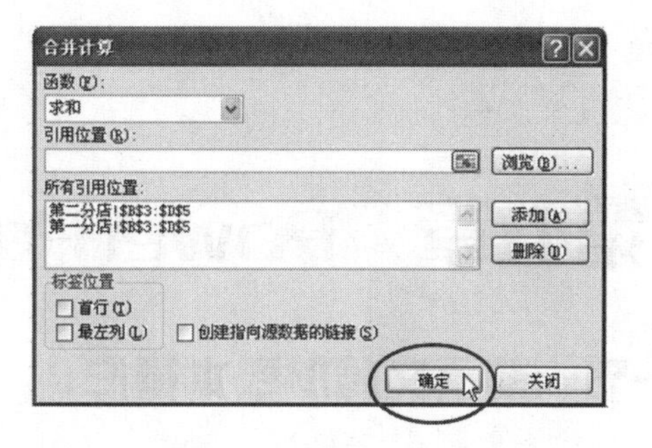

图 4.194　单击“确定”按钮

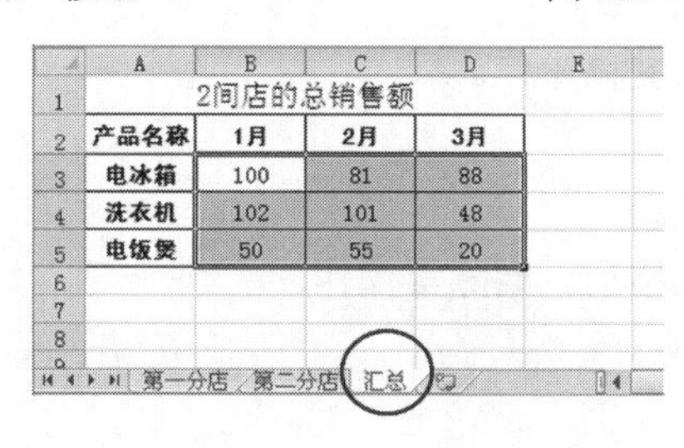

	A	B	C	D	E
1	2间店的总销售额				
2	产品名称	1月	2月	3月	
3	电冰箱	100	81	88	
4	洗衣机	102	101	48	
5	电饭煲	50	55	20	

图 4.195　合并计算最终效果

拓展练习四　合并计算两分店数据

● 操作要求

（1）在“汇总”工作表中建立一个用于合并计算的表格框架。

（2）合并计算“第三分店”和“第四分店”两个表格的数据的平均值。

（3）以“姓名+项目 4 扩展练习”为文件名保存文件在桌面上，并上交作业。

● 原表

原表如表 4.45 所示。

● 样表

样表如表 4.46 所示。

表 4.45　原表

	A	B	C	D
1	第三分店销售额			
2	产品名称	1月	2月	3月
3	电冰箱	55	90	42
4	洗衣机	35	37	95
5	电饭煲	68	28	68

	A	B	C	D
1	第四分店销售额			
2	产品名称	1月	2月	3月
3	电冰箱	36	16	54
4	洗衣机	49	44	37
5	电饭煲	24	32	30

表 4.46　样表

	A	B	C	D	E
10	2间店的平均销售额				
11	产品名称	1月	2月	3月	
12	电冰箱	45.5	53	48	
13	洗衣机	42	40.5	66	
14	电饭煲	46	30	49	

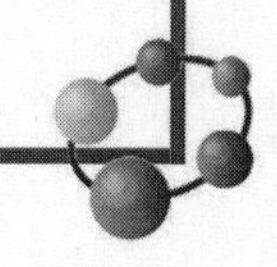

第五章　PowerPoint 2010演示文稿

第一节　演示文稿的基本操作

● 学习目标

（1）学会新建、保存演示文稿操作。

（2）学会插入新幻灯片。

（3）学会设置幻灯片版式。

（4）学会幻灯片的复制、移动、删除等操作。

项目一　创建演示文稿

● 操作要求

（1）新建一份演示文稿，以“我的演示文稿”为文件名保存到桌面上。

（2）打开“我的演示文稿”文件，在里面新添加三张幻灯片，并分别设置全文四张幻灯片版式如下。

第一张：标题。

第二张：标题和内容。

第三张：标题和竖排文字。

第四张：垂直排列标题与文本。

（3）参考效果图，在幻灯片中输入相应的文字内容。

● 效果图

效果图如图5.1所示。

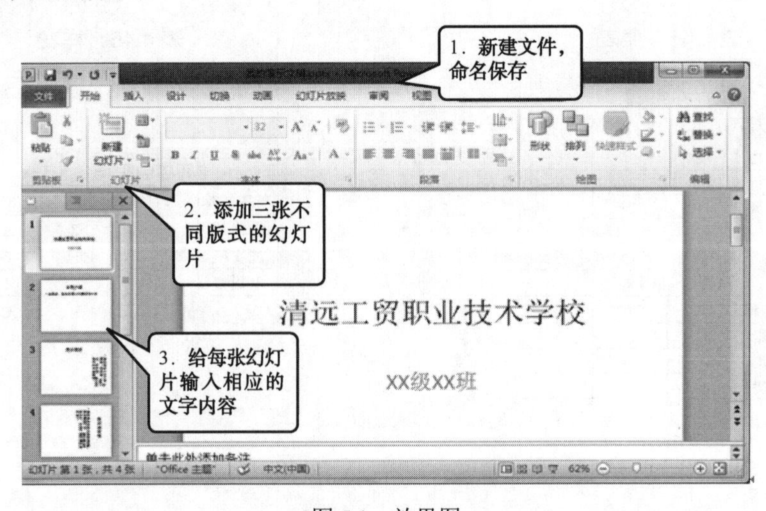

图5.1　效果图

● **操作步骤**

（1）单击“开始”按钮，在“开始”菜单中选择“所有程序”→“Microsoft Office”→“Microsoft PowerPoint 2010”命令，可启动 PowerPoint 2010，并建立默认的空白演示文稿（如图 5.2 所示）。

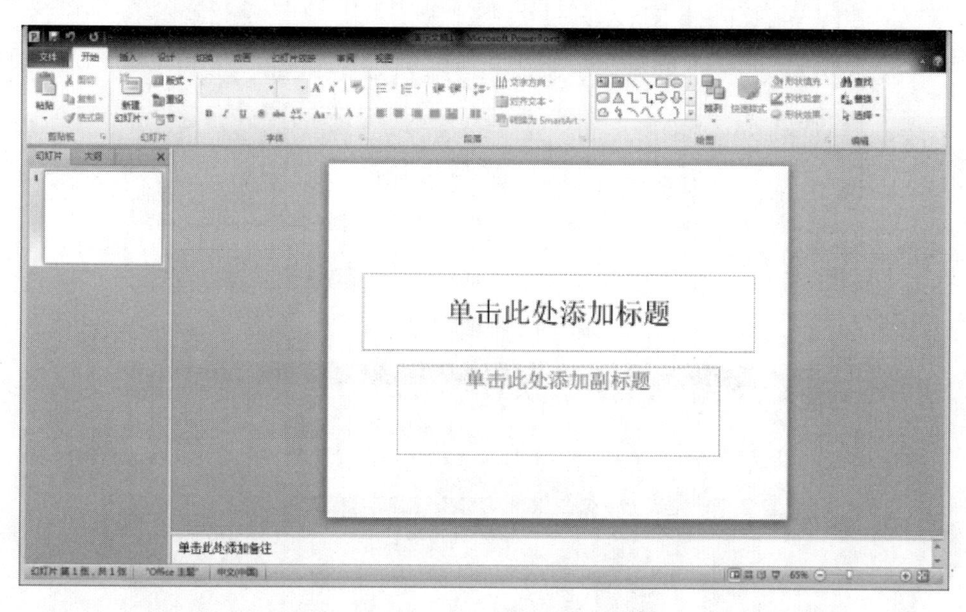

图 5.2 新建演示文稿

单击“保存”按钮，在弹出的“另存为”对话框中进行如图 5.3 所示的设置，单击“保存”按钮。

图 5.3 保存演示文稿

（2）在打开的“我的演示文稿”文件中，单击“开始”菜单的“新建幻灯片”按钮，选择“标题和内容”主题，可创建第二张幻灯片，如图 5.4 所示。用同样方法创建第三、四张幻灯片，但要选择相应的幻灯片版式主题。最终效果图如图 5.5 所示。

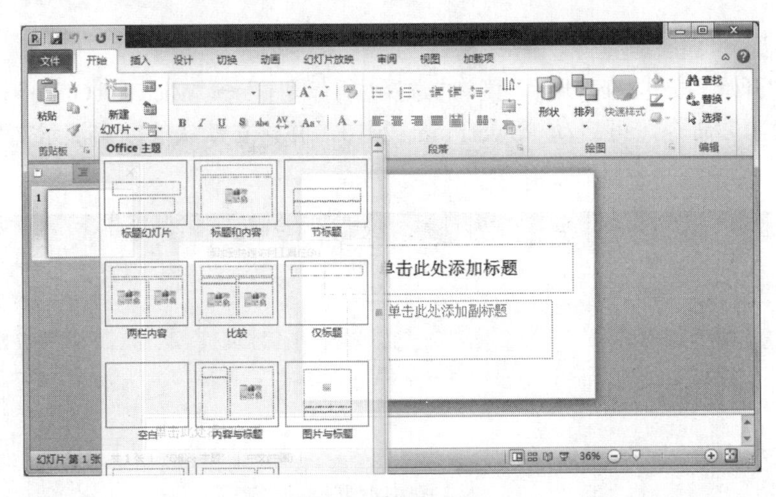

图 5.4　新建幻灯片

图 5.5　最终效果图

（3）在每张幻灯片中分别输入相应的文字后，单击“保存”按钮，关闭文件。文字内容如图 5.6 所示。

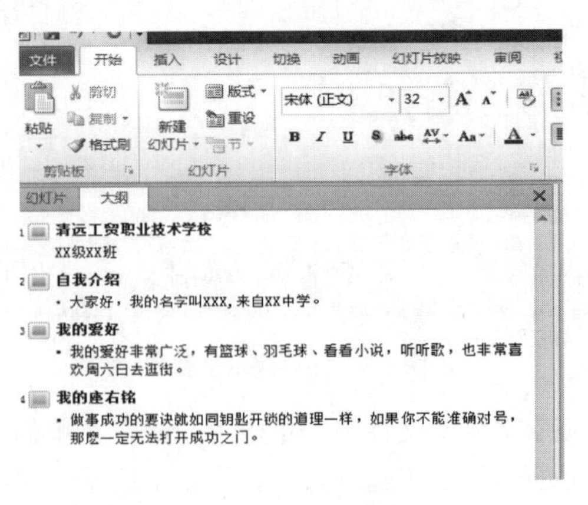

图 5.6　文字内容

拓展练习一 《学生会竞选》

● 操作要求

（1）打开“项目一拓展练习”文件，在第一张幻灯片的主标题处输入文字“学生会竞选”，并设置字体格式：黑体，54 磅，深蓝色；为副标题输入文字“班级+姓名”，字体格式设置为楷体，44 磅；自定义颜色：红为 255，绿为 0，蓝为 255。

（2）添加一张版式为“两栏内容”的新幻灯片，标题文字为“我的简介”，幼圆，加粗，48 磅，浅蓝色。在标题下面的左、右两栏文本处输入自己的兴趣、爱好、特长等方面的内容，文字格式自定。

（3）添加第三张幻灯片，设置版式为“垂直排列标题与文本”，在标题处输入文字“我相信我能行！”，红色、48 磅、阴影；在文本处输入两句自己喜欢的励志格言，字体格式自定。在此张幻灯片的备注区输入文字“我的学生会竞选”。

● 效果图

效果图如图 5.7 所示。

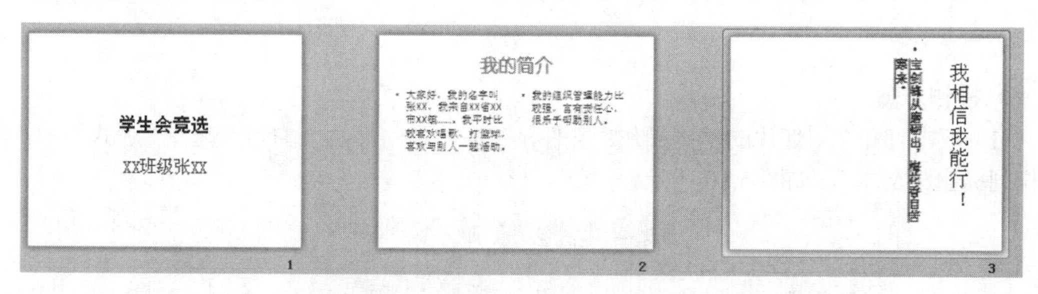

图 5.7　效果图

项目二　幻灯片的基本操作

● 操作要求

（1）打开“幻灯片的基本操作”演示文稿，把第一张幻灯片的版式改为“垂直排列标题与文本”。

（2）在第一张幻灯片前插入一张“仅标题”幻灯片，在标题区输入文字“京津城铁”。

（3）把第二张幻灯片复制到最后，移动第五张幻灯片使之成为第二张幻灯片。

（4）删除第三张幻灯片。

● 原图

原图如图 5.8 所示。

● 效果图

效果图如图 5.9 所示。

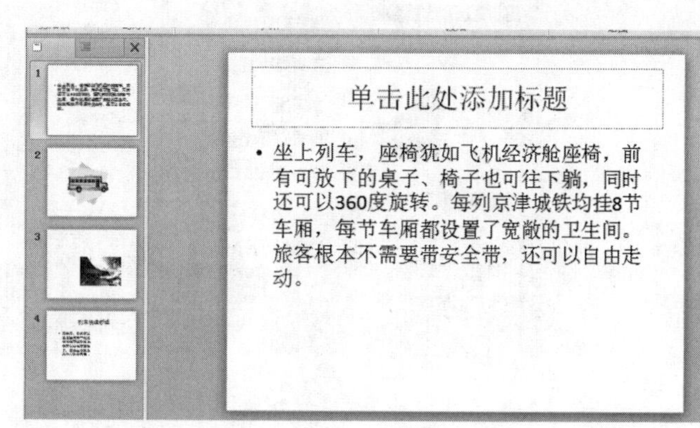

图 5.8　原图

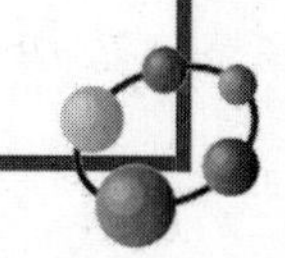

图 5.9　效果图

● **操作步骤**

（1）双击打开“幻灯片的基本操作”文件，在第一张幻灯片上右击，选择“版式”→“垂直排列标题与文本”，如图 5.10 所示。

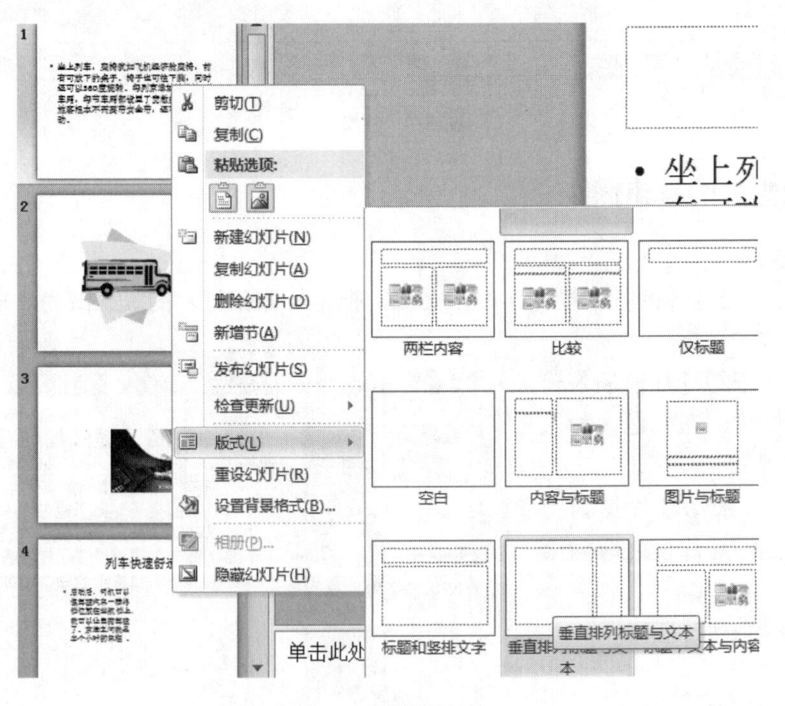

图 5.10　设置版式

（2）将光标定位于第一张幻灯片前面，单击“开始”菜单，选择“仅标题”，如图 5.11 所示，并在标题区输入文字“京津城铁”，如图 5.12 所示。

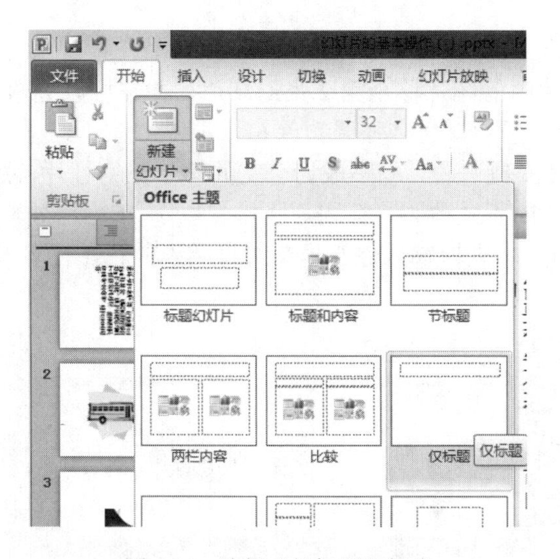

图 5.11　选择“仅标题”版式

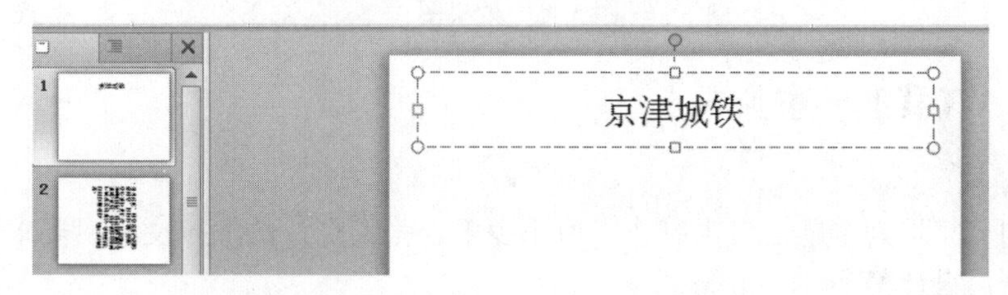

图 5.12　输入文字

（3）在幻灯片窗格的第二张幻灯片上右击，选择“复制幻灯片”，把光标定位在第五张幻灯片之后，右击选择“粘贴”，如图 5.13 所示，移动第五张幻灯片的操作也与此类似。

（4）在幻灯片窗格的第三张幻灯片上右击，选择“删除幻灯片”，如图 5.14 所示。

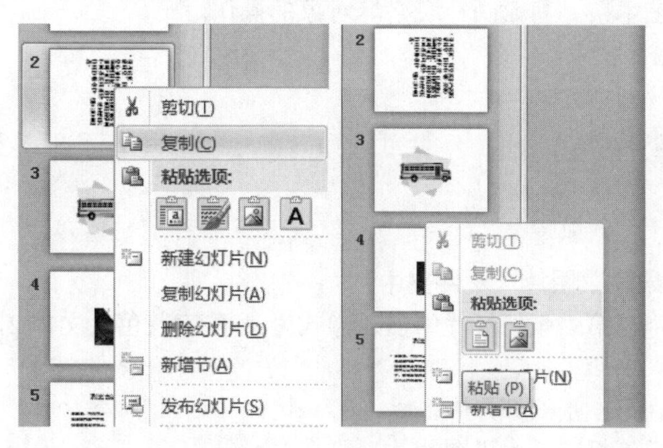

图 5.13　复制、粘贴幻灯片

图 5.14　删除幻灯片

拓展练习二 《母亲节快乐》

● 操作要求

（1）打开“项目二拓展练习”，在第 1 张幻灯片前插入一张“仅标题”幻灯片，在标题处

输入文字“母亲节快乐”，黑体，红色，加粗，54 磅。

（2）把第 3 张幻灯片中的图片移至第 2 张幻灯片，并在标题处输入文字“母恩深似海”，字体格式为楷体、48 磅、橙色，文字强调颜色 6，深色 50%。

（3）把第 4 张幻灯片复制一份，粘贴成为全文的第 3 张幻灯片，并把第 5 张幻灯片删除。

（4）把第 4 张幻灯片的版式改为“标题与竖排文本”，在标题处输入文字“母亲，我想对你说……”，并在下面的文本区域输入你心里想对母亲说的话，内容及格式自定。

● 效果图

效果图如图 5.15 所示。

图 5.15　效果图

拓展练习三　《我的一家》

● 操作要求

以“我的一家”为主题，自由制作一份不少于 5 张幻灯片的演示文稿，要求图文合理搭配，内容健康，设计美观。

第二节　编辑演示文稿

● 学习目标

（1）掌握插入来自文件的图片、艺术字、剪贴画、表格等对象的操作。

（2）学会设置幻灯片的背景。

（3）学会设置幻灯片的主题样式。

（4）学会使用幻灯片母版编辑演示文稿。

项目一　《水果蔬菜》

● 操作要求（所需图片放在“水果蔬菜图片”文件夹中）

（1）打开“水果蔬菜”演示文稿，在第 1 张幻灯片中插入样式为“填充-茶色，文本 2，轮廓-背景 2”的艺术字“健康生活”。

（2）把第 1 张幻灯片中的图片移到第 4 张幻灯片中。

（3）在第 2 张幻灯片的适当位置插入相应的水果图片。

（4）把第 3 张幻灯片的版式改为“两栏内容”，在右侧空白区域插入有关食物的剪贴画。

（5）在第 1 张幻灯片中插入一个 2 行 7 列的如下表格。

周一	周二	周三	周四	周五	周六	周日

● 原图

原图如图 5.16 所示。

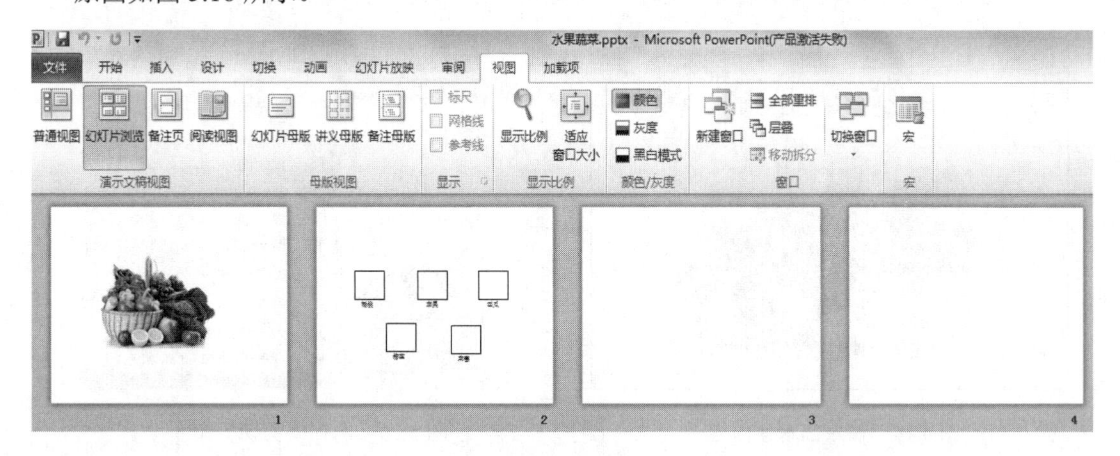

图 5.16　原图

● 效果图

效果图如图 5.17 所示。

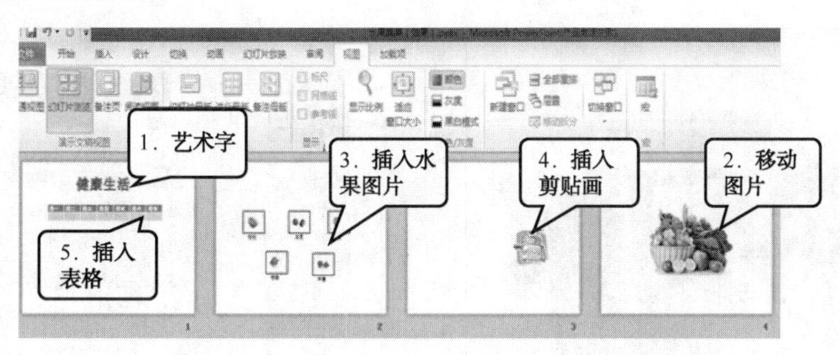

图 5.17　效果图

● 操作步骤

（1）打开“水果蔬菜”演示文稿，单击第 1 张幻灯片，单击“插入”菜单→“文本”面板→“艺术字”，单击下拉列表选择相应的艺术字样式（如图 5.18 所示），再输入艺术字内容（如图 5.19 所示）。

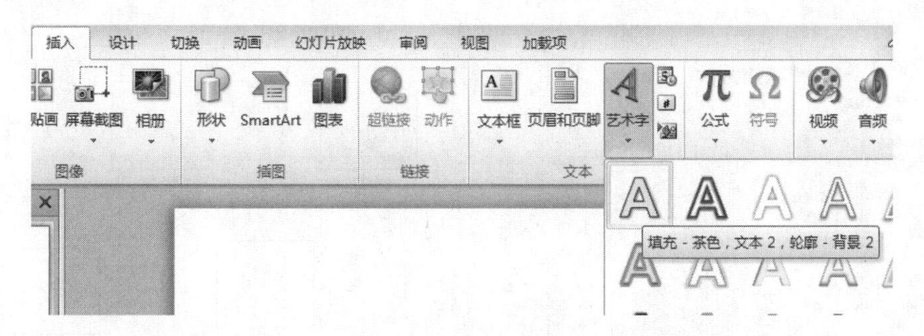

图 5.18　插入艺术字

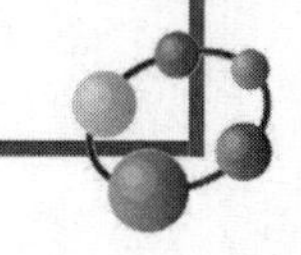

（2）单击图片，单击右键，在弹出的菜单中选择“剪切”命令，如图 5.20 所示；再单击第 4 张幻灯片，在空白处单击右键，选择“粘贴图片”，如图 5.21 所示。

图 5.19　输入艺术字内容

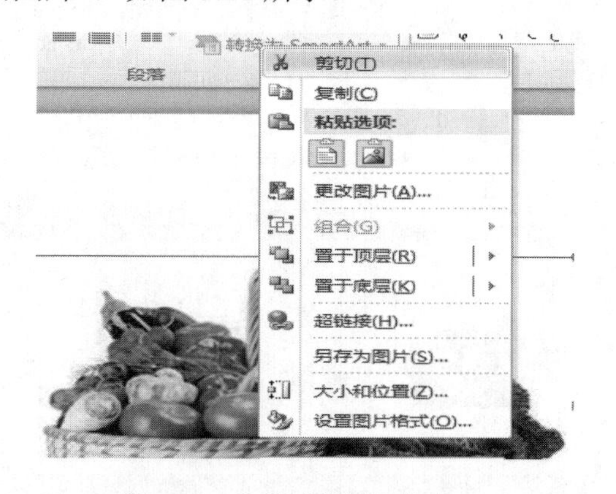

图 5.20　选择“剪切”命令

（3）单击第 3 张幻灯片，单击“插入”菜单下的“图片”，如图 5.22 所示；在弹出的对话框中选择“杨桃”图片；如图 5.23 所示，单击“插入”按钮，调整图片的位置，如图 5.24 所示。其他水果图片参照此步骤。

图 5.21　粘贴图片

图 5.22　单击“图片”

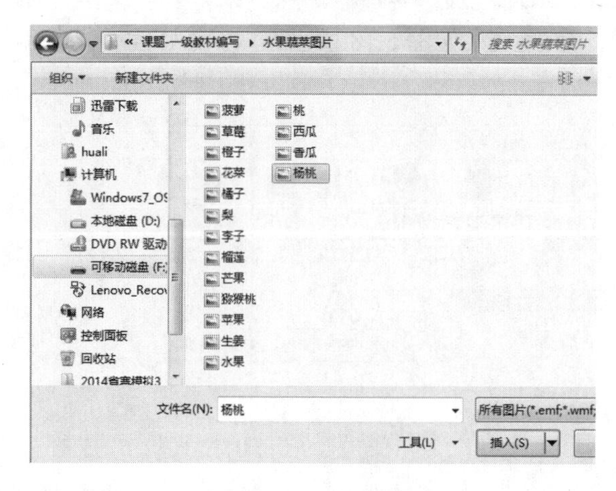

图 5.23　选择图片

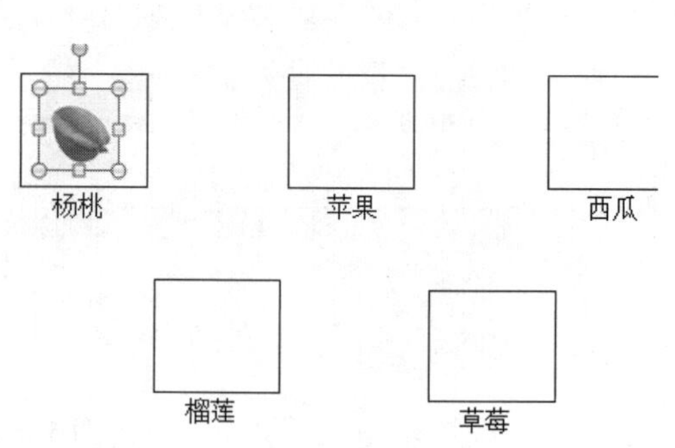

图 5.24　调整图片的位置

（4）修改版式与添加剪贴画。

① 在第 3 张幻灯片的空白处单击右键，在弹出的菜单中选择“版式”→“两栏内容”，如图 5.25 所示。

② 单击右侧文本中的剪贴画图标，在弹出的“剪贴画”对话框的“搜索文字”框中输入“食物”，单击“搜索”按钮，如图 5.26 所示；在搜索结果中选择其中一张图片并拖到右侧位置，如图 5.27 所示。

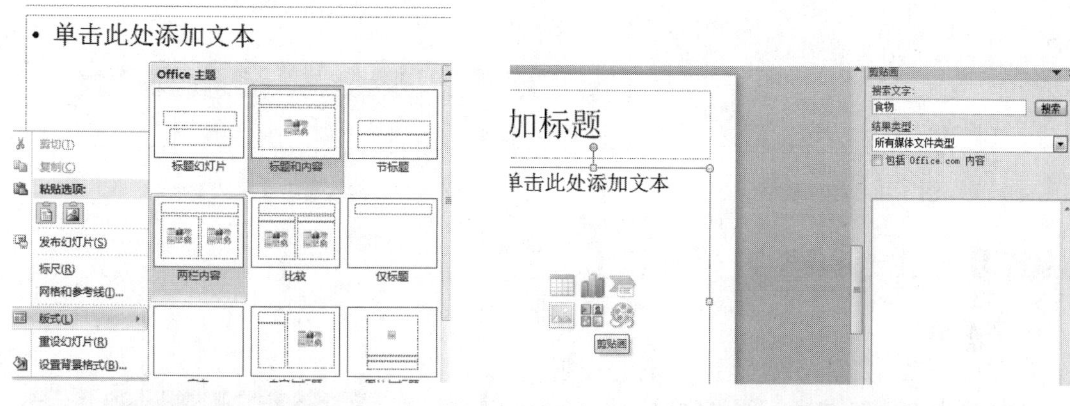

图 5.25　设置幻灯片版式

图 5.26　搜索剪贴画

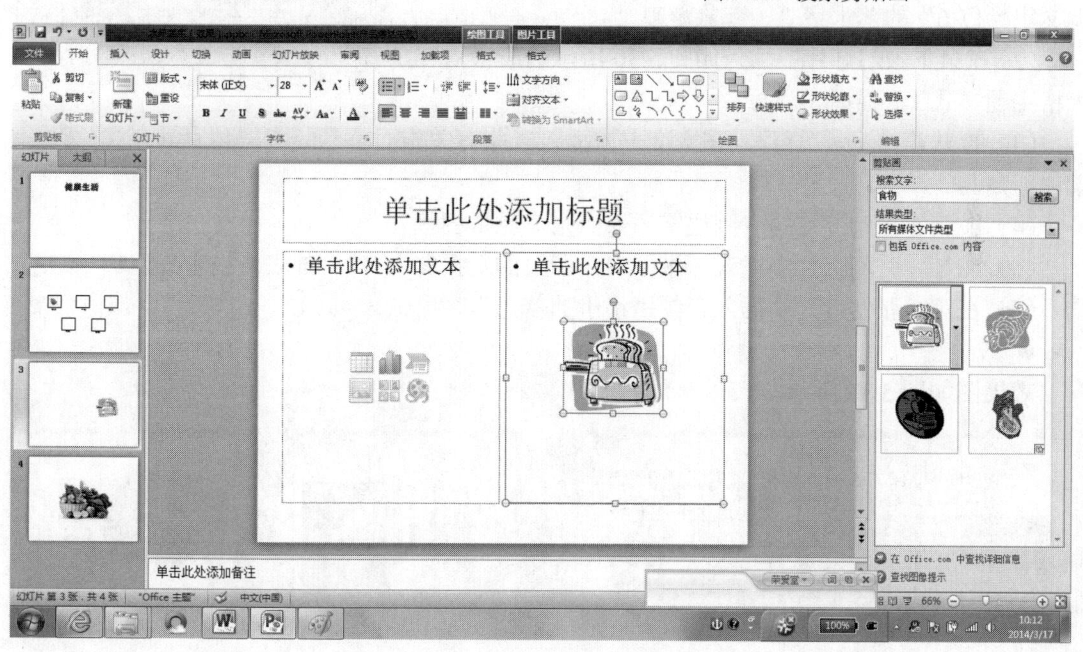

图 5.27　插入所选剪贴画

（5）单击第 1 张幻灯片，单击“插入”菜单→“表格”，用鼠标拖出“7×2”表格，如图 5.28 所示，在表格中输入如图 5.29 所示的文字内容。

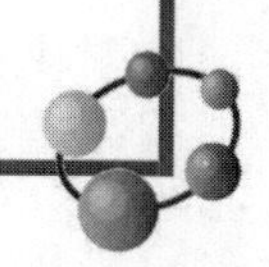

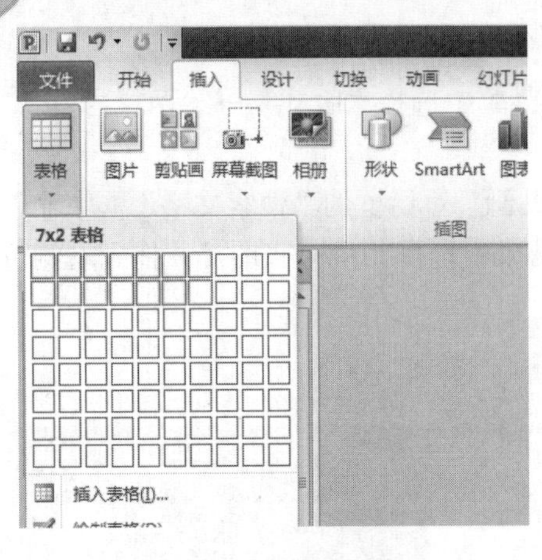

图 5.28　插入表格

图 5.29　输入表格文字内容

拓展练习一 《一起旅游》

● 操作要求

（1）打开“项目一拓展练习”文件，在第 1 张幻灯片中插入样式为“填充-橙色，强调文字颜色 6，渐变轮廓-强调文字颜色 6”的艺术字“一起旅游吧！”

（2）在第 1 张幻灯片中插入如图 5.30 所示的表格内容，表格主题样式 1，强调 5。

项目	2014年1月	同比增长（%）
收入合计（万元）	22504.7	15.3
门票收入	9531.3	11.1
商品销售收入	513.4	0.6
其他收入	12460.0	19.6
接待人数（万人次）	1260.2	24.6
其中：境外人数	36.8	-8.2

图 5.30

（3）打开第 2 张幻灯片，在文字下方插入一张有关旅游的剪贴画。

（4）在第 3 张幻灯片的右侧位置插入“张家界”图片。

（5）在第 4 张幻灯片中插入一张图表，图表的数据参考（2）的表格内容。

（6）在第 1 张幻灯片中插入音频“小小的梦想”。

● 效果图

效果图如图 5.31 所示。

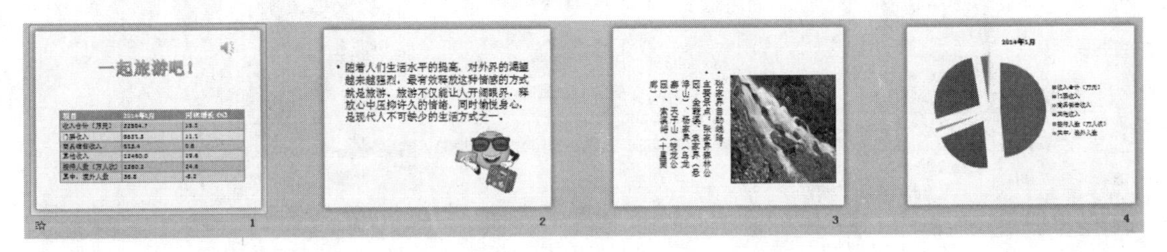

图 5.31　效果图

项目二 《学习雷锋精神》

● 操作要求

（1）打开“学习雷锋精神”文件，把第 1 张幻灯片的背景样式设置为样式 7。

（2）使用“跋涉”主题修饰第 2 张幻灯片。

（3）把第 3 张幻灯片的背景填充为“渐变填充”，“预设颜色”为“金乌坠地”，类型为“线性”，方向为“线性向下”。

（4）用母版方式使所有幻灯片的左下角插入文本“向雷锋致敬”。

● **原图**

原图如图 5.32 所示。

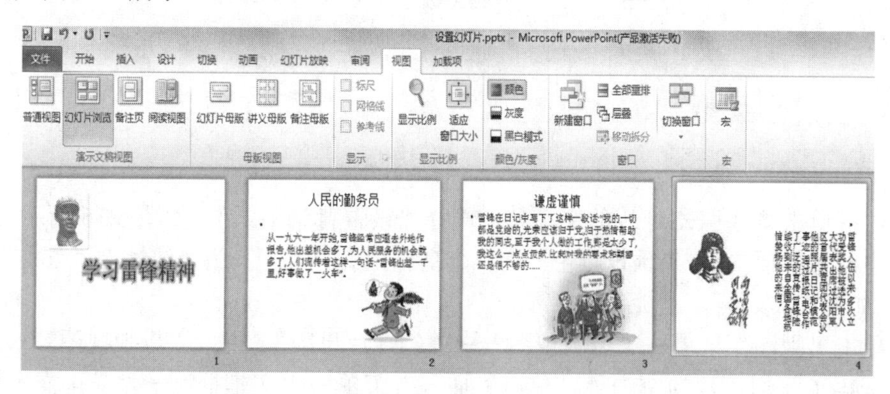

图 5.32　原图

● **效果图**

效果图如图 5.33 所示。

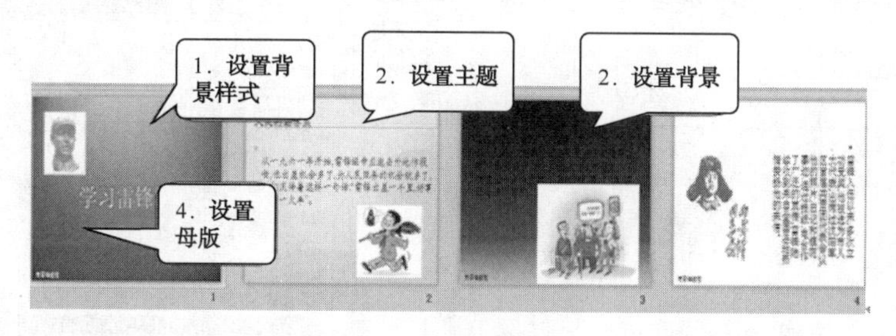

图 5.33　效果图

● **操作步骤**

（1）打开“学习雷锋精神”文件，单击第 1 张幻灯片，单击“设计”菜单→“背景样式”，在下拉列表中找到“样式 7”右键单击并选择“应用于所选幻灯片”，如图 5.34 所示。

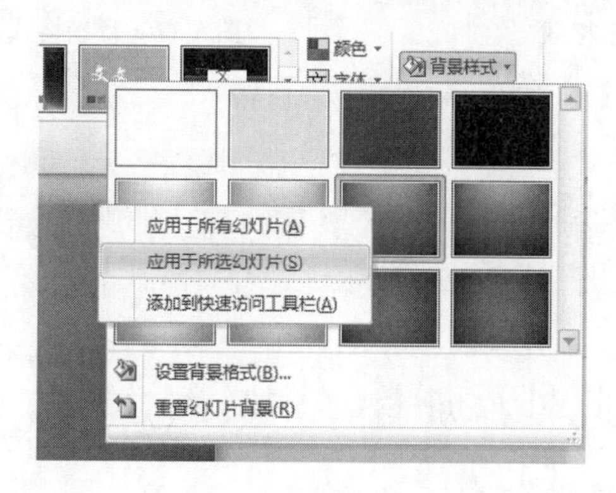

图 5.34　设置背景样式

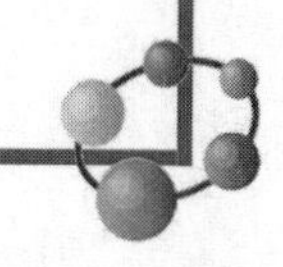

（2）单击第 2 张幻灯片，单击“设计”菜单→“主题”面板，右键单击“跋涉”项后选择“应用于选定幻灯片”，如图 5.35 所示。

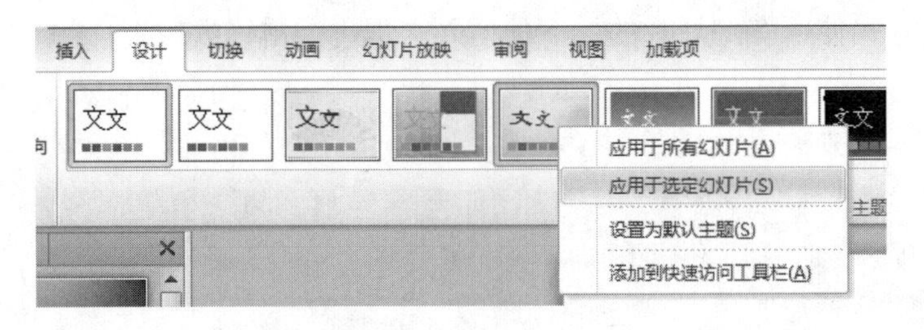

图 5.35　设置主题

（3）右键单击第 3 张幻灯片的空白处，选择“设置背景格式”，如图 5.36 所示，在弹出的对话框中设置各项参数：“预设颜色”为“金乌坠地”，“类型”为“线性”，“方向”为“线性向下”，如图 5.37 所示，然后单击“关闭”按钮。

（4）单击“视图”菜单→“母版视图”→“幻灯片母版”，进入“母版视图”，如图 5.38 所示；单击第 1 张幻灯片的空白处，单击“插入”菜单→“文本框”→“横排文本框”，如图 5.39 所示；在左下角位置单击，输入文字“向雷锋致敬”；单击“关闭母版视图”按钮，如图 5.40 所示。

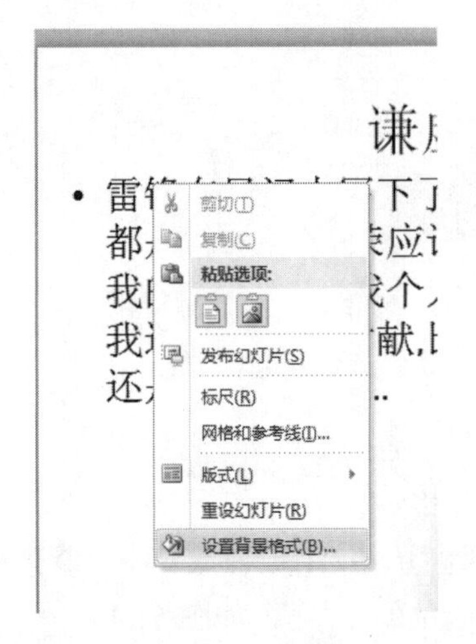

图 5.36　设置背景格式

图 5.37　背景格式的具体设置

图 5.38　进入“母版视图”

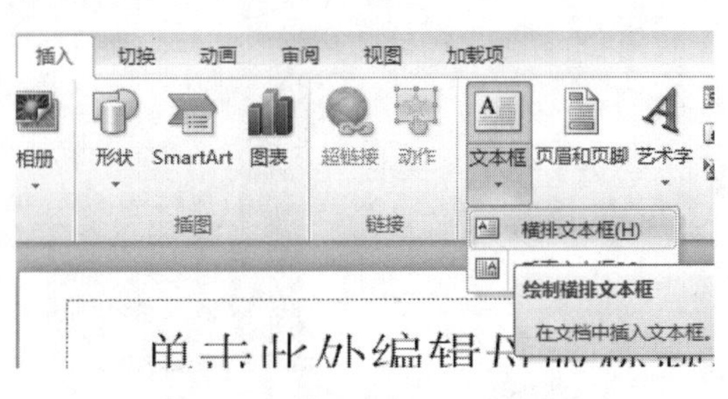

图 5.39　选择横排文本框

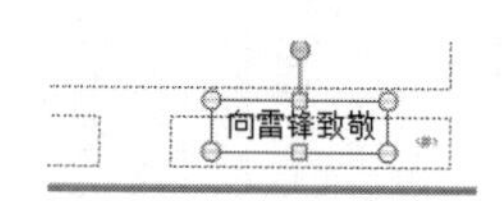

图 5.40 输入文字，单击“关闭母版视图”按钮

拓展练习二 《网速变慢的原因》

● 操作要求

（1）设置第 1 张幻灯片的背景为：预设颜色-碧海青天，线性对角-左上到右下。

（2）设置第 2 张幻灯片的背景为：预设颜色茵茵绿原，线性矩形-从右下角。

（3）设置第 3 张幻灯片的背景为：纹理-纸莎草纸。

（4）任意设置第 4 张、第 5 张幻灯片的背景格式为你喜欢的样式。

（5）设置母版，使每张幻灯片的左上角都有横排文本 “网速变慢的原因”，文本格式为红色 24 磅，黑体。

● 效果图

效果图如图 5.41 所示。

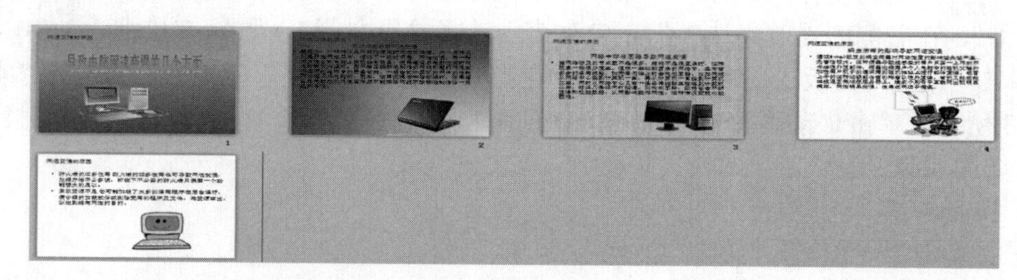

图 5.41 效果图

拓展练习三 《澳大利亚大堡礁》

● 操作要求

（1）使用“波形”主题修饰全文，将全部幻灯片的切换方案设置成“立方体”，效果选项为“自底部”。

（2）在第一张幻灯片之后插入版式为“标题幻灯片”的新幻灯片，主标题键入“澳大利亚大堡礁”，字号设置为 53 磅，红色（RGB 模式：红色 255，绿色 1，蓝色 2）。副标题键入“世界上最大的珊瑚礁和珊瑚岛”，字号设置为 28 磅，加粗；背景设置为“胡桃”纹理，并隐藏背景图像。在第一张幻灯片之前插入版式为“两栏内容”的新幻灯片，将图片文件 adly.jpg 插入到第一张幻灯片右侧内容区。将第二张幻灯片的首段文本移入第一张幻灯片左侧内容区。第二张幻灯片版式改为“两栏内容”，原文本全部移入左侧内容区，并设置为 22 磅字，将图片文件 sh.jpg 插入到第二张幻灯片右侧内容区。使第三张幻灯片成为第一张幻灯片。

第三节 演示文稿的动画设计

● 学习目标

（1）掌握对幻灯片中的对象进行自定义动画的操作。

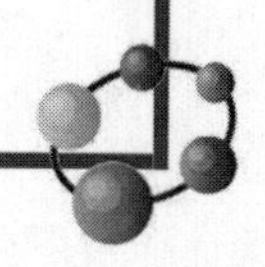

（2）掌握动画顺序的调整操作。

（3）掌握幻灯片切换操作。

（4）掌握幻灯片的超链接设置。

（5）学会设置幻灯片的放映方式。

项目一　动画设计

● **操作要求**

（1）打开“动画设计”文件，把第1张幻灯片的标题的动画效果设置为“进入—自左侧、切入”，把图片的动画效果设置为“进入—水平、随机线条”，动画顺序为先图片后文本。

（2）把第2张幻灯片的标题的动画效果设置为“进入—缩放”，文本设置动画效果为“进入—左右向中央收缩、劈裂”。

（3）把第3张幻灯片的标题的动画效果设置为“进入”、“飞入”、“自底部”。

（4）设置全文的切换效果为“擦除”。

● **操作步骤**

（1）打开“动画设计”文件，单击第1张幻灯片，单击“动画”菜单→“动画”→选择“切入效果”，在右侧的“效果选项”下拉列表中选择“自左侧”，如图5.42所示；单击选中图片，单击“动画”面板中的“随机线条”，在右侧的“效果选项”下拉列表中选择“水平”，如图5.43所示；单击“动画窗格”按钮，在动画窗格中单击动画1，再单击“重新排序”按钮，如图5.44所示。

（2）请参考第（1）步。

（3）请参考第（1）步。

图5.42　设置“切入效果”

图5.43　设置水平方向

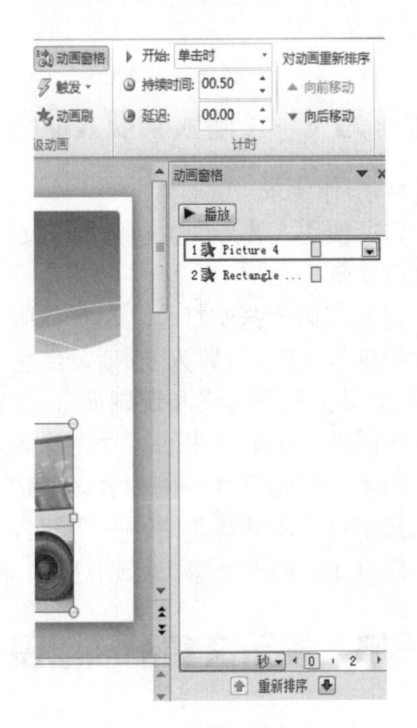

图5.44　调整动画顺序

（4）单击“切换”菜单，在下面的“效果选项”中单击“擦除”，再单击右侧的“全部应用”按钮，如图 5.45 所示。

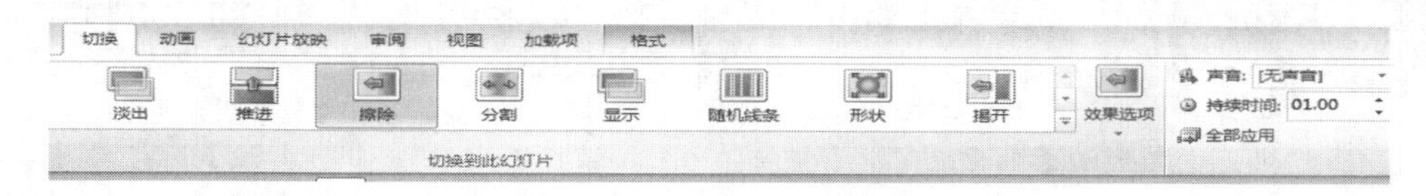

图 5.45　选择“全部应用”

拓展练习一　动画

● 操作要求

（1）在第 1 张幻灯片中，将标题艺术字的动画效果设置为“进入——切入——自顶部——快速”，将图片的动画效果设置为“进入——螺旋飞入——快速”，将本张幻灯片的动画顺序设置为先图片后标题。

（2）对第 2 张幻灯片中的对象（太阳）设置动画效果“动作路径——绘制自定义路径——自由曲线——中速”，设置出从太阳升起到落山的动画效果。

（3）自由设置第 3 张幻灯片的艺术字、图片的动画效果，使其呈现龟兔赛跑的情景。

（4）设置全文的幻灯片切换效果为“碎片”。

● 效果图

效果图如图 5.46 所示。

图 5.46　效果图

项目二　《海底生物——海星》

● 操作要求

（1）打开“海星”文件，在第 1 张幻灯片中设置链接，把文字“海星的重要作用”链接到第 4 张幻灯片，把“海星的分布和种类”链接到第 3 张幻灯片，把“海星的形体特征”链接到第 2 张幻灯片。

（2）分别在第 2、3、4 张幻灯片的右下角添加“后退或前一项”动作按钮，设置动作为链接到第 1 张幻灯片。

（3）设置全文的放映方式为“观众自行浏览”。

● 原图

原图如图 5.47 所示。

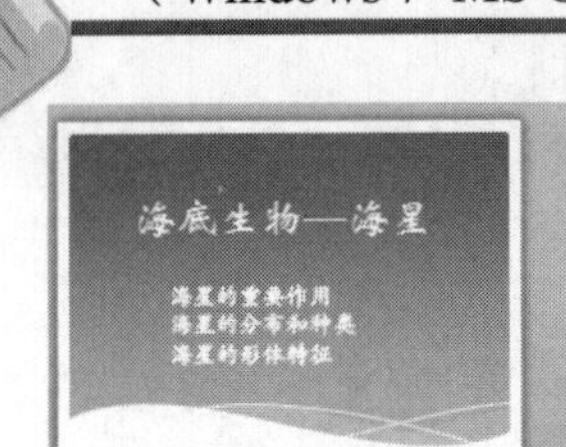

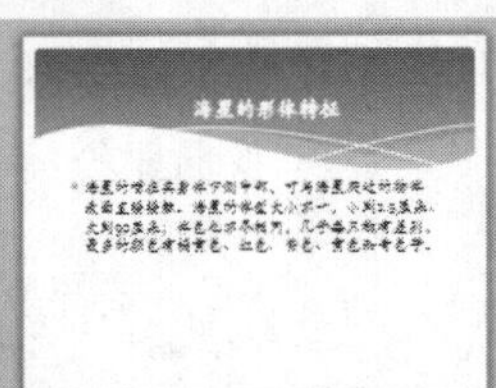

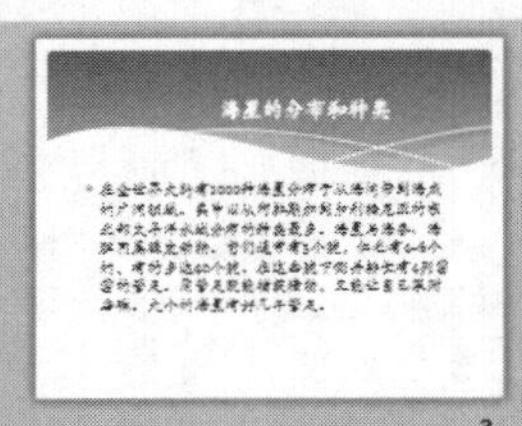

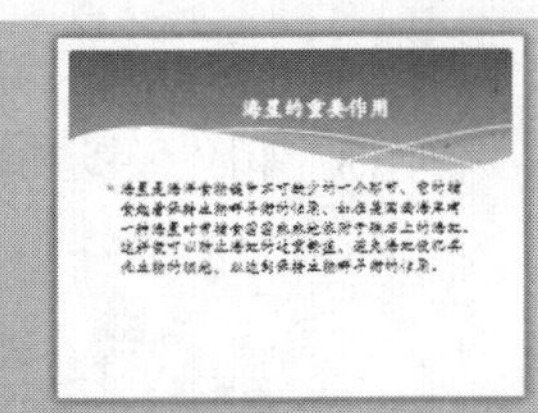

图 5.47　原图

● **效果图**

效果图如图 5.48 所示。

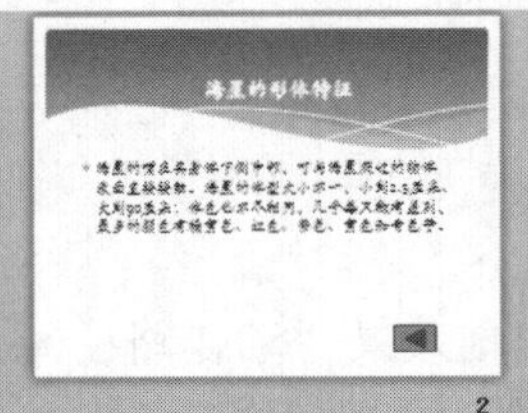

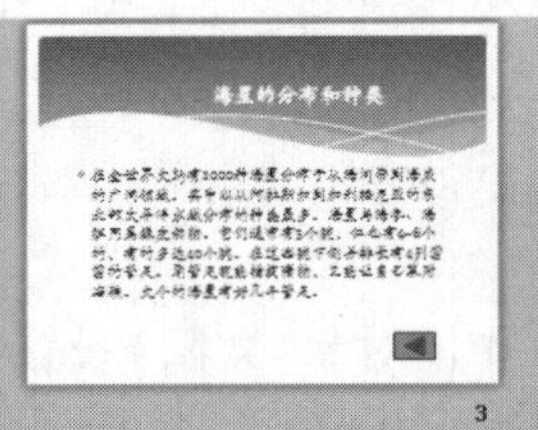

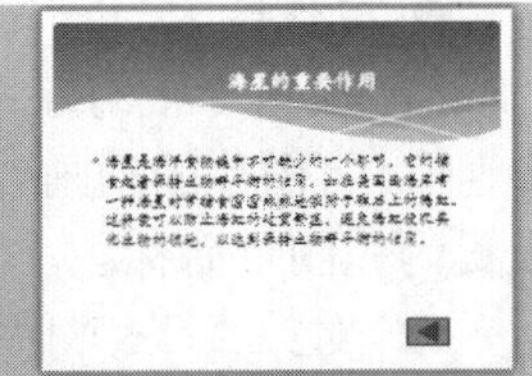

图 5.48　效果图

● **操作步骤**

（1）打开“海星”文件，单击第 1 张幻灯片，选中文字“海星的重要作用”后单击“插入”菜单→“超链接”，如图 5.49 所示；在弹出的“插入超链接”对话框中设置“链接到:”→“本文档中的位置”，并选择“幻灯片 4”，如图 5.50 所示；单击“确定”按钮。另外两项文字链接参考此步骤。

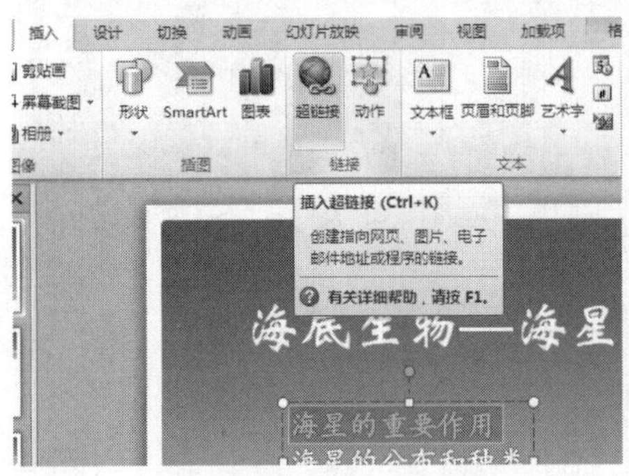

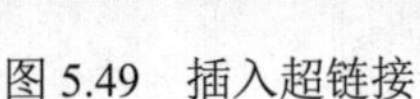

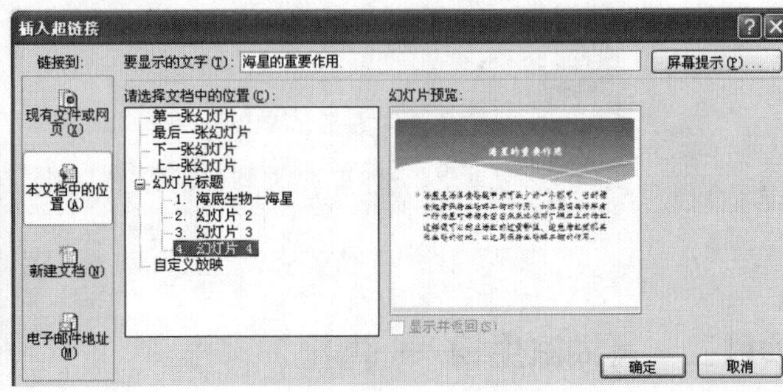

图 5.49　插入超链接　　　　图 5.50　设置超链接

（2）在第 2 张幻灯片的空白处单击，单击“插入”菜单→“形状”→“动作”按钮◁，如图 5.51 所示；在幻灯片的右下角拖动鼠标添加按钮，并在弹出的对话框中设置“单击鼠标时的动作”项为超链接到“第一张幻灯片”，如图 5.52 所示，单击“确定”按钮。第 3、4 张幻灯片参考此步骤。

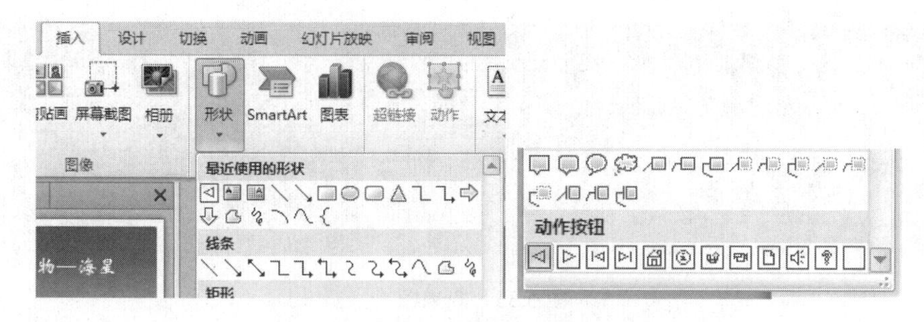

图 5.51　插入动作按钮

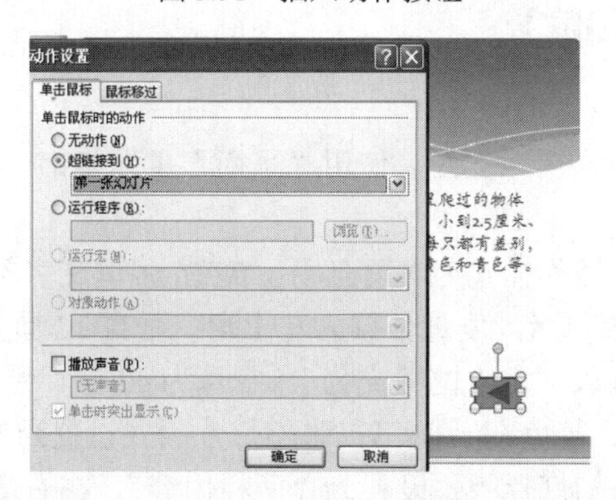

图 5.52　设置动作效果

（3）单击“幻灯片放映”菜单→“设置幻灯片放映方式”，如图 5.53 所示；在弹出的“设置放映方式”对话框中选择“观众自行浏览”，如图 5.54 所示。

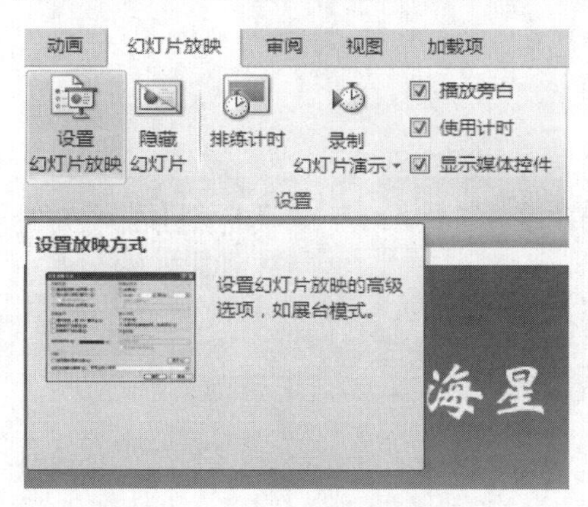

图 5.53　设置放映方式

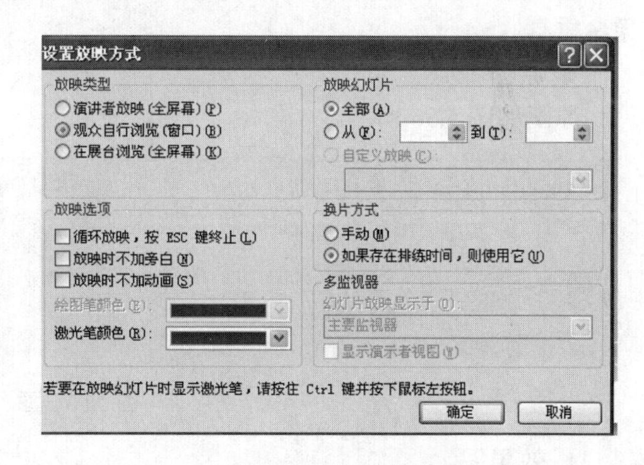

图 5.54　选择放映方式

拓展练习二 《星座性格特点》

- **操作要求**

（1）打开“项目二拓展练习”文件，运用超链接的知识使全文的链接合理、顺畅。

（2）给每张幻灯片的对象设置自定义动画，并添加幻灯片切换效果。

- **效果图**

效果图如图 5.55 所示。

图 5.55　效果图

项目三　《北京自然博物馆》

● **操作要求**

（1）打开“北京自然博物馆”文件，使用“平衡”主题修饰全文，放映方式设置为“观众自行浏览”。

（2）在第一张幻灯片中插入样式为“填充-无，轮廓-强调文字颜色 2”的艺术字“北京自然博物馆”（位置为水平：5 厘米，度量依据为左上角，垂直 12 厘米，度量依据为左上角）。在第二张幻灯片的标题处输入文字“馆藏文物”，字号为 42 磅，黑体字，颜色为红色（自定义标签的红色 245、绿色 0、蓝色 0）。将第三张幻灯片版式设置为“两栏内容”，在右侧内容插入图片 gxhs.jpg,将第四张幻灯片版式设置为“两栏内容”，在右侧内容插入图片 kl.jpg。

（3）将第三张幻灯片的图片动画设置为“进入-方框、形状”，文本动画设置为“进入-自左上部、飞入”，先文本后动画；将第二张幻灯片的文本设置超链接：“黄河古象化石”文字超链接至第三张幻灯片，“恐龙化石”超链接至第四张幻灯片。全文设置切换效果为“随机线条、垂直”。

● **原图**

原图如图 5.56 所示。

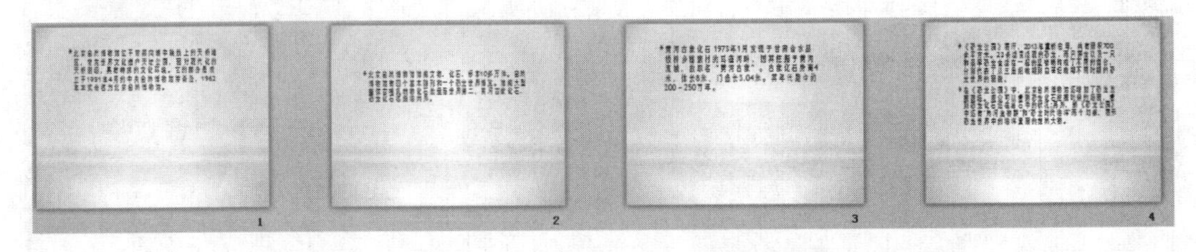

图 5.56　原图

● **效果图**

效果图如图 5.57 所示。

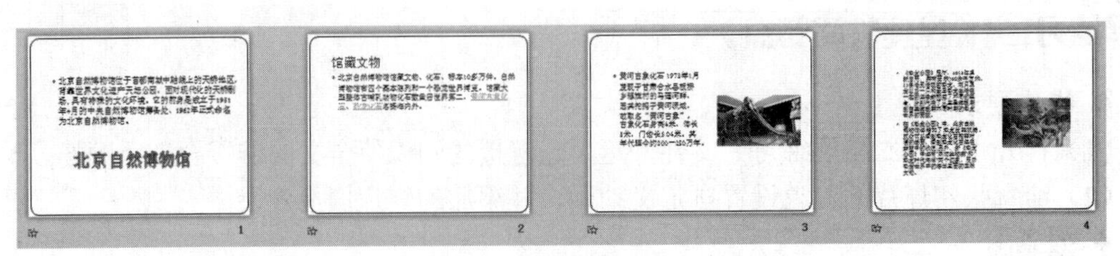

图 5.57　效果图

- **操作步骤**

（1）打开“北京自然博物馆”文件，单击“设计”菜单，选择“平衡”主题，右击，选择“应用于所有幻灯片”，如图 5.58 和图 5.59 所示；单击“幻灯片放映”菜单，点击“设置幻灯片放映”，如图 5.60 所示；在弹出的对话框中选择“观众自行浏览”选项，单击“确定”按钮，如图 5.61 所示。

图 5.58　设置主题

图 5.59　应用于全文

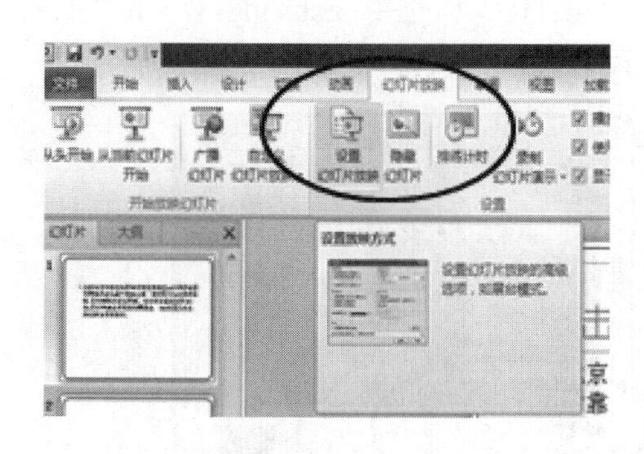

图 5.60　设置幻灯片放映

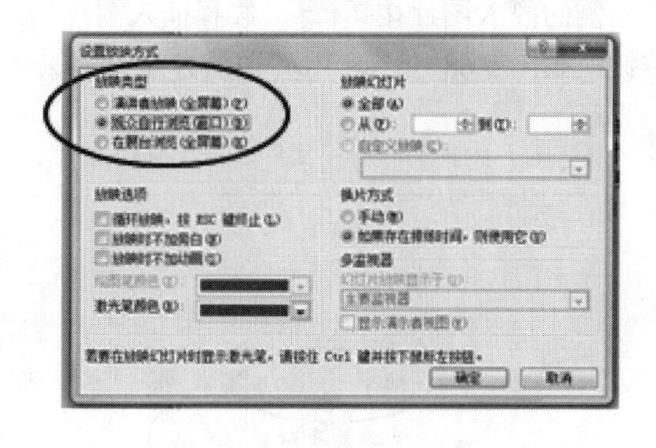

图 5.61　选择放映方式

（2）单击第 1 张幻灯片，单击“插入”菜单→“艺术字”→选择“填充-无，轮廓-强调文字颜色 2”样式，如图 5.62 所示；输入艺术字内容“北京自然博物馆”，如图 5.63 所示，选中艺术字并右击，选择“设置形状格式”，在弹出的对话框中输入如图 5.64 所示的数据，单击“关闭”按钮。

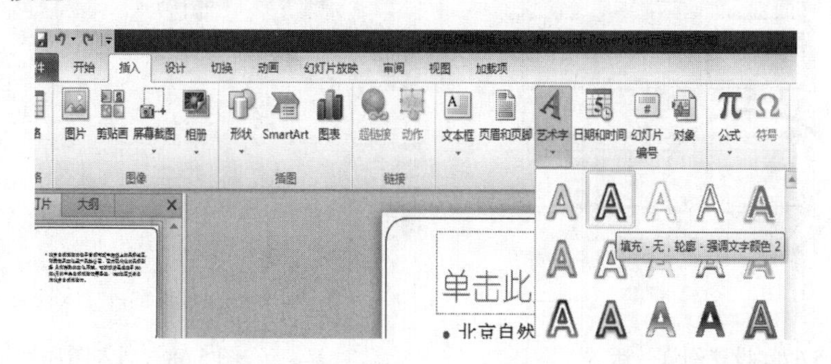

图 5.62　插入艺术字

图 5.63　输入艺术字

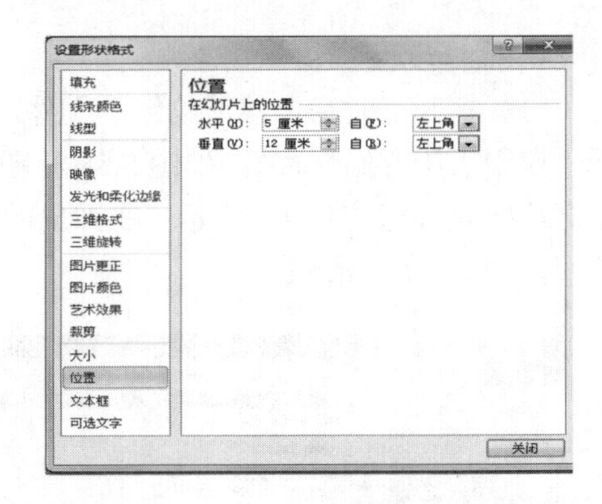

图 5.64　设置艺术字的位置

单击第 2 张幻灯片的标题框，输入文字“馆藏文物”，选中文字后单击“开始”菜单，在“字体”框中设置参数如图 5.65 所示，单击“字体”下拉列表，选择“其他颜色”，在弹出的对话框中单击“自定义”选项卡，输入如图 5.66 所示的数据，单击“确定”按钮。

单击第 3 张幻灯片，在空白处右击，选择“版式”→“两栏内容”，如图 5.67 所示。单击右侧的插入图片按钮，选择插入图片的路径“项目三”，选中 gxhs.jpg，单击“插入”按钮，如图 5.68 所示。用同样的方法设置第 4 张幻灯的版式及插入图片。

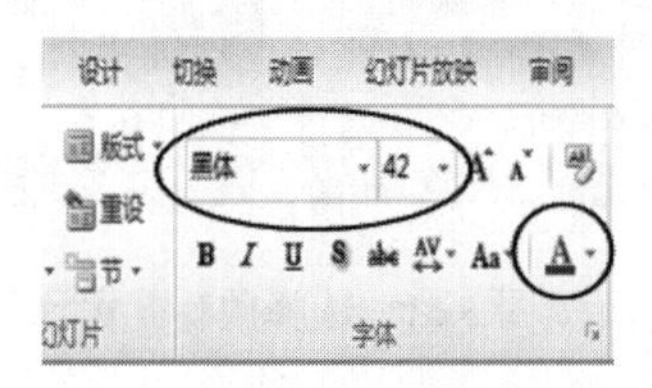

图 5.65　设置字体字号

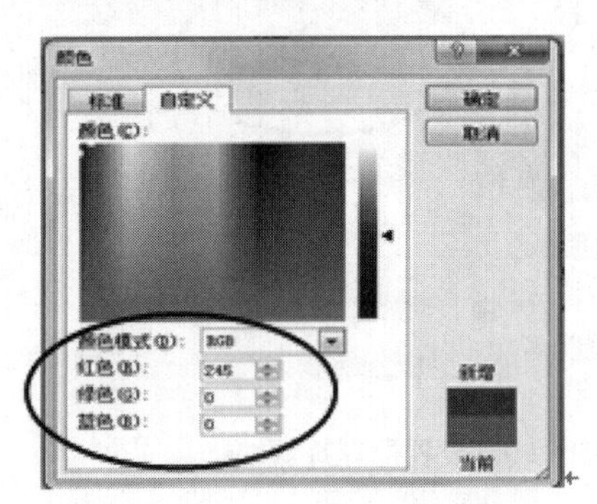

图 5.66　设置字体颜色

图 5.67　设置幻灯片版式

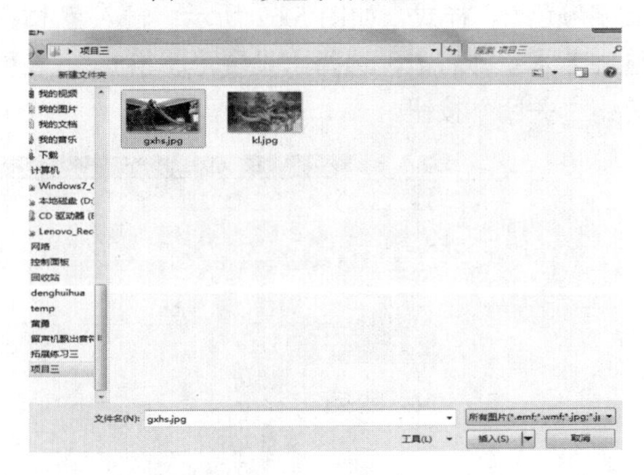

图 5.68　插入图片

（3）单击第 3 张幻灯片的图片，单击“动画”菜单→“形状”，再单击“效果选项”下拉列表，选择“方框”，如图 5.69 和图 5.70 所示。

图 5.69　设置动画名称

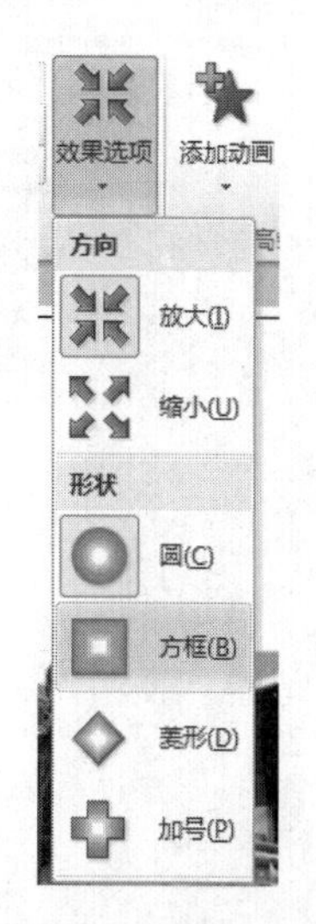

图 5.70　设置动画效果选项

选中文本文字，用同样的方法设置动画及效果选项，效果如图 5.71 和图 5.72 所示。

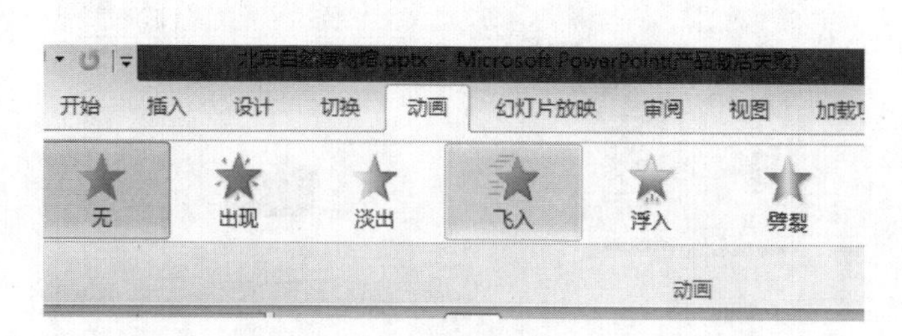

图 5.71　设置动画名称

图 5.72　设置动画效果选项

单击“动画窗格”按钮，文档的右侧会出现“动画窗格”，选中动画 2，单击在窗格下方的重新排序按钮 ，即可改变动画顺序，如图 5.73 和图 5.74 所示。

单击第 2 张幻灯片，选中文本内容“黄河古象化石”，右击，在弹出的快捷菜单中选择“超链接”，在弹出的“插入超链接”对话框中分别设置“本文档中的位置”及选中“幻灯片 3”，单击“确定”按钮。如图 5.75 和图 5.76 所示。

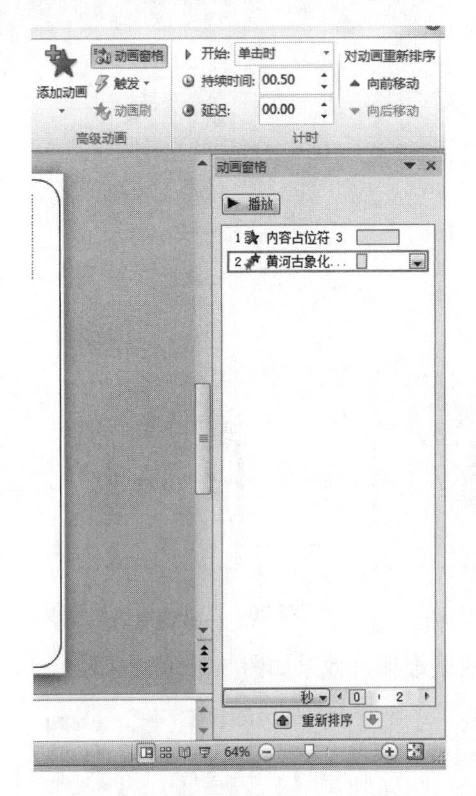

图 5.73　在动画窗格改变动画顺序

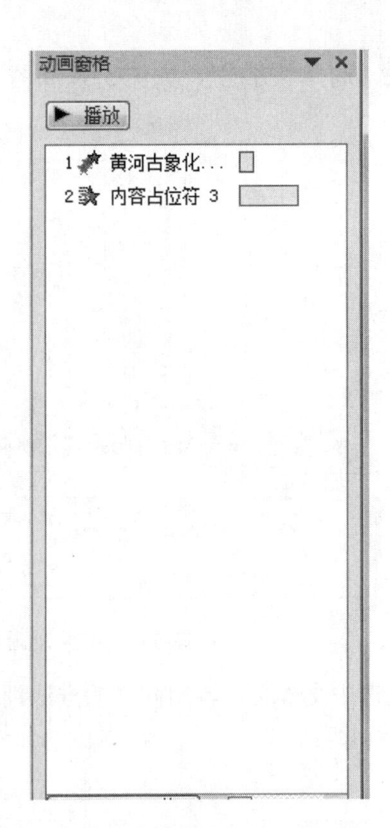

图 5.74　设置动画顺序后的效果

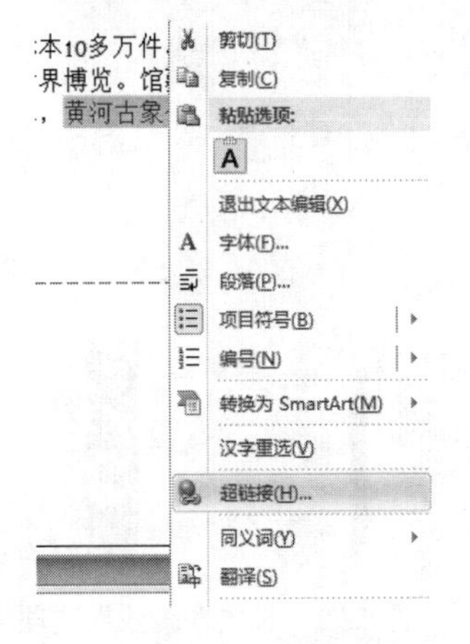

图 5.75　选中文字添加超链接

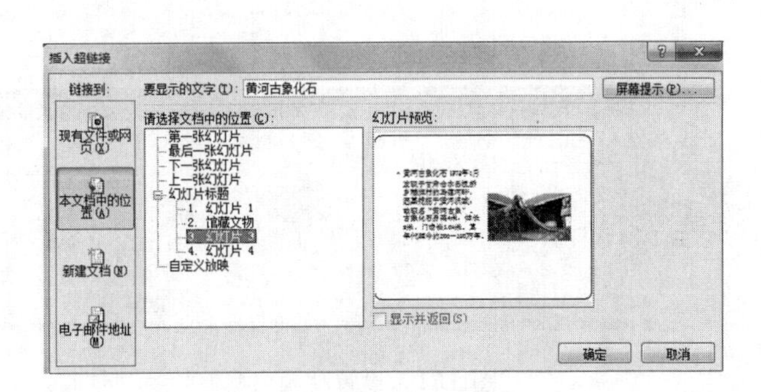

图 5.76　设置超链接选项

用同样的方法为文本内容“恐龙化石”设置超链接，操作及效果如图 5.77 和图 5.78 所示。

单击“切换”菜单，单击“随机线条”如图 5.79 所示，再单击“效果选项”，选择“垂直”项，单击“全部应用”按钮，如图 5.80 所示。

北京自然
博物馆有
整体古哺
恐龙化石

剪切(T)
复制(C)
粘贴选项:
退出文本编辑(X)
字体(F)...
段落(P)...
项目符号(B)
编号(N)
转换为 SmartArt(M)
汉字重选(V)
超链接(H)...

图 5.77　超链接操作

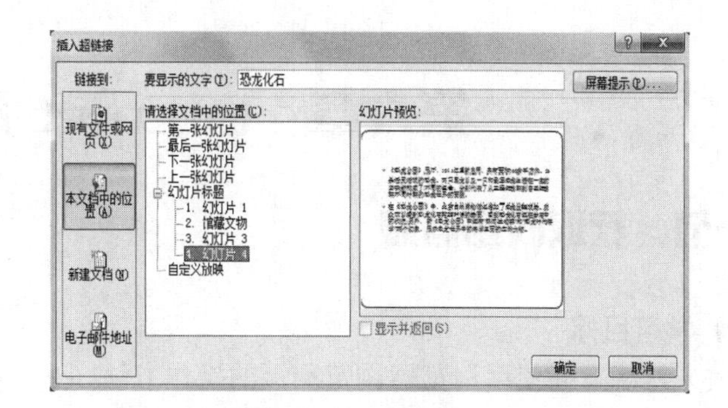

图 5.78　超链接效果

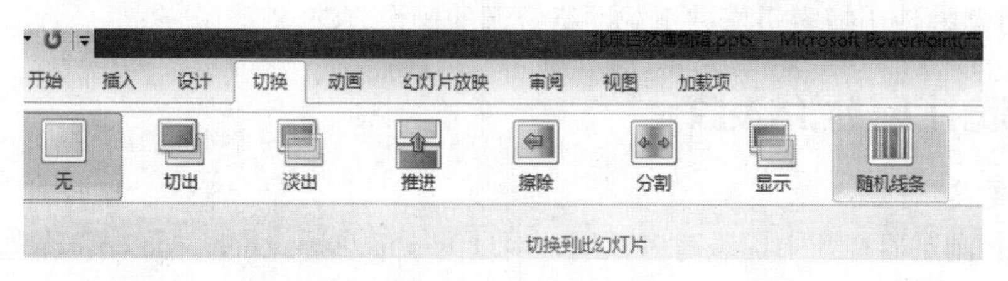

图 5.79　设置切换效果

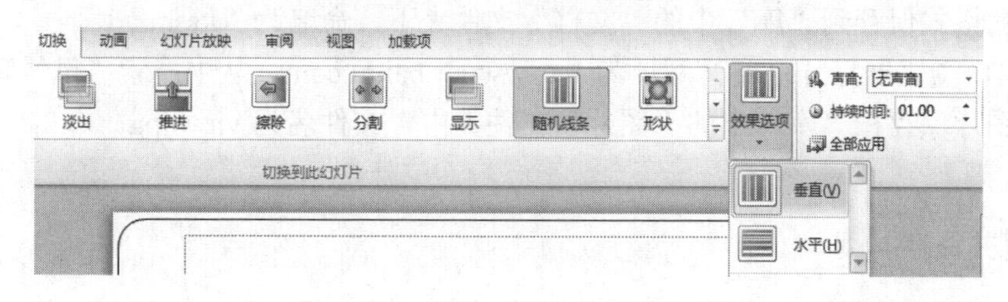

图 5.80　设置效果选项

第六章　Internet 及应用

第一节　获取网络信息

● 学习目标

（1）熟练掌握使用浏览器浏览网页的操作方法。

（2）熟练掌握网页内容的存储、下载的操作方法。

（3）熟练掌握使用搜索引擎并下载网络资源的操作方法。

项目一　浏览并下载网络资源

● 操作要求

（1）用 IE 浏览器打开中国教育考试网，网址为 http://www.neea.edu.cn，浏览“计算机等级考试”页面中“项目动态”下的“全国计算机等级考试网网站申明”页面，并将它的内容以文本文件的格式保存到“库”中的“文档”文件夹下，命名为“kssm.txt”。

（2）用 IE 浏览器打开百度，网址为 http://www.baidu.com，从中搜索“风景”的图片，将其中一张图片保存在“库”中的“图片”文件夹中，文件名为 view.jpg。

● 操作步骤

1．浏览并保存网页

（1）启动 IE 浏览器，双击桌面上的“IE 浏览器”图标即可。

（2）在地址栏输入网址：http://www.neea.edu.cn，回车即可，如图 6.1 所示。

图 6.1　输入网页地址

（3）单击“计算机等级考试”超链接，如图6.2所示，进入计算机等级考试页面。

图6.2　单击“计算机等级考试”超链接

（4）单击“项目动态”中的“全国计算机等级考试网网站声明”，如图6.3所示。

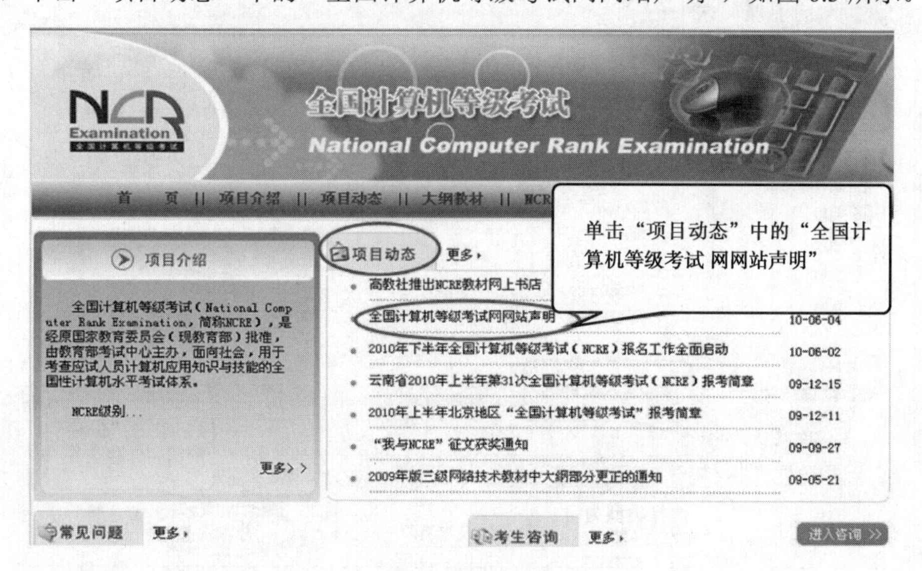

图6.3　单击链接

（5）在打开的网页上，选择“文件”→“另存为”命令，打开对话框，从对话框中选择保存路径、文件名及文件类型，单击“保存”按钮，如图6.4、图6.5所示。

（6）在“库”→“文档”中可看到已经保存的kssm.txt文件，如图6.6所示。

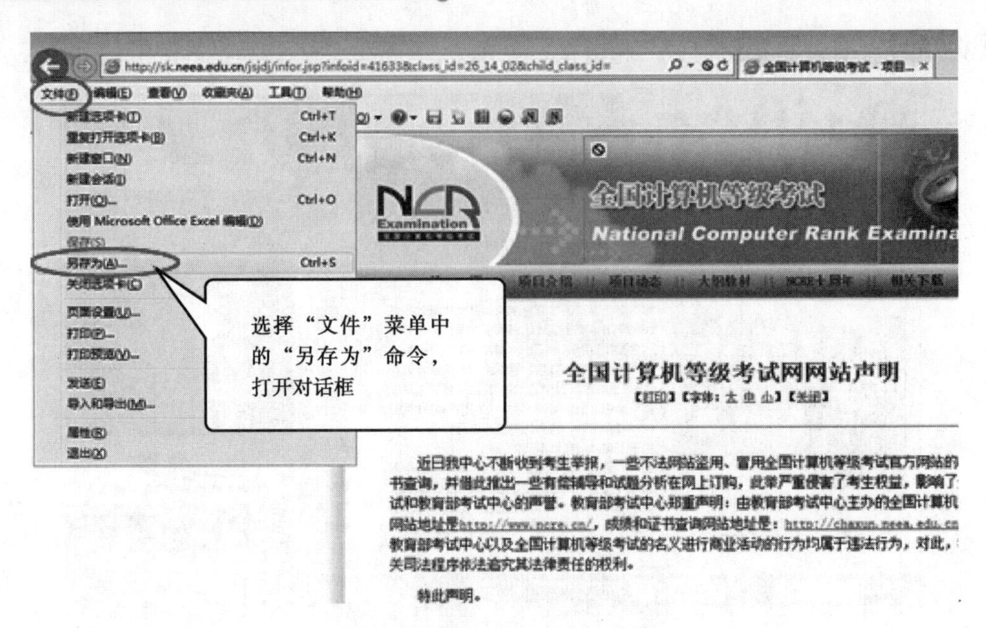

图 6.4　单击“另存为”命令

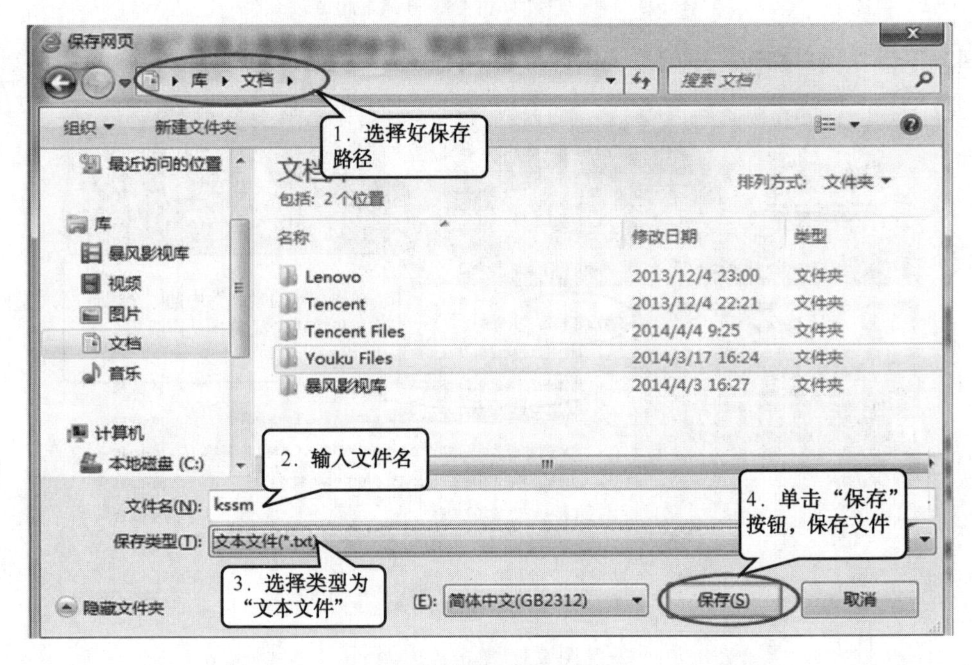

图 6.5　保存网页为文本文件

2．下载图片

（1）启动 IE 浏览器，在地址栏中输入 http://www.baidu.com，打开百度，输入关键字“风景”，单击“图片”按钮，如图 6.7 所示。

（2）进入搜索页面，单击其中一张图片，如图 6.8 所示。

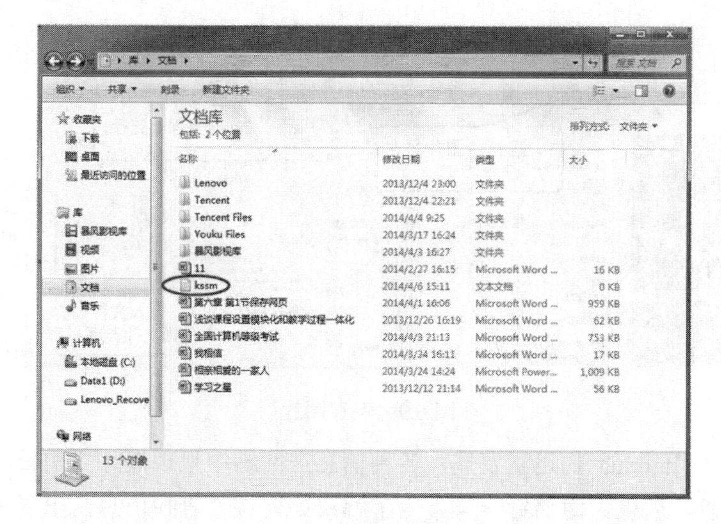

图 6.6　最后的效果

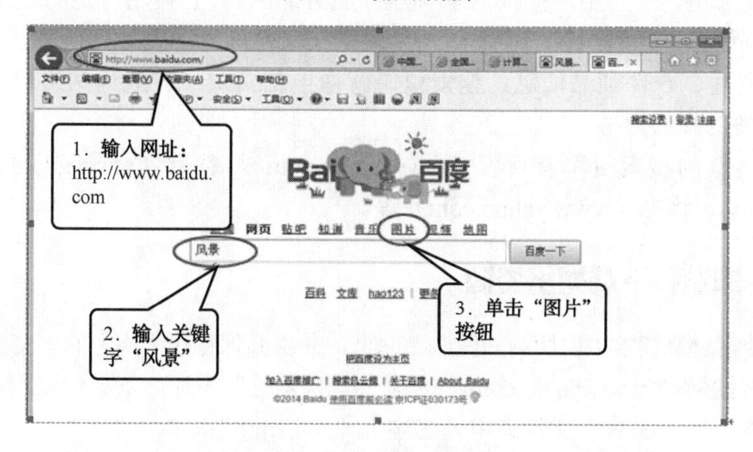

图 6.7　打开百度网站

图 6.8　搜索页面

（3）单击右键，选择“图片另存为”命令，选择好路径，写好文件名与类型，单击“保存”按钮，如图 6.9 所示。

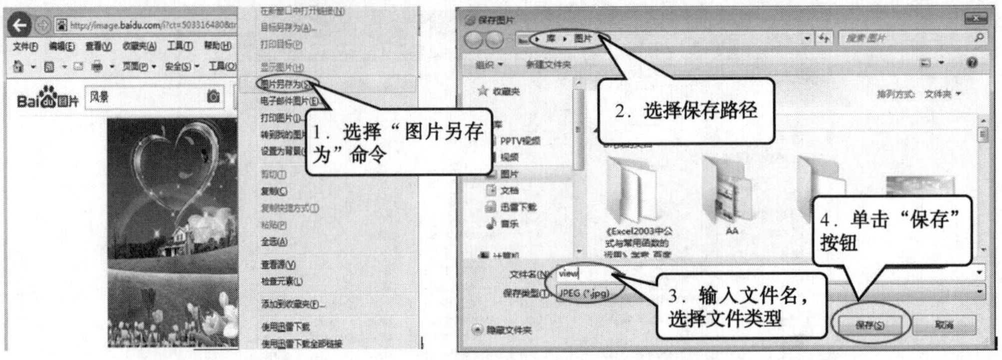

图 6.9　保存图片

小知识　随着 Internet 的迅猛发展，各种信息在网络中呈现爆炸式增长，用户要在信息的海洋里查找信息，就像大海捞针一样。为了解决如何快速查找信息，出现了搜索引擎。

搜索引擎实际是一个为用户提供信息“检索”服务的网站，它使用特定的程序把在 Internet 上搜索到的所有信息进行组织和归类，以帮助人们在茫茫网海中搜寻到所需要的信息，如通过它查找一幅图片、一件商品信息。搜索引擎就像电信黄页一样成为网络信息向导，成为 Internet 电子商务的核心服务。

当前较有名气的搜索引擎有百度（www.baidu.com）、谷歌（www.google.com）、搜狗（www.sogou.com）、雅虎（www.yahoo.com）等。

拓展练习一　浏览并下载网络资源

（1）利用搜索引擎搜索“白切鸡的做法”网页，并将其保存在“库”的“文档”文件夹中。

（2）打开搜索网站 www.baidu.com，搜索“奥运火炬”图片，下载一张图片以 jpg 文件格式保存到“库”的“图片”文件夹中，名字为“奥运.jpg”。

（3）打开网站 www.hao123.com，利用百度搜索一首你喜欢的歌曲，并下载下来，将其保存在“库”的“音乐”文件夹中。

项目二　浏览并保存网页内容

● **操作要求（在一级考试模拟软件练习环境中操作）**

（1）某模拟网站的主页地址是 http://localhost/index.htm，打开“等级考试”页面，查找“等级考试介绍”的页面内容并将它以文本文件的格式保存到考生文件夹下，命名为“DJKSJS. txt”。

（2）打开某模拟网站的主页地址 http://localhost/ChanPinJieShao/WY_1W.htm 页面并进行浏览。在考生文件夹下新建文本文件“模拟软件.txt”，将页面中的全国计算机等级考试超级模拟软件一级 Windows 正文部分复制到“模拟软件.txt”中保存。

（3）将模拟软件的外观图片保存到考生文件夹下，文件名为 Super.jpg。

● **操作步骤**

1．启动 IE 浏览器，浏览网页，保存文件

（1）单击“答题”菜单，选择“上网”→“Internet Explorer”项，如图 6.10 所示。

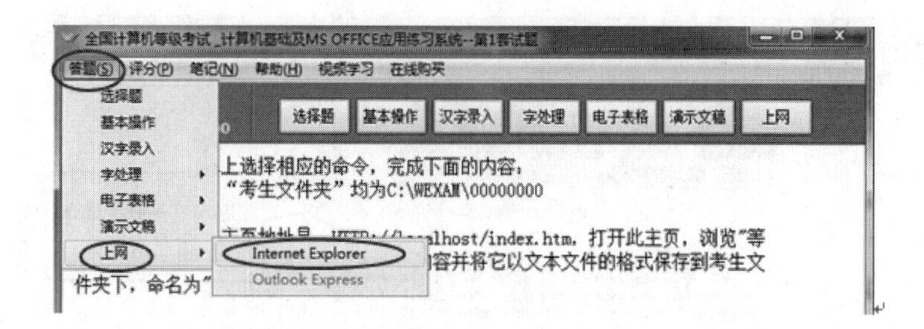

图 6.10　选择 IE

（2）打开 IE 浏览器，在地址栏中输入网址：http://localhost/index.htm，打开网页，如图 6.11 所示。

图 6.11　输入网址

（3）如图 6.12 所示，单击“等级考试”链接，进入等级考试页面。单击“等级考试介绍”链接，进入“等级考试介绍”页面，如图 6.13、图 6.14 所示。

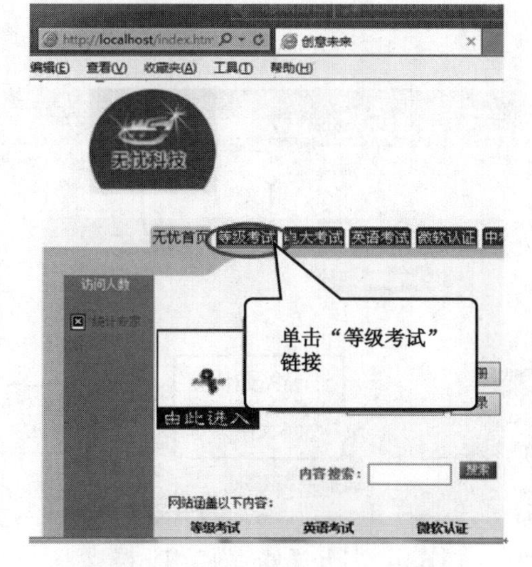

图 6.12　单击“等级考试”链接

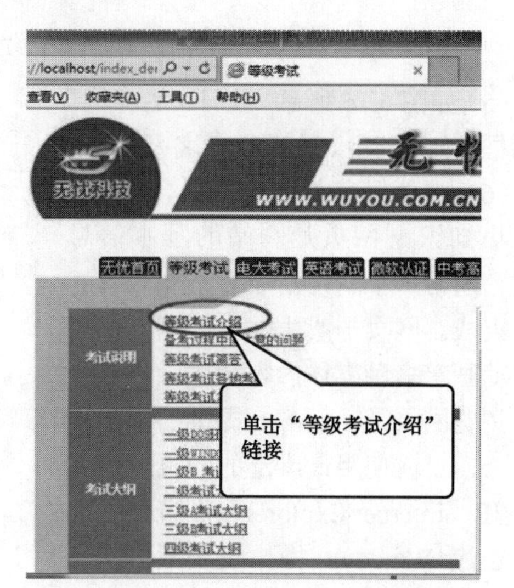

图 6.13　单击“等级考试介绍”链接

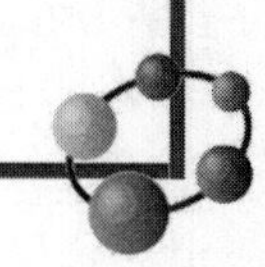

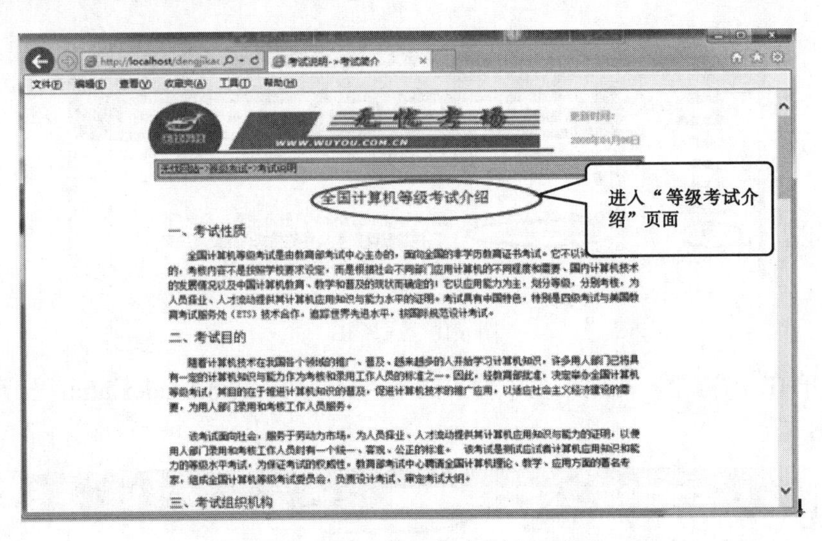

图 6.14　进入“等级考试介绍”页面

（4）单击“文件”菜单→“另存为”命令，如图 6.15 所示。

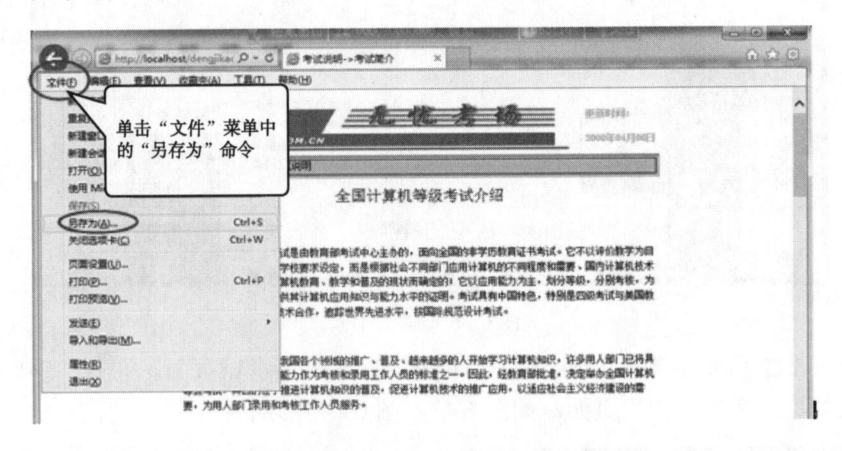

图 6.15　单击“另存为”命令

（5）如图 6.16 所示，打开“另存为”对话框，选择路径、输入文件名及类型。

（6）文件保存完成。

小知识　网页是网站的基本信息单位，通常一个网站由众多不同内容的网页组成。网页一般由文字、图片、声音、动画等多种媒体内容构成。

浏览网页是 Internet 提供的主要服务之一，目前使用最广泛的网页浏览工具是 IE（Internet Explorer）浏览器。现在的主流 Windows 操作系统都自带了 IE 浏览器。

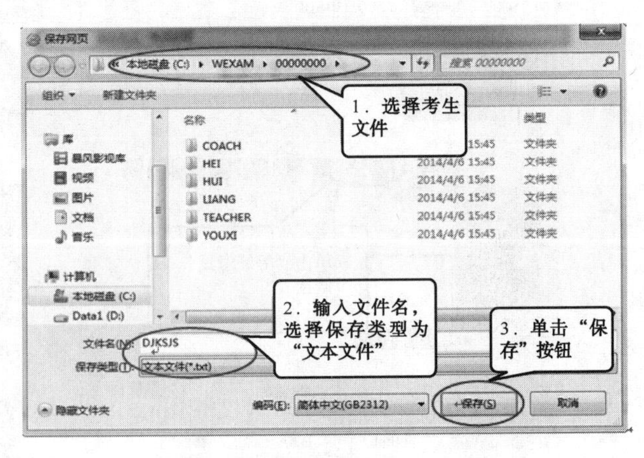

图 6.16　打开“另存为”对话框

2．将网页内容复制到文本文件中保存

（1）启动 IE 浏览器，在地址栏输入网址：http://localhost/ ChanPinJieShao/WY_1W.htm，回车即可打开如图 6.17 所示的页面。

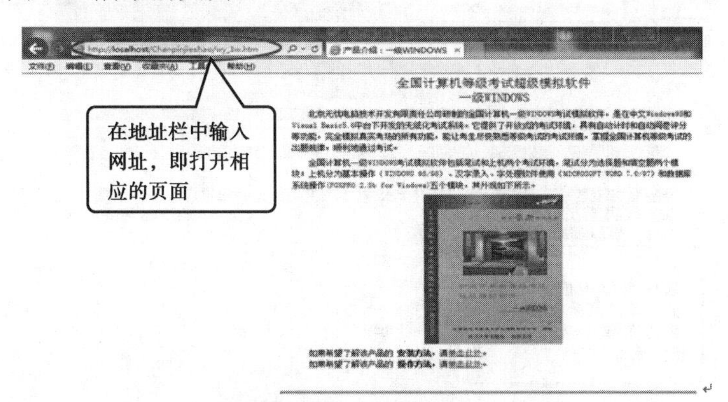

图 6.17　打开“全国计算机等级考试模拟软件”页面

（2）在考生文件夹下新建文本文件“模拟软件.txt”，如图 6.18 所示。

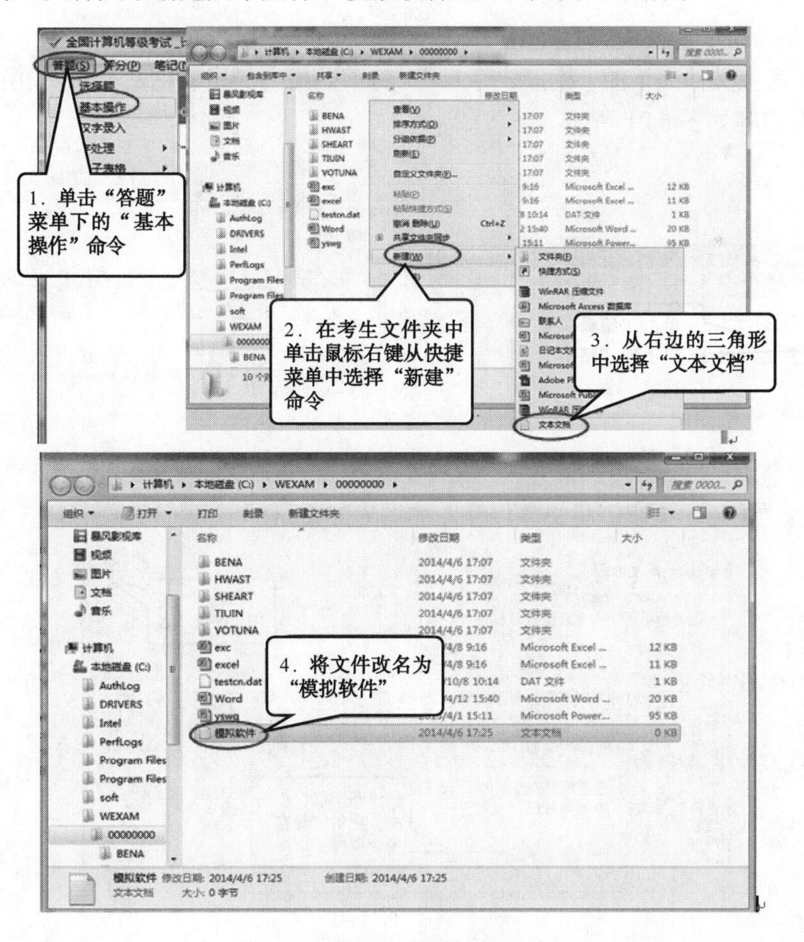

图 6.18　新建“模拟软件.txt”

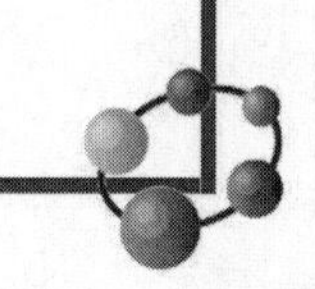

（3）将页面中的“全国计算机等级考试超级模拟软件一级 Windows”正文部分复制到剪贴板中，如图 6.19 所示。

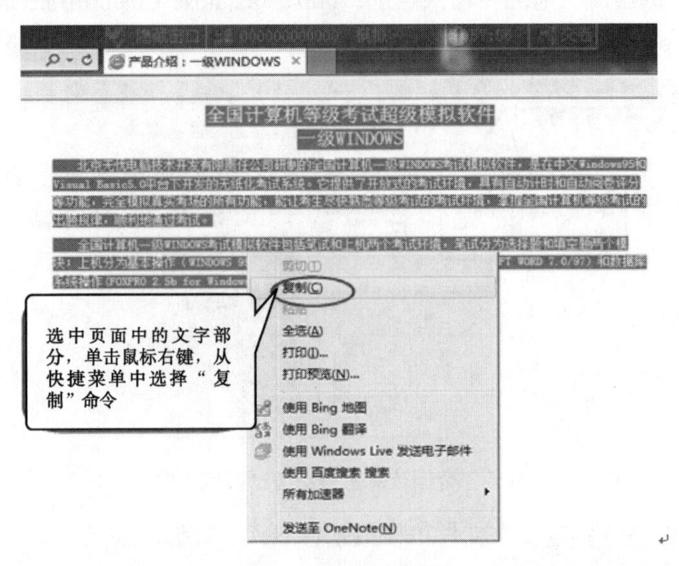

图 6.19　复制正文

（4）打开考生文件夹下的“模拟软件.txt”，将剪贴板上的内容粘贴上去，如图 6.20 所示。

（5）粘贴内容如图 6.21 所示。

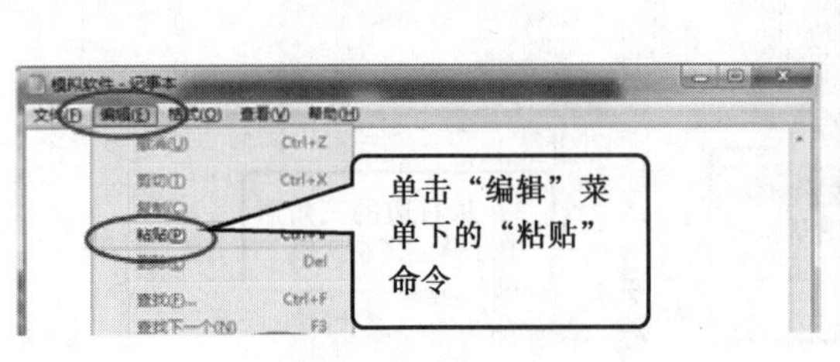

图 6.20　粘贴内容

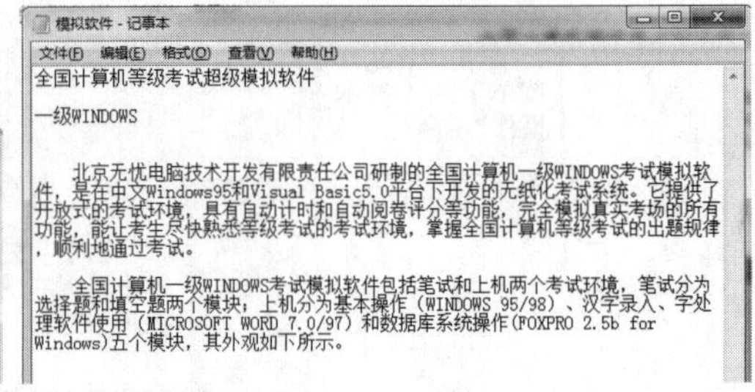

图 6.21　粘贴内容

（6）单击“关闭”按钮，将文件保存，如图 6.22 所示。

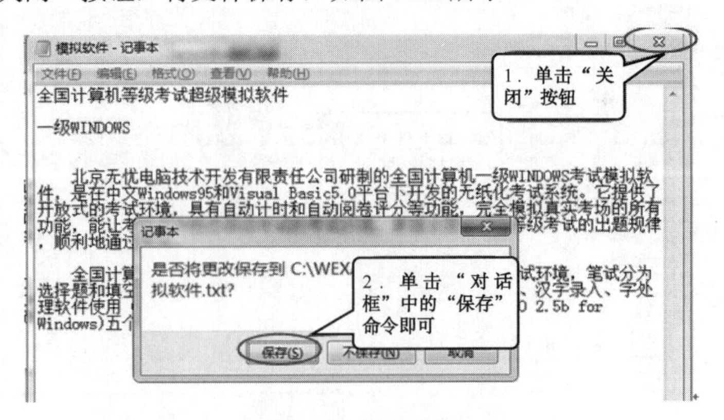

图 6.22　保存“模拟软件.txt”文件

3．下载图片到考生文件夹

（1）选择页面中的图片，单击鼠标右键，从弹出的快捷菜单中选择“图片另存为”命令，如图 6.23 所示。

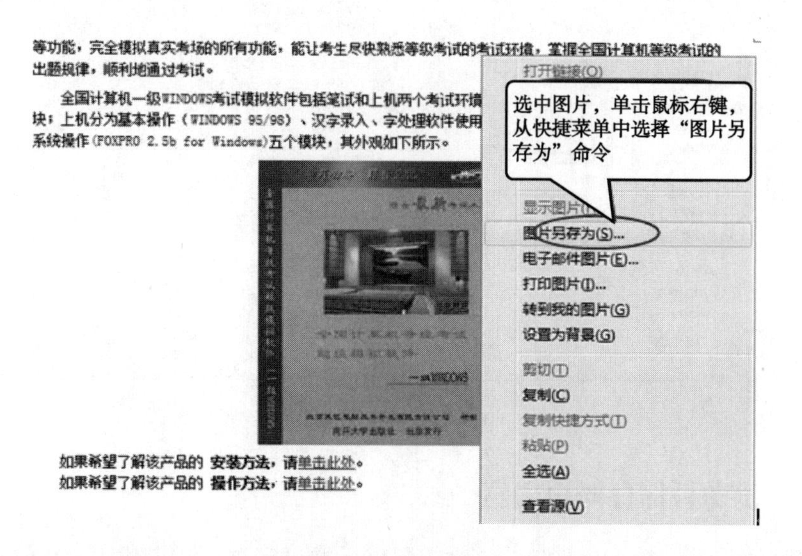

图 6.23　下载图片

（2）从打开的“保存图片”对话框中，选择考生文件夹，输入 super.jpg，保存文件即可，如图 6.24 所示。

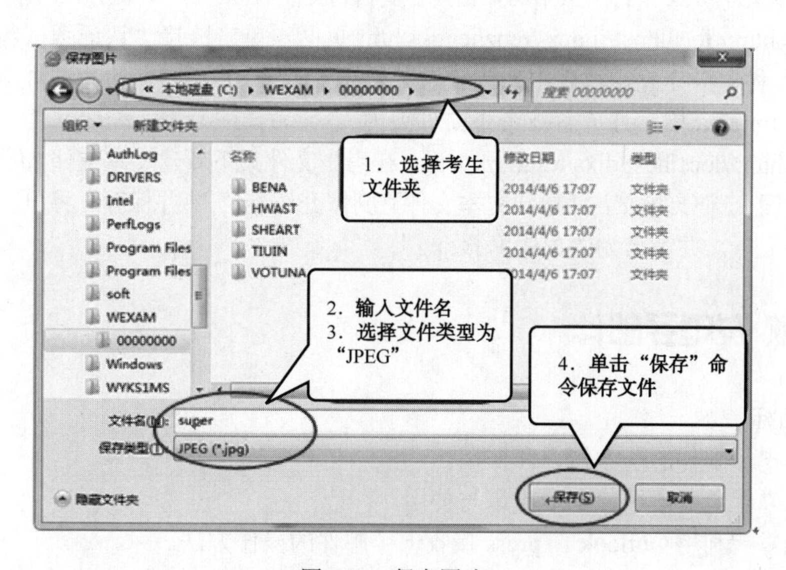

图 6.24　保存图片

（3）保存后的效果如图 6.25 所示。

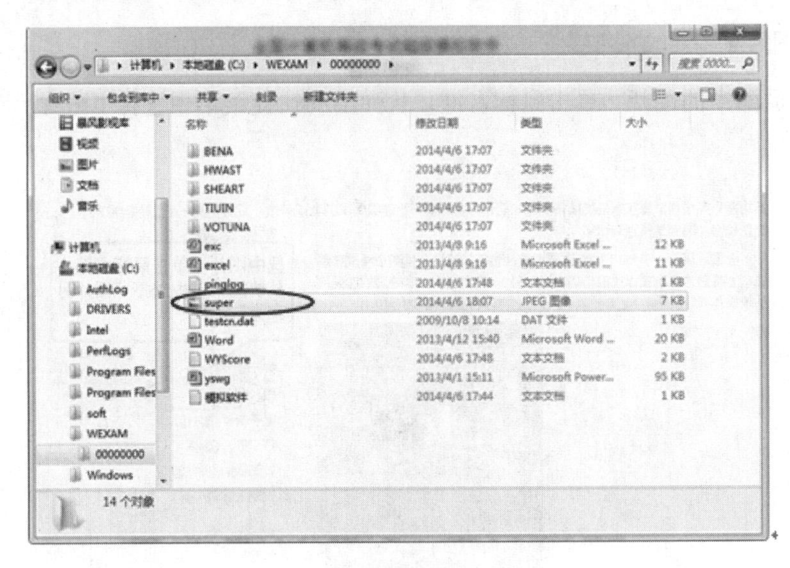

图 6.25　最后效果

拓展练习二　浏览并保存网页内容

（1）打开页面 http://localhost/index_english.htm 并进行浏览，查找“TOEFL 考试介绍”的页面内容，将此页面内容以“TOEFL 考试.txt”为文件名另存到考生文件夹中。

（2）打开 HTTP://LOCALHOST/INDEX.HTM 页面，找到“2000 年最热门的十大 IT 职位”的介绍，新建文本文件 IT.txt，将网页中的介绍内容复制到文件 IT.txt 中，并保存在考生文件夹下。

（3）打开 http://localhost/index_renzhengks.htm 页面，单击链接“认证考试各科的合格分数要求”，在各科合格分数要求表中找到“考试号码”为“70－015”的考试时间，将时间记录在文本文件 time.txt 中，并放置在考生文件夹内。

（4）浏览 http://localhost/djks/test.htm 页面，在考生文件夹下新建文本文件“剧情介绍.txt”，将页面中剧情简介部分的文字复制到文本文件“剧情介绍.txt”中并保存。将电影海报照片保存到考生文件夹下，并命名为“电影海报.jpg”。

第二节　收/发电子邮件

● 学习目标

（1）了解电子邮件的基本概念和作用。

（2）熟练掌握免费电子邮箱的申请与使用。

（3）熟练掌握利用 Outlook Express 接收电子邮件的操作方法。

（4）熟练掌握利用 Outlook Express 发送（转发/回复）电子邮件的操作方法。

项目一　收/发电子邮件

● 操作要求

（1）启动 IE 浏览器，输入 mail.163.com，申请一个免费的电子邮箱。

（2）登录邮箱，为自己发送一封邮件。

● **操作步骤**

1．申请免费的电子邮箱

（1）启动 IE 浏览器，输入 mail.163.com，打开 163 邮箱注册页面，如图 6.26 所示。

图 6.26　打开 163 邮箱注册页面

（2）进入注册页面，选择“注册字母邮箱”标签，输入相关信息，单击“确定”按钮。如图 6.27 所示。

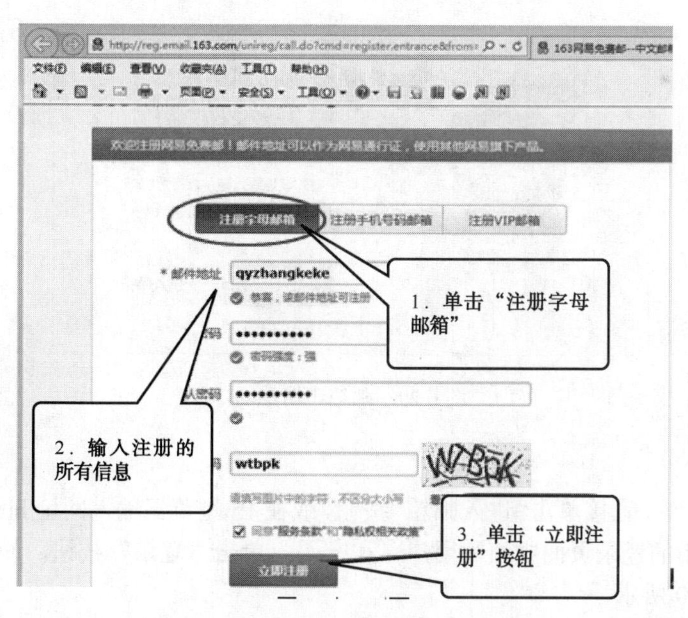

图 6.27　注册页面

（3）进入注册信息处理页面，输入验证码，单击“提交”按钮，如图 6.28 所示。

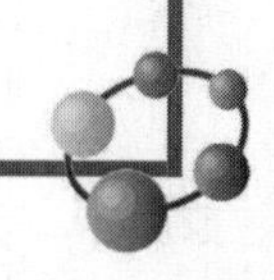

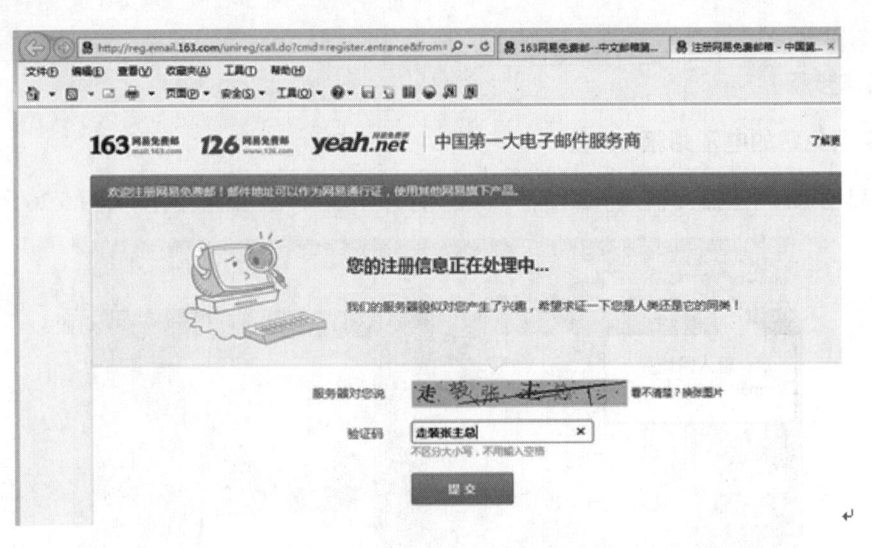

图 6.28　输入验证码

（4）邮箱申请成功，如图 6.29 所示。

图 6.29　邮箱申请成功

2．发送邮件

（1）在图 6.29 中，直接单击“进入邮箱”按钮，或在 IE 浏览器输入网址 http://mail.163.com, 在出现的 163 邮箱的登录页面中填写用户名和密码，单击“登录”按钮，即可进入 163 邮箱主页面，如图 6.30 所示。

（2）单击“写信”按钮，打开写信页面，单击“给自己写一封信”，输入主题，输入内容，单击“发送”，如图 6.31 所示。

（3）署上名，单击“保存并发送”，即可发送成功，如图 6.32 所示。

图 6.30　163 邮箱主页面

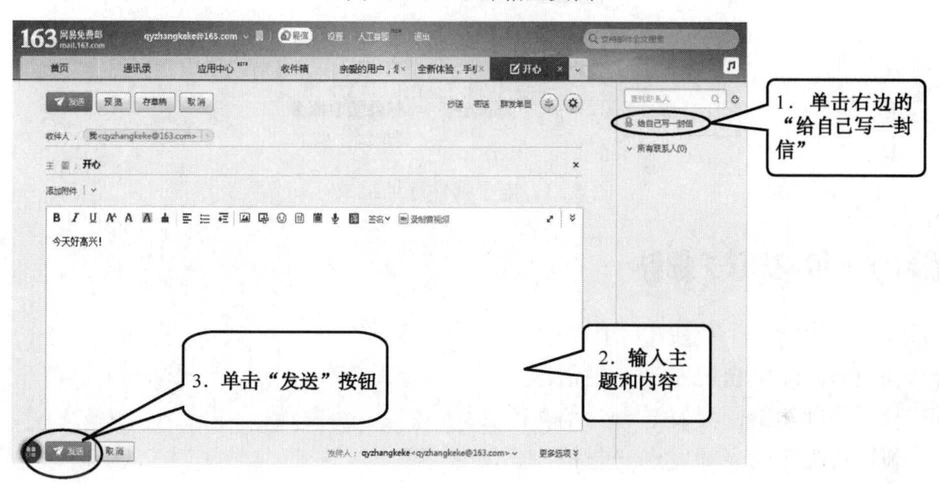

图 6.31　写邮件

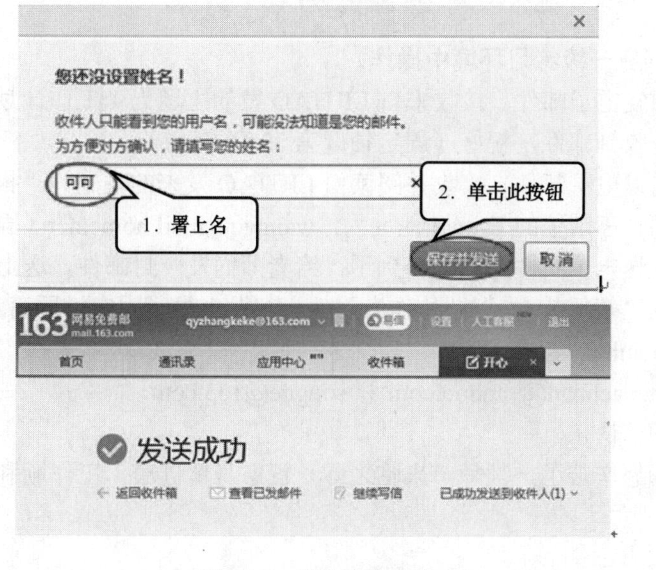

图 6.32　发送邮件成功

小知识

（1）电子邮件。电子邮件（Electronic Mail，E-mail）是一种通过 Internet 进行信息交换的通信方式，这些信息（电子邮件）可以是文字、图像、声音等各种形式，用户可以用非常低廉的，以非常快速的方式与世界上任何一个角落的网络用户联系。

（2）免费邮箱。提供免费邮箱的网站有很多，常见的免费邮箱有 mail.126.com、mail.163.com（网易）、mail.sina.com.cn（新浪）、mail.qq.com（QQ）。

（3）电子邮件地址组成。电子邮件地址的格式由三部分组成。第一部分“USER”代表用户信箱的账号，对于同一个邮件接收服务器来说，这个账号必须是唯一的；第二部分“@”是分隔符；第三部分是用户信箱的邮件接收服务器域名，用以标志其所在的位置，如图 6.33 所示。

图 6.33　电子邮件地址组成

拓展练习一　收/发电子邮件

（1）为自己申请一个免费电子邮箱。
（2）利用该邮箱给自己发送一封信。
（3）利用该邮箱给同桌发送一封信。
（4）利用该邮箱给老师发送一封信。

项目二　使用 Outlook Express 收/发电子邮件

- **操作要求（在一级练习环境中操作）**

（1）接收并回复电子邮件。接收来自 LIUTAO 发的主题为“工作计划”的邮件，并回复该邮件，正文为：收到邮件，祝好（固定抽题第 32 套）。

（2）接收并转发电子邮件。接收并阅读由 LIUTAO 发来的主题为“报箱”的 E-mail，并立即转发给王国强，王国强的 E-mail 地址为：wanggq@mail.home.net（固定抽题第 35 套）。

（3）新建并发送电子邮件。教师节到了，给老师们发一封邮件，送上自己的祝福。并将图片库文件夹中的“教师节.jpg”图片作为附件一起发出去（固定抽题第 31 套）。

收件人为：lijianhua@sina.com。

抄送至：zhangdachuan@yanhoo.com 和 songde@163.com。

主题为：教师节快乐。

内容为：老师您辛苦了，教师节来临之际，祝您身体健康，工作顺利。

● 操作步骤

1．接收并回复电子邮件

（1）单击“答题”菜单→上网→Outlook Express，如图 6.34 所示。

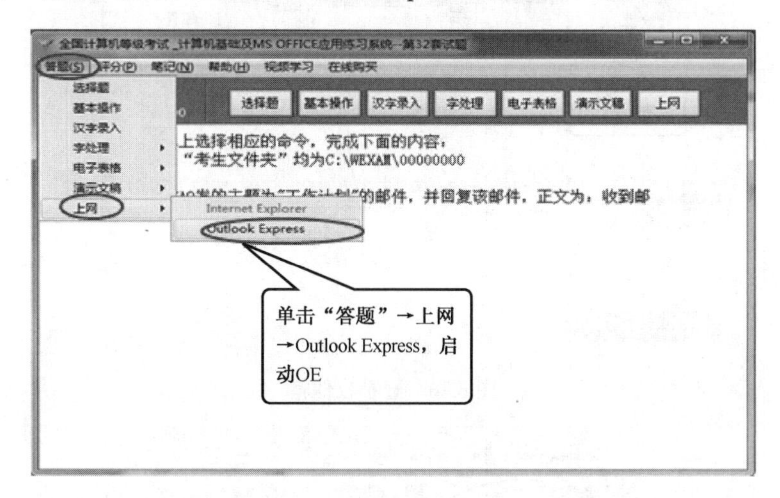

图 6.34　启动 Outlook Express

（2）出现 Outlook Express 界面（如图 6.35 所示），单击“发送/接收”按钮。

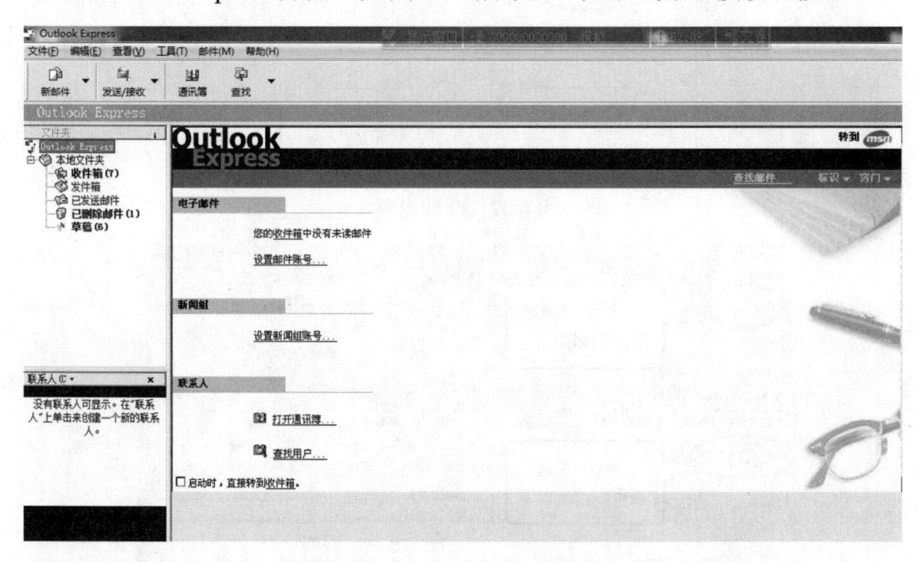

图 6.35　Outlook Express 界面

（3）单击“收件箱”，双击发件人“LIUTAO”，主题为工作计划的邮件，如图 6.36 所示。
（4）双击该邮件，查看邮件内容，如图 6.37 所示。
（5）回复该邮件，单击“发送”按钮，如图 6.38 所示。

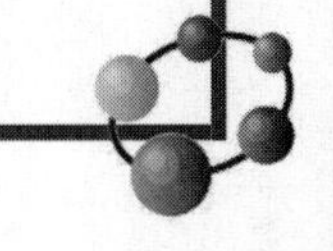

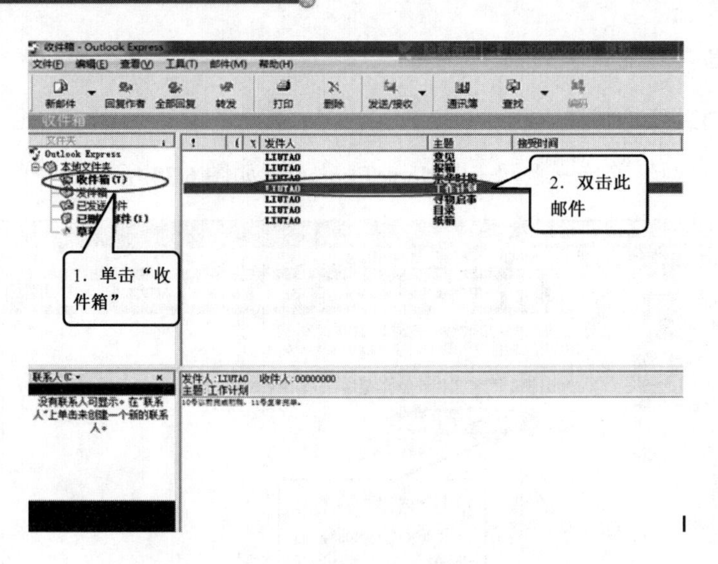

图 6.36　查看收件箱

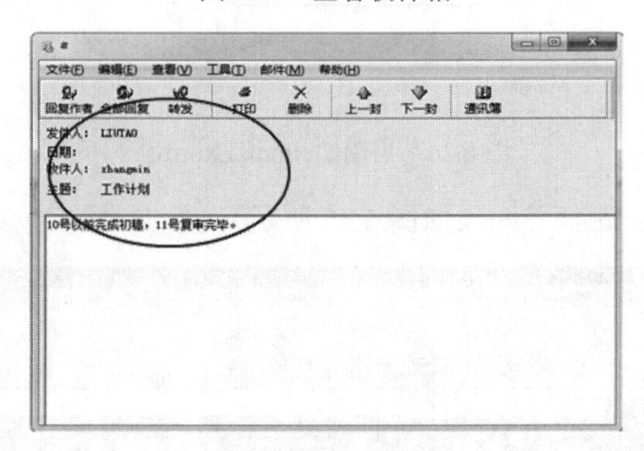

图 6.37　邮件内容

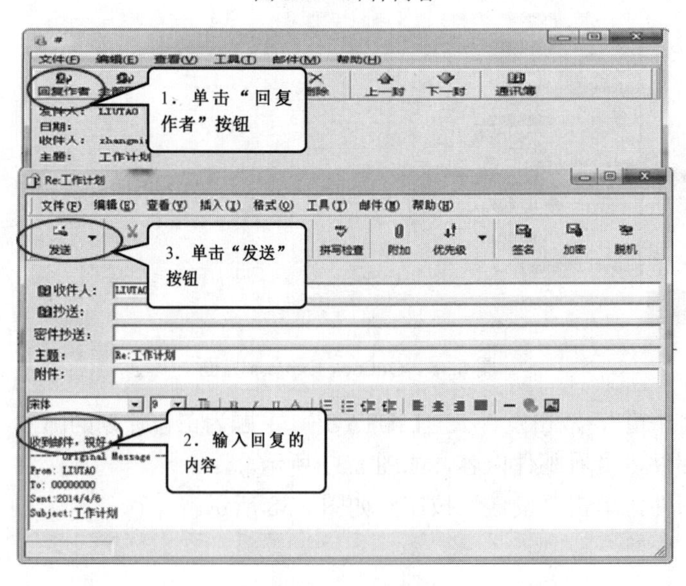

图 6.38　回复邮件

（6）邮件发送成功，如图 6.39 所示。

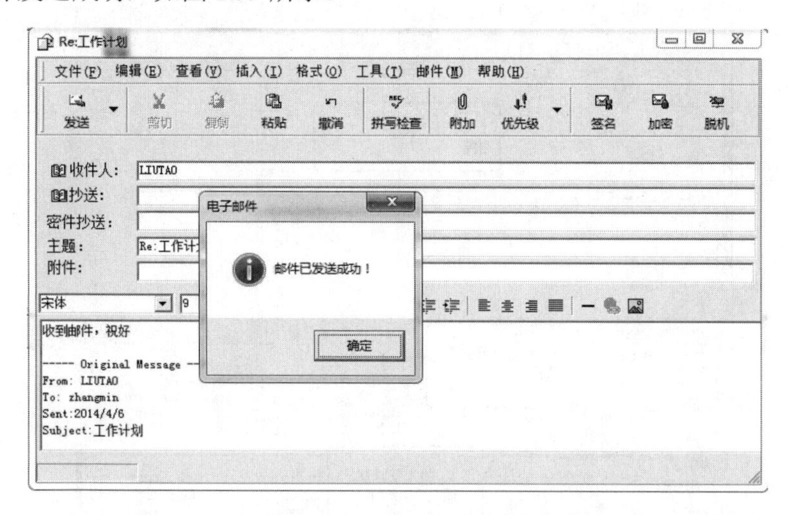

图 6.39　邮件发送成功

2．接收并转发电子邮件

（1）单击“答题”菜单→上网→Outlook Express，单击“收件箱”，双击发件人“LIUTAO”，主题为报箱的邮件，双击查看该邮件内容，如图 6.40 所示。

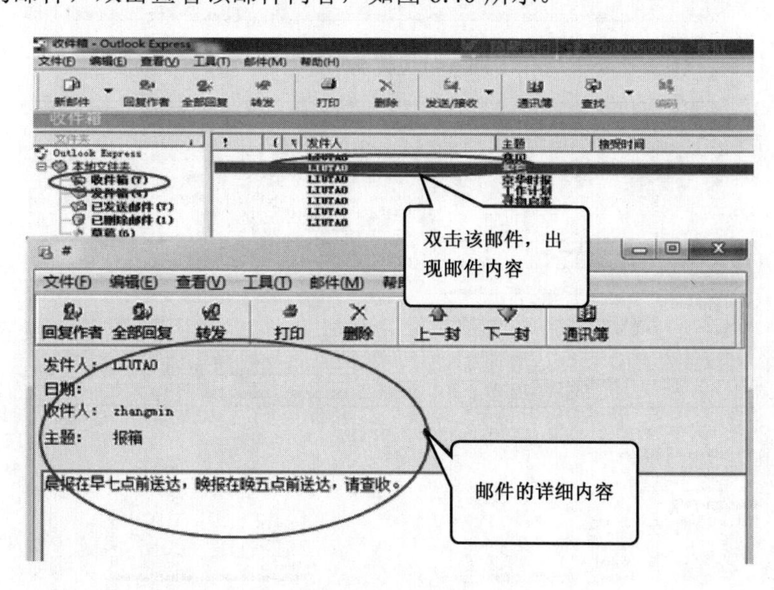

图 6.40　查看邮件

（2）单击“转发”按钮，出现对话框，输入王国强的邮箱地址，单击“发送”按钮即可，如图 6.41 所示。

（3）邮件发送成功，如图 6.42 所示。

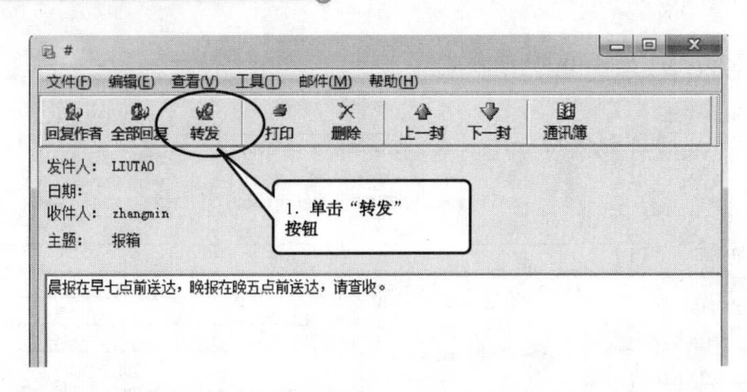

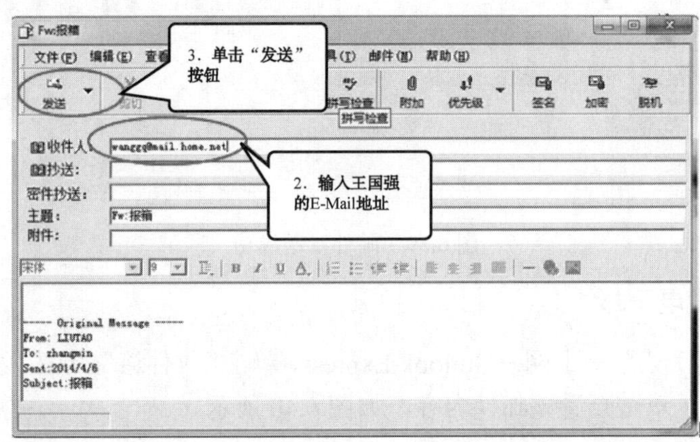

图 6.41 转发邮件

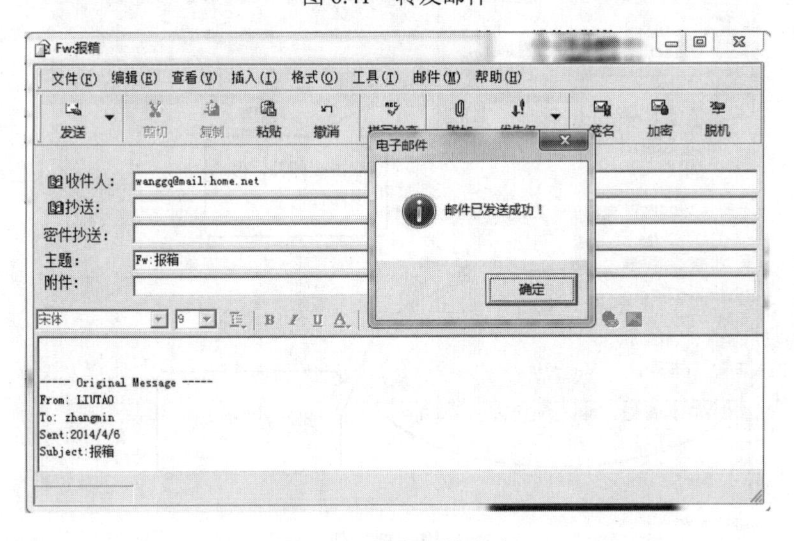

图 6.42 转发邮件成功

3. 新建并发送电子邮件

（1）启动 Outlook Express。

（2）在打开的窗口中，单击“新邮件”按钮，在新打开的窗口中，填写邮件的“收件人”、“抄送”、“主题”、“邮件内容”，如图 6.43 所示。

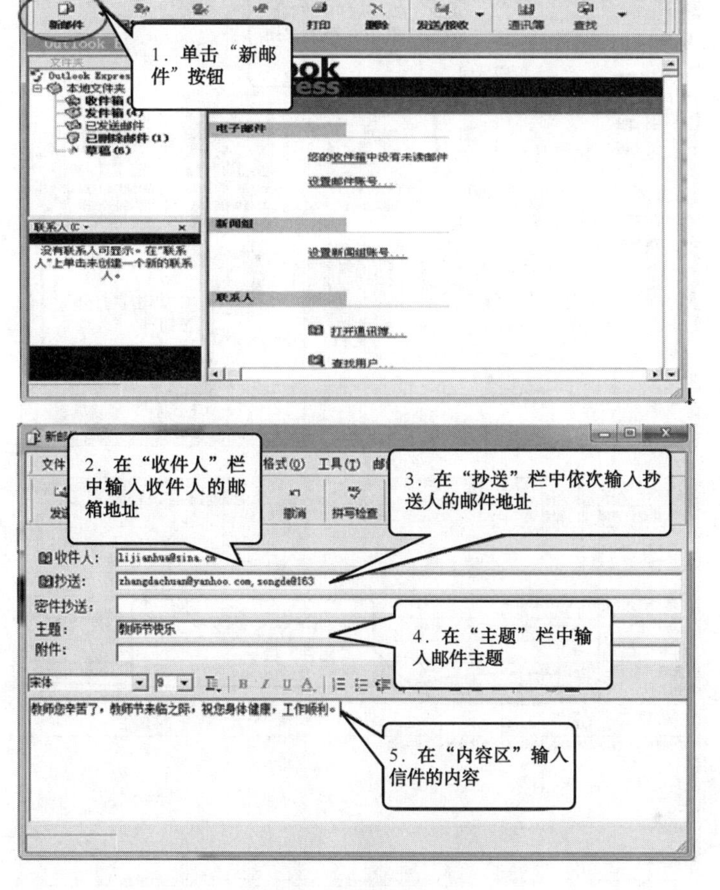

图 6.43 编辑新邮件

小知识 多个地址用英文分号（;）或逗号（,）隔开。

（3）添加附件。单击工具栏中的“附加”按钮（或单击“插入”菜单命令），在对话框中找到附件“教师节.jpg”，如图 6.44 所示。

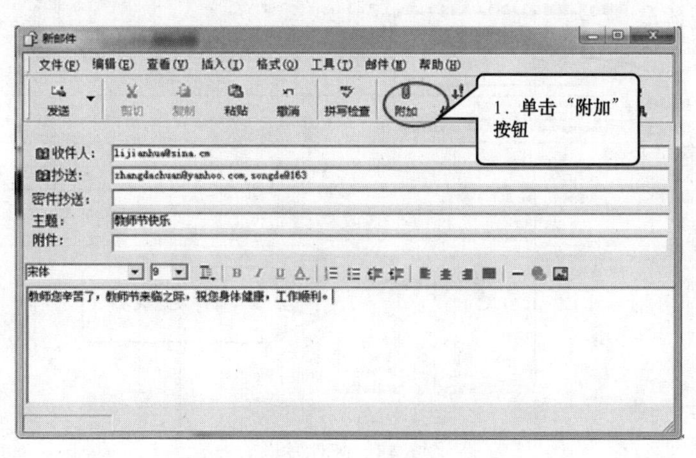

图 6.44 插入附件

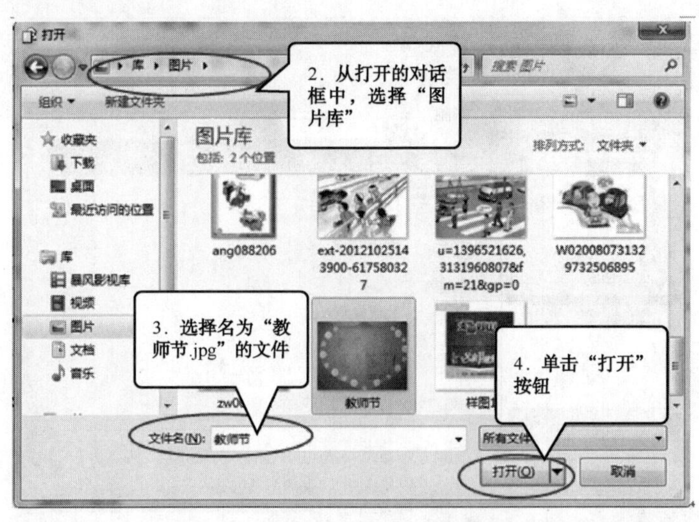

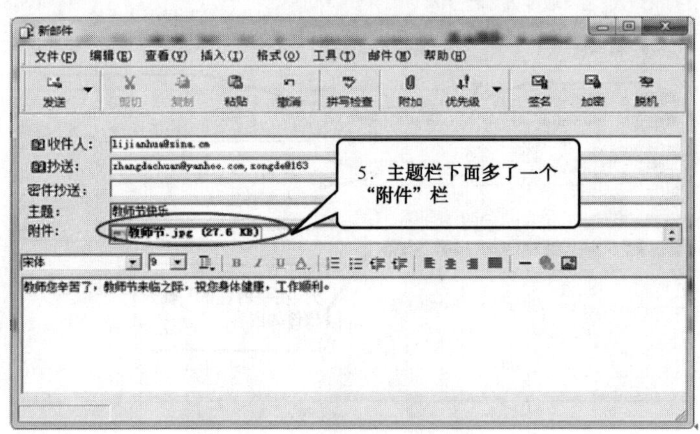

图 6.44　插入附件（续）

（4）发送邮件。单击“发送”按钮，如图 6.45 所示。

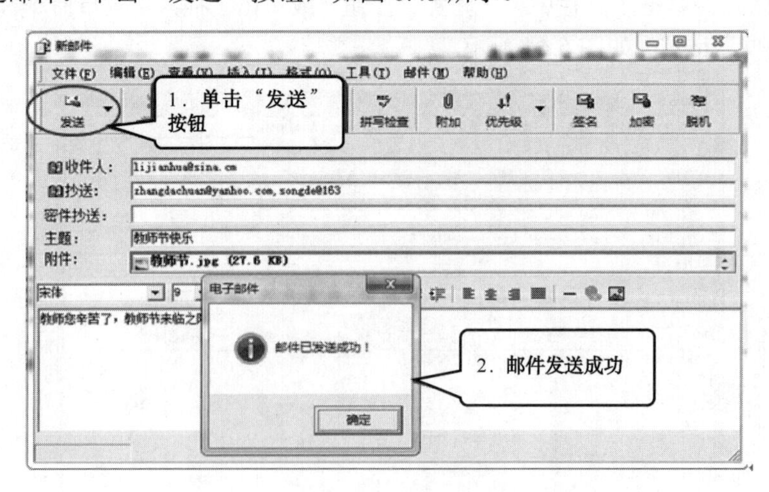

图 6.45　邮件发送

拓展练习二　收/发电子邮件

1．发邮件到 zhangm@sina.com

主题：开会
邮件内容：您好，我想了解本次会议的具体时间，盼复！

2．用 Outlook Express 编辑电子邮件

收信地址：mail4test@163.com。
主题：等级考试介绍。
将“等级考试.txt”作为附件粘贴到信件中。
信件正文如下：
您好！
　　现将等级考试的一些介绍发给您，见附件，收到请回信。
　　此致
敬礼！

3．完成以下题目

（1）接收来自珊珊的邮件，将邮件中的附件以“Photo1.jpg”保存在考生文件夹下，并回复该邮件。

主题：照片已收到。
正文内容：收到邮件，照片已看到，祝好！

（2）打开 HTTP://LOCALHOST/index.htm 页面，找到“2000 年最热门的十大 IT”职位的介绍，新建文本文件 IT.TXT，将网页中的介绍内容复制到文件 IT.TXT 中，并保存在考生文件夹下。

4．练习全国计算机一级模拟软件上网题（OE 部分）

附录 A 计算机一级考证考试大纲

基本要求

1．具有微型计算机的基础知识（包括计算机病毒的防治常识）。

2．了解微型计算机系统的组成和各部分的功能。

3．了解操作系统的基本功能和作用，掌握 Windows 的基本操作和应用。

4．了解文字处理的基本知识，熟练掌握文字处理软件 MS Word 的基本操作和应用，熟练掌握一种汉字（键盘）输入方法。

5．了解电子表格软件的基本知识，掌握电子表格软件 Excel 的基本操作和应用。

6．了解多媒体演示软件的基本知识，掌握演示文稿制作软件 PowerPoint 的基本操作和应用。

7．了解计算机网络的基本概念和因特网（Internet）的初步知识，掌握 IE 浏览器软件和 Outlook Express 软件的基本操作和使用。

考试内容

一、计算机基础知识

1．计算机的发展、类型及其应用领域。

2．计算机中数据的表示、存储与处理。

3．多媒体技术的概念与应用。

4．计算机病毒的概念、特征、分类与防治。

5．计算机网络的概念、组成和分类；计算机与网络信息安全的概念和防控。

6．Internet 网络服务的概念、原理和应用。

二、操作系统的功能和使用

1．计算机软、硬件系统的组成及主要技术指标。

2．操作系统的基本概念、功能、组成及分类。

3．Windows 操作系统的基本概念和常用术语，文件、文件夹、库。

4．Windows 操作系统的基本操作和应用：

（1）桌面外观的设置，基本的网络配置。

（2）熟练掌握资源管理器的操作与应用。

（3）掌握文件、磁盘、显示属性的查看、设置等操作。

（4）中文输入法的安装、删除和选用。

（5）掌握检索文件、查询程序的方法。

（6）了解软、硬件的基本系统工具。

三、文字处理软件的功能和使用

1．Word 的基本概念，Word 的基本功能和运行环境，Word 的启运和退出。

2．文档的创建、打开、输入、保持等基本操作。

3．文本的选定、插入与删除、复制与移动、查找与替换等基本编辑技术；多窗口和多文档的编辑。

4．字体格式设置、段落格式设置、文档页面设置、文档背景水印设置和文档分栏等基本排版技术。

5．表格的创建、修改；表格的修饰；表格中数据的输入与编辑；数据的排序和计算。

6．图形和图片的插入；图形的建立和编辑；文本框、艺术字的使用和编辑。

7．文档的保护和打印。

四、电子表格软件的功能和使用

1．电子表格的基本概念和基本功能，Excel 的功能、运用环境、启动和退出。

2．工作簿和工作表的基本概念和基本操作，工作簿和工作表的建立、保存和退出；数据输入和编辑；工作表和单元格的选定、插入、删除、复制、移动；工作表的重命名和工作表窗口的拆分和冻结。

3．工作表的格式化，包括设置单元格格式、设置列宽和行高、设置条件格式、使用样式、自动套用模式和使用模板等。

4．单元格绝对地址和相对地址的概念，工作表中公式的输入和复制，常用函数的使用。

5．图表的创建、编辑和修改以及修饰。

6．数据清单的概念，数据清单的建立，数据清单内容的排序、筛选、分类汇总，数据透视表的建立。

7．工作表的页面设置、打印预览和打印，工作表中链接的建立。

8．保护和隐藏工作簿和工作表。

五、PowerPoint 的功能和使用

1．中文 PowerPoint 的功能、运行环境、启动和退出。

2．演示文稿的创建、打开、关闭和保存。

3．演示文稿视图的使用，幻灯片基本操作（版式、插入、移动、复制和删除）。

4．幻灯片基本制作（文本、图片、艺术字、形状、表格等插入及其格式化）。

5．演示文稿主题选用与幻灯片背景设置。

6．演示文稿放映设计（动画设计、放映方式、切换效果）。

7．演示文稿的打包和打印。

六、因特网（Internet）的初步知识和应用

1．了解计算机网络的基本概念和 Internet 的基础知识，主要包括网络硬件和软件，TCP/IP 协议的工作原理，以及网络应用中常见的概念，如域名、IP 地址、DNS 服务等。

2．能够熟练掌握浏览器、电子邮件的使用和操作。

考 试 方 式

1．采用无纸化考试，上机操作。考试时间为 90 分钟。

2．软件环境：Windows 7 操作系统，Microsoft Office 2010 办公软件。

3．在指定时间内，完成下列各项操作：

（1）选择题（计算机基础知识和计算机网络的基本知识）。（20 分）

（2）Windows 操作系统的使用。（10 分）

（3）Word 操作。（25 分）

（4）Excel 操作。（20 分）

（5）PowerPoint 操作。（15 分）

（6）浏览器（IE）的简单使用和电子邮件收发。（10 分）